21世纪高等学校计算机应用技术规划教材

Visual C#.NET 程序设计实用教程

李康乐　主编
张玉芬　　赵立波　　副主编
李冰冰　　杨萌　编著

清华大学出版社
北京

内容简介

本书以 Visual Studio 2008 为开发平台，全面系统地介绍了 C♯面向对象的编程思想，将面向对象的程序设计方法贯穿始终。全书共 11 章，介绍了 C♯语言基础、程序流程控制、Windows 窗体程序、数组和集合、类和对象、面向对象技术、异常处理、数据库编程和文件操作等，每章都配有本章小结和习题，以方便读者巩固所学知识。特别地，在应用性较强的章中，多加一节具有实际应用的案例，通过案例将各知识点结合起来，达到学以致用的目的。

本书案例典型，相关知识讲解系统，内容丰富。适合作为普通高等院校计算机及相关专业的教材，也可作为初学编程人员的自学用书。

本书封面贴有清华大学出版社防伪标签，无标签者不得销售。
版权所有，侵权必究。举报：010-62782989，beiqinquan@tup.tsinghua.edu.cn。

图书在版编目(CIP)数据

Visual C♯.NET 程序设计实用教程/李康乐主编. --北京：清华大学出版社，2014(2024.2重印)
21 世纪高等学校计算机应用技术规划教材
ISBN 978-7-302-35156-6

Ⅰ.①V… Ⅱ.①李… Ⅲ.①C语言－程序设计－高等学校－教材 Ⅳ.①TP312

中国版本图书馆 CIP 数据核字(2014)第 013717 号

责任编辑：付弘宇　薛　阳
封面设计：杨　兮
责任校对：李建庄
责任印制：沈　露

出版发行：清华大学出版社
　　　网　　址：https://www.tup.com.cn，https://www.wqxuetang.com
　　　地　　址：北京清华大学学研大厦 A 座　　　邮　编：100084
　　　社 总 机：010-83470000　　　邮　购：010-62786544
　　　投稿与读者服务：010-62776969，c-service@tup.tsinghua.edu.cn
　　　质量反馈：010-62772015，zhiliang@tup.tsinghua.edu.cn
　　　课件下载：https://www.tup.com.cn，010-83470236

印 装 者：三河市君旺印务有限公司
经　　销：全国新华书店
开　　本：185mm×260mm　　印　张：21.5　　字　数：534 千字
版　　次：2014 年 6 月第 1 版　　　　　　　　印　次：2024 年 2 月第11次印刷
印　　数：10101～10600
定　　价：49.50 元

产品编号：057526-03

随着我国改革开放的进一步深化,高等教育也得到了快速发展,各地高校紧密结合地方经济建设发展需要,科学运用市场调节机制,加大了使用信息科学等现代科学技术提升、改造传统学科专业的投入力度,通过教育改革合理调整和配置了教育资源,优化了传统学科专业,积极为地方经济建设输送人才,为我国经济社会的快速、健康和可持续发展以及高等教育自身的改革发展做出了巨大贡献。但是,高等教育质量还需要进一步提高以适应经济社会发展的需要,不少高校的专业设置和结构不尽合理,教师队伍整体素质亟待提高,人才培养模式、教学内容和方法需要进一步转变,学生的实践能力和创新精神亟待加强。

教育部一直十分重视高等教育质量工作。2007年1月,教育部下发了《关于实施高等学校本科教学质量与教学改革工程的意见》,计划实施"高等学校本科教学质量与教学改革工程(简称'质量工程')",通过专业结构调整、课程教材建设、实践教学改革、教学团队建设等多项内容,进一步深化高等学校教学改革,提高人才培养的能力和水平,更好地满足经济社会发展对高素质人才的需要。在贯彻和落实教育部"质量工程"的过程中,各地高校发挥师资力量强、办学经验丰富、教学资源充裕等优势,对其特色专业及特色课程(群)加以规划、整理和总结,更新教学内容、改革课程体系,建设了一大批内容新、体系新、方法新、手段新的特色课程。在此基础上,经教育部相关教学指导委员会专家的指导和建议,清华大学出版社在多个领域精选各高校的特色课程,分别规划出版系列教材,以配合"质量工程"的实施,满足各高校教学质量和教学改革的需要。

本系列教材立足于计算机公共课程领域,以公共基础课为主、专业基础课为辅,横向满足高校多层次教学的需要。在规划过程中体现了如下一些基本原则和特点。

(1) 面向多层次、多学科专业,强调计算机在各专业中的应用。教材内容坚持基本理论适度,反映各层次对基本理论和原理的需求,同时加强实践和应用环节。

(2) 反映教学需要,促进教学发展。教材要适应多样化的教学需要,正确把握教学内容和课程体系的改革方向,在选择教材内容和编写体系时注意体现素质教育、创新能力与实践能力的培养,为学生的知识、能力、素质协调发展创造条件。

(3) 实施精品战略,突出重点,保证质量。规划教材把重点放在公共基础课和专业基础课的教材建设上;特别注意选择并安排一部分原来基础比较好的优秀教材或讲义修订再版,逐步形成精品教材;提倡并鼓励编写体现教学质量和教学改革成果的教材。

(4) 主张一纲多本,合理配套。基础课和专业基础课教材配套,同一门课程可以有针对不同层次、面向不同专业的多本具有各自内容特点的教材。处理好教材统一性与多样化,基本教材与辅助教材、教学参考书,文字教材与软件教材的关系,实现教材系列资源配套。

(5) 依靠专家,择优选用。在制定教材规划时依靠各课程专家在调查研究本课程教材建设现状的基础上提出规划选题。在落实主编人选时,要引入竞争机制,通过申报、评审确定主题。书稿完成后要认真实行审稿程序,确保出书质量。

繁荣教材出版事业,提高教材质量的关键是教师。建立一支高水平教材编写梯队才能保证教材的编写质量和建设力度,希望有志于教材建设的教师能够加入到我们的编写队伍中来。

21世纪高等学校计算机应用技术规划教材
联系人: 魏江江 weijj@tup.tsinghua.edu.cn

前 言

　　本书是黑龙江省高等教育教学改革项目(项目名称：计算机科学与技术专业金融应用人才培养模式的研究与实践；项目编号：JG2012010240)的部分研究成果。

　　C♯是微软公司专门为.NET应用开发的一种全新且简单、安全、面向对象的程序设计语言。它吸取了C/C++、Delphi、Java等语言的优点，体现了当今最新的程序设计技术的功能和精华，因此，赢得了越来越多的程序开发人员的喜爱。C♯不仅适合开发传统的Windows客户端应用程序，还特别适合于开发数据库应用程序和企业级Web应用程序，近年来已成为一门主流语言。

　　本书基于Visual Studio 2008开发环境，通过通俗易懂的语言和大量生动典型的实例，由浅入深、循序渐进地介绍使用C♯进行程序开发的常用技术和方法。书中的实例全部出自编者实际教学和工作过程中所采用的实例，都在C♯平台上编译调试通过，以方便读者自学理解。书中源程序注释清晰明了，可以直接使用和更改，方便自行修改和升级。

　　全书共11章，分别介绍了C♯语言基础、程序流程控制、Windows窗体程序、数组和集合、面向对象编程技术、异常处理、界面设计、数据库编程和文件操作等内容，每章都配有本章小结和习题，以方便读者巩固所学知识。

　　与市场上其他的C♯教程相比，本书具有以下特点：

　　1. 结构合理，详略得当

　　本书结构安排合理、由浅入深，将面向对象的程序设计方法贯穿始终，让读者能够逐步体会并掌握面向对象技术的精髓。既避开了晦涩难懂的理论知识，又覆盖了编程所需的各方面技术。

　　2. 循序渐进，轻松上手

　　本书内容叙述从零起步，循序渐进，全面提高学、练、用的能力。通过实例，可以使读者轻松上手，快速掌握所学内容。

　　3. 实例丰富，贴近实际

　　本书每部分内容都配有示例，简单易懂，帮助读者理解相关知识内容。特别地，在应用性较强的章中，多加一节具有实际应用的案例，通过案例将各知识点结合起来，达到学以致用的目的。

　　4. 图文并茂，步骤详细

　　本书在讲解技术和例题时，图文并茂，步骤详细，读者只需要按照步骤操作，就可以体会到编程带来的乐趣和成就感。

　　本书可作为普通高等院校计算机及其相关专业的教材，也可作为初学编程人员的自学用书。在清华大学出版社的网站(http://www.tup.tsinghua.edu.cn)上提供了本书的多媒体课件和所有例题源代码。

本书由李康乐任主编、由张玉芬和赵立波任副主编,其中第 2 章和第 4 章由李康乐编写,第 1 章、第 3 章和第 5 章由张玉芬编写,第 6 章和第 7 章由赵立波编写,第 8 章和第 11 章由李冰冰编写,第 9 章由李康乐和杨萌共同编写,第 10 章由张玉芬和杨萌共同编写,全书由李康乐统稿。

由于时间仓促、作者水平有限,书中难免存在疏漏和不足,恳请读者批评指正,使本书得以改进和完善。编者联系邮箱:lkle_216@163.com 或 fuhy@tup.tsinghua.edu.cn。

编 者

2014 年 4 月

目 录

第1章 概述 ·· 1

1.1 .NET Framework 简介 ·· 1
1.2 C#简介 ··· 3
1.3 Visual Studio 2008 集成开发环境 ··· 3
1.4 C#程序的建立与执行 ·· 11
    1.4.1 控制台应用程序 ·· 11
    1.4.2 Windows 窗体应用程序 ··· 14
本章小结 ··· 22
习题 ··· 23

第2章 C#语言基础 ·· 24

2.1 C#程序结构 ·· 24
    2.1.1 程序的组成要素 ·· 24
    2.1.2 语法格式中的符号约定 ·· 27
2.2 数据类型 ·· 27
    2.2.1 值类型 ··· 27
    2.2.2 引用类型 ··· 31
2.3 变量和常量 ··· 33
    2.3.1 变量 ·· 33
    2.3.2 常量 ·· 34
    2.3.3 类型转换 ··· 35
2.4 运算符和表达式 ·· 38
    2.4.1 运算符与表达式类型 ··· 38
    2.4.2 运算符的优先级 ·· 41
2.5 常用.NET 框架类 ·· 41
    2.5.1 Ramdom 类 ··· 41
    2.5.2 Math 类 ·· 42
    2.5.3 DateTime 类 ··· 43
本章小结 ··· 45
习题 ··· 45

第3章 程序流程控制 ·· 47

3.1 顺序结构 ·· 47

        3.1.1 赋值语句 …………………………………………………… 47
        3.1.2 输入语句与输出语句 …………………………………… 48
    3.2 选择结构 ……………………………………………………………… 54
        3.2.1 if 语句 ……………………………………………………… 54
        3.2.2 switch 语句 ………………………………………………… 60
    3.3 循环结构 ……………………………………………………………… 62
        3.3.1 while 语句 ………………………………………………… 62
        3.3.2 do-while 语句 ……………………………………………… 63
        3.3.3 for 语句 …………………………………………………… 64
        3.3.4 foreach 语句 ……………………………………………… 66
        3.3.5 循环嵌套 …………………………………………………… 67
        3.3.6 跳转语句 …………………………………………………… 68
    3.4 程序流程控制的应用 ………………………………………………… 72
    本章小结 …………………………………………………………………… 81
    习题 ………………………………………………………………………… 81

第 4 章 Windows 窗体程序 …………………………………………………… 84

    4.1 窗体 …………………………………………………………………… 84
        4.1.1 窗体的组成 ………………………………………………… 84
        4.1.2 窗体的属性 ………………………………………………… 85
        4.1.3 窗体的方法 ………………………………………………… 86
        4.1.4 窗体的事件 ………………………………………………… 86
        4.1.5 窗体的布局 ………………………………………………… 87
    4.2 常用控件 ……………………………………………………………… 89
        4.2.1 基本控件 …………………………………………………… 90
        4.2.2 选择类控件 ………………………………………………… 92
        4.2.3 PictureBox 控件和 ImageList 组件 ……………………… 101
        4.2.4 Timer 组件和 ProgressBar 控件 ………………………… 105
    4.3 容器控件 ……………………………………………………………… 108
        4.3.1 GroupBox 控件 …………………………………………… 108
        4.3.2 Panel 控件 ………………………………………………… 109
        4.3.3 TabControl 控件 …………………………………………… 109
    本章小结 …………………………………………………………………… 111
    习题 ………………………………………………………………………… 112

第 5 章 数组和集合 …………………………………………………………… 114

    5.1 一维数组 ……………………………………………………………… 114
        5.1.1 一维数组的声明 …………………………………………… 114
        5.1.2 一维数组的初始化 ………………………………………… 115

	5.1.3 访问一维数组中的元素	116
5.2	二维数组	119
	5.2.1 二维数组的声明	120
	5.2.2 二维数组的初始化	121
	5.2.3 访问二维数组中的元素	121
5.3	集合	124
	5.3.1 ArrayList 集合类	125
	5.3.2 HashTable 集合	131
5.4	数组的应用	133
本章小结		138
习题		139

第 6 章 面向对象程序设计基础 …… 141

6.1	面向对象编程	141
	6.1.1 面向对象编程简介	141
	6.1.2 面向对象编程语言的特点	142
6.2	类和对象	143
	6.2.1 定义一个类	144
	6.2.2 对象的创建	145
	6.2.3 类的成员简介	146
6.3	字段	147
6.4	方法	148
	6.4.1 定义方法	149
	6.4.2 方法的参数和返回值	150
	6.4.3 方法的重载	157
	6.4.4 变量的作用域	160
6.5	this 关键字	161
6.6	构造函数和析构函数	163
	6.6.1 构造函数	163
	6.6.2 析构函数	168
6.7	属性	169
6.8	类的静态成员	174
本章小结		182
习题		182

第 7 章 面向对象技术 …… 186

7.1	继承	186
	7.1.1 继承的实现	186
	7.1.2 基类成员的隐藏	189

7.2 多态 194
7.1.3 派生类的构造函数 191
7.2.1 虚方法 194
7.2.2 抽象类和抽象方法 197
7.2.3 密封类和密封方法 198
7.3 接口 199
7.3.1 接口的声明 200
7.3.2 接口的实现 201
7.3.3 接口和抽象类 206
7.4 委托 206
7.4.1 委托的声明 207
7.4.2 委托的使用 208
7.5 事件 210
7.5.1 使用事件 211
7.5.2 定义事件 213
7.6 综合应用 215
本章小结 222
习题 222

第 8 章 异常处理 225
8.1 异常处理 225
8.1.1 异常类 225
8.1.2 引发异常 227
8.1.3 异常处理机制 228
8.2 程序调试 230
8.2.1 程序错误 231
8.2.2 程序调试 231
本章小结 234
习题 234

第 9 章 界面设计 236
9.1 菜单、工具栏与状态栏 236
9.1.1 菜单 236
9.1.2 工具栏 241
9.1.3 状态栏 244
9.2 对话框 246
9.2.1 通用对话框 246
9.2.2 自定义对话框 250
9.3 多文档操作 250

本章小结 ………………………………………………………………………… 253
习题 ……………………………………………………………………………… 253

第 10 章　数据库编程 ………………………………………………………… 255

10.1　SQL 基础知识 …………………………………………………………… 255
10.1.1　查询语句 …………………………………………………………… 256
10.1.2　插入语句 …………………………………………………………… 258
10.1.3　修改语句 …………………………………………………………… 258
10.1.4　删除语句 …………………………………………………………… 259

10.2　ADO.NET 概述 …………………………………………………………… 259
10.2.1　ADO.NET 概念 ……………………………………………………… 259
10.2.2　ADO.NET 对象模型 ………………………………………………… 259
10.2.3　ADO.NET 访问数据库的两种模式 ………………………………… 262

10.3　利用 ADO.NET 访问数据库 ……………………………………………… 264
10.3.1　Connection 对象 …………………………………………………… 264
10.3.2　Command 对象 ……………………………………………………… 268
10.3.3　DataReader 对象 …………………………………………………… 271
10.3.4　DataAdapter 对象 ………………………………………………… 277
10.3.5　DataSet 对象 ……………………………………………………… 279
10.3.6　ADO.NET 相关组件 ………………………………………………… 283
10.3.7　数据绑定 …………………………………………………………… 291

10.4　数据库技术的应用 ………………………………………………………… 297
本章小结 ………………………………………………………………………… 306
习题 ……………………………………………………………………………… 306

第 11 章　文件和流 …………………………………………………………… 308

11.1　文件和流的概念 …………………………………………………………… 308

11.2　文件的存储管理 …………………………………………………………… 309
11.2.1　DriveInfo 类 ……………………………………………………… 309
11.2.2　Directory 类和 DirectoryInfo 类 ………………………………… 310
11.2.3　Path 类 ……………………………………………………………… 312
11.2.4　File 类和 FileInfo 类 ……………………………………………… 313

11.3　文件的操作 ………………………………………………………………… 315
11.3.1　Stream 类 …………………………………………………………… 316
11.3.2　FileStream 类 ……………………………………………………… 319
11.3.3　StreamReader 类和 StreamWriter 类 ……………………………… 321
11.3.4　BinaryReader 类和 BinaryWriter 类 ……………………………… 326
本章小结 ………………………………………………………………………… 328
习题 ……………………………………………………………………………… 328

参考文献 ………………………………………………………………………… 329

| 本章小结 | 253 |
| 习题 | 253 |

第 10 章 数据库编程

10.1 SQL 基础知识	255
10.1.1 查询语句	256
10.1.2 插入语句	259
10.1.3 更新语句	258
10.1.4 删除语句	258
10.2 ADO.NET 概述	259
10.2.1 ADO.NET 概念	259
10.2.2 ADO.NET 可访问数据库	260
10.2.3 ADO.NET 的访问数据的内部协议	262
10.3 利用 ADO.NET 访问数据库	264
10.3.1 Connection 对象	264
10.3.2 Command 对象	268
10.3.3 DataReader 对象	271
10.3.4 DataAdapter 对象	277
10.3.5 DataSet 对象	279
10.3.6 ADO.NET 相关组件	282
10.3.7 数据绑定	287
10.4 数据库连接不能应用	297
本章小结	308
习题	308

第 11 章 文件和流

11.1 文件和流的概念	308
11.2 文件的特殊管理	309
11.2.1 Drive Info 类	309
11.2.2 Directory 类和 DirectoryInfo 类	310
11.2.3 Path 类	312
11.2.4 File 类和 FileInfo 类	313
11.3 文件的操作	315
11.3.1 Stream 类	316
11.3.2 FileStream 类	319
11.3.3 StreamReader 类和 StreamWriter 类	321
11.3.4 BinaryReader 类和 BinaryWriter 类	326
本章小结	328
习题	328

参考文献

329

概述

1.1 .NET Framework 简介

Microsoft.NET（简称.NET）是微软公司推出的面向网络的一套完整的开发平台，从程序员的角度来看，.NET 是一组用于生成 Web 服务器应用程序、Web 应用程序、Windows 应用程序和移动应用程序的软件组件，用该平台建立的应用程序在公共语言运行库的控制下运行。

1．.NET 的特点

（1）统一应用层接口

.NET 框架将 Windows 操作系统底层的 API(Application Programming Interface，应用程序接口)进行封装，为各种 Windows 操作系统提供统一的应用层接口，从而消除了不同 Windows 操作系统带来的不一致性，用户只需直接调用 API 进行开发，无需考虑平台。

（2）面向对象开发

.NET 框架使用面向对象的设计思想，更加强调代码和组件的重用性，提供了大量的类库，每个类库都是一个独立的模块，供用户调用。同时，开发者也可自行开发类库给其他开发者使用。

（3）支持多种语言

.NET 框架支持多种开发语言，允许用户使用符合公共语言运行库 CLR(Common Language Runtime)规范的多种编程语言开发程序，包括 C♯、VB.NET、J♯、C++等，然后再将代码转换为中间语言存储到可执行程序中。在执行程序时，通过.NET 组件对中间语言进行编译执行。

2．.NET 体系结构

.NET 体系结构的核心是.NET 框架(.NET Framework)，.NET 框架在操作系统之上为程序员提供了一个编写各种应用程序的高效的工具和环境，如图 1-1 所示。.NET 体系结构的顶层是用各种语言所编写的应用程序，这些应用程序由公共语言运行库控制执行。

.NET 能支持多种应用程序的开发，其中控制台程序是一种传统而简单的程序形式，一般是字符界面，可以编译为独立的可执行文件，通过命令行运行，在字符界面上输入和输出。

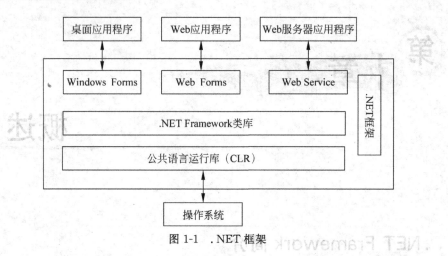

图 1-1 .NET 框架

Windows 应用程序是基于 Windows Form(Windows 窗体)的应用程序,是一种基于图形用户界面的应用程序,一般是在用户计算机本地运行。本书案例采用的是控制台应用程序或 Windows 应用程序。

3..NET 框架的两个实体

.NET 框架具有两个主要组件,即公共语言运行库和.NET Framework 类库。

(1) 公共语言运行库

公共语言运行库又称公共语言运行时(Common Language Runtime,CLR)或公共语言运行环境,是.NET 框架的底层。其基本功能是管理用.NET 框架类库开发的所有应用程序的运行并且提供各种服务。

使用 CLR 的一大好处是支持跨语言编程,即.NET 将开发语言与运行环境分开,凡是符合公共语言规范(Common Language Specification,CLS)的语言所编写的对象都可以在 CLR 上互相通信、互相调用。这是因为基于.NET 平台的所有语言的共同特性(如数据类型、异常处理等)都是在 CLR 层面实现的。例如,用 C#语言编写的应用程序,能够使用 VB.NET 编写的类库和组件,反之亦然,这大大提高了开发人员的工作效率。

(2).NET Framework 类库

.NET Framework 类库是一个面向对象的可重用类型集合,该类型集合可以理解成预先编写好的程序代码库,这些代码包括一组丰富的类与接口,程序员可以用这些现成的类和接口来生成.NET 应用程序、控件和组件。例如,Windows 窗体类是一组综合性的可重用的类型,使用这些类型可以轻松灵活地创建窗体、菜单、工具栏、按钮和其他屏幕元素,从而大大简化了 Windows 应用程序的开发。

.NET 支持的所有语言都能使用类库,任何语言使用类库的方式都是一样的。程序员可以直接使用类库中的具体类,或者从这些类派生出自己的类。.NET 框架类库是程序员必须掌握的工具,熟练使用类库是每个程序员的基本功。

4. Microsoft 中间语言和即时编译器

.NET 框架上可以集成几十种编程语言,这些编程语言共享.NET 框架的庞大资源,还可以创建由不同语言混合编写的应用程序,因此可以说.NET 是跨语言的集成开发平台。

.NET 框架上的各种语言分别有各自不同的编译器,编译器向 CLR 提供原始信息,各种编程语言编译器负责完成编译工作的第一步,即把源代码转换为用微软中间语言(Microsoft Intermediate Language,MSIL)表示的中间代码,如图 1-2 所示。MSIL 是一种非常接近机器语言的语言,但还不能直接在计算机上运行。第二步编译工作就是将中间代码转换为可执行的本地机器指令(本地代码),在 CLR 中执行,这个工作由 CLR 中包含的即时编译器(Just In Time,JIT)完成。

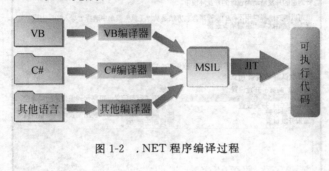

图 1-2 .NET 程序编译过程

1.2 C#简介

C#语言是微软公司专门为.NET 平台量身打造的程序设计语言,是一种强大的、基于现代面向对象设计方法的程序设计语言,它是为生成运行在.NET 框架上的企业级应用程序而设计的。

微软对 C#的定义:C#是一种安全的、现代的、简单的、由 C 和 C++衍生而来的面向对象的编程语言。设计 C#的目的就是综合 Visual Basic 的高生产率和 C++的行动力,C#已经成为 Windows 平台上软件开发的绝对主流语言。

作为.NET 的核心语言,C#有很多的优点,例如完全面向对象的设计、组件技术、跨平台异常处理、强大的类型安全、自动的垃圾回收功能和版本处理技术等,读者将在后续的C#学习与使用中深入体会这些优点。

1.3 Visual Studio 2008 集成开发环境

Visual Studio 2008 的安装步骤较简单,这里不再介绍。在 Visual Studio 2008 中,Visual C# 2008、Visual Basic 2008 和 Visual C++ 2008 的绝大多数的界面和功能是相同的,下面将介绍 Visual Studio 2008 编程环境下的 Visual C# 2008 开发界面。

1. Visual C# 2008 的主界面

Visual C# 2008 不仅是一个程序编辑器,它还是一个集成开发工具,集程序的设计、编译、调试和运行等多种功能于一体。但每个功能都相对独立,具有自己的界面,下面介绍一下 Visual C# 2008 集成开发环境。

打开 Visual Studio 2008 的方法为:单击"开始"菜单,选择"程序",然后找到并单击 Microsoft Visual Studio 2008 子菜单项,则会启动 Visual Studio 2008 集成开发环境。如果

是第一次运行 Visual Studio 2008,会出现一个如图 1-3 所示的对话框,提示用户选择默认的开发环境。

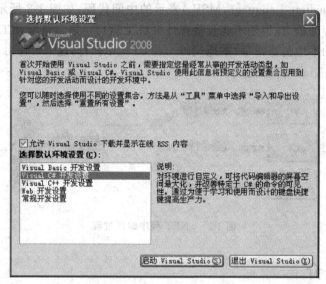

图 1-3 选择默认环境设置

Visual Studio 2008 可以根据用户的首选开发语言自己进行调整,在集成开发环境中,各个对话框工具针对用户选择的语言建立它们的默认设置。从列表中选择"Visual C♯开发设置",再单击"启动 Visual Studio"按钮,就会出现 Visual Studio 2008 集成开发环境,如图 1-4 所示。

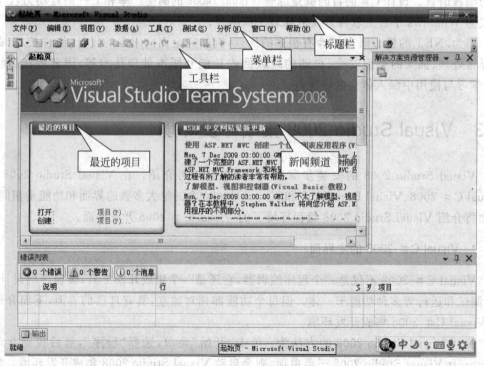

图 1-4 Visual Studio 2008 起始页

选择"文件"→"新建"→"项目"(或在起始页中选择"创建项目")命令,会弹出如图1-5所示的对话框。

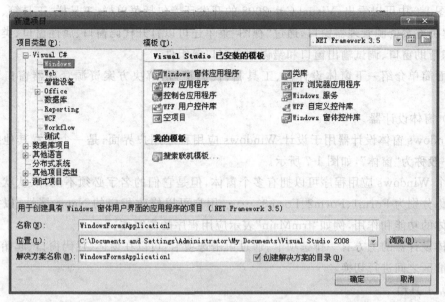

图1-5 "新建项目"对话框

选择 Visual C# 项目的 Windows,打开 Visual Studio 已安装的模板,选择"Windows 窗体应用程序",输入项目的名称,并选择项目的存放位置(在这里保留默认的设置),然后单击"确定"按钮,出现 Visual C# 2008 的主界面,如图1-6所示。

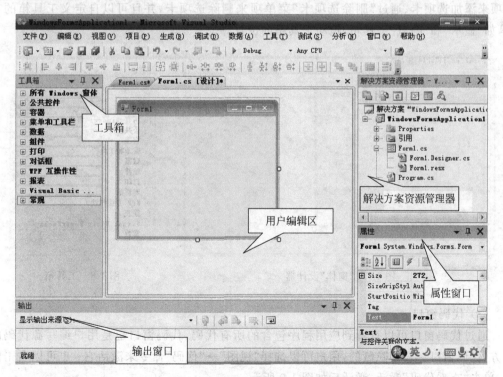

图1-6 Visual C# 2008 主界面

2. Visual C# 2008 开发界面的组成

从图 1-6 中可以看出，Visual C# 2008 的开发环境包括菜单栏、工具栏、工具箱、窗体设计器、解决方案资源管理器窗口，通过"视图"菜单还可以打开代码窗口、属性窗口、类视图窗口、动态帮助窗口、调试输出窗口和错误列表窗口等组件。

下面简单介绍一下窗体设计器、工具箱、代码窗口、解决方案资源管理器窗口和属性窗口。

(1) 窗体设计器

Windows 窗体设计器用于设计 Windows 应用程序用户界面，是一个放置其他控件的容器，一般称为"窗体"，如图 1-7 所示。

一个 Windows 应用程序可以拥有多个窗体，但是它们的名字必须不同，默认状态下窗体的名称分别为 Form1、Form2、Form3、……，用户可以修改相应的 Name 属性，以便标识各个窗体的功能和作用，例如"frmMain"表示应用程序的主窗体。

窗体设计器的上方有一排选项卡，通过单击选项卡，可以在窗体、代码窗口、起始页以及其他功能区之间进行切换。

(2) 工具箱

Visual C# 2008 给用户提供了很多控件，常用的被放置在"工具箱"中，不常用的可以通过快捷菜单中的"选择项"菜单项来添加，这些控件用于设计用户界面，"工具箱"如图 1-8 所示。默认情况下，工具箱中有"所有 Windows 窗体"、"公共控件"、"容器"、"菜单和工具栏"等选项卡，每个选项卡中包含相应的控件。用户可以通过快捷菜单中的"添加选项卡"菜单项来添加选项卡、通过"删除选项卡"菜单项来删除选项卡，并且可以自定义工具箱的布局，如"显示"和"隐藏"工具箱、拖动工具箱的位置等。

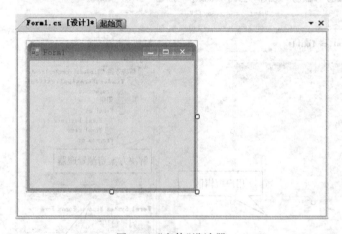

图 1-7 "窗体"设计器

图 1-8 工具箱

(3) 代码窗口

通过代码窗口可以查看到应用程序包含的所有代码，代码窗口也是用户编写源代码的地方，代码窗口一般是隐藏的，用户可以选择"视图"→"代码"命令来激活它；也可以右击窗体，单击"查看代码"激活，激活后如图 1-9 所示。

第1章 概述

图1-9 代码窗口

同样的，代码窗口上面也有一排选项卡，用户可以通过单击各选项卡在不同的功能之间进行切换。同时可以看到，选项卡中的文件名后面有一个"*"，这表示该文件经过修改，但没有被保存，可以使用"文件"→"全部保存"菜单项保存。编译程序也会自动保存，保存成功后"*"会消失。

（4）解决方案资源管理器窗口

解决方案资源管理器窗口的功能是显示一个应用程序中所有的属性以及组成该应用程序的所有文件，包括Properties、"引用"等，如图1-10所示。用户可以通过双击其中的列表项来切换到相应的对象中去。

（5）属性窗口

选中一个对象（窗体或控件）后，该对象的属性会显示在相应的属性窗口中。如图1-11所示的"属性"窗口显示了对象Form1的所有属性，拖动该窗口的滚动条可以查看到这些属性。其中，Text属性决定着Form1的标题栏中显示的文本，用户可以修改右边默认的文本"Form1"，直接对其进行修改以达到预想的显示效果。

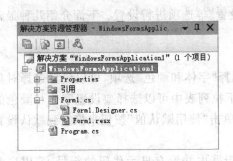

图1-10 "解决方案资源管理器"窗口

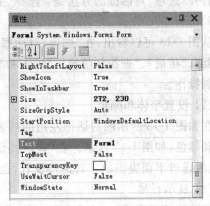

图1-11 "属性"窗口

注意：修改对象的属性也可以使用代码来完成，具体的实现方法将在后面的章节中陆续进行介绍。

（6）其他窗口

有许多其他窗口默认显示在用户编辑区下方，"输出"窗口供系统向用户输出一些用户需要的信息，如程序在组建过程中所产生的输出信息。在"错误列表"窗口中，可以显示在编辑和编译代码时产生的"错误"、"警告"和"消息"，可以查找 IntelliSense 所标出的语法错误等。双击任意错误信息项将打开出现问题的文件，并移到相应的问题行。可以使用"错误"、"警告"和"消息"按钮选择要显示哪些项。

上述子窗口大部分可以通过"视图"打开，一些与调试相关的窗口可以通过"调试"菜单中的"窗口"命令打开。

3. 窗口布局

上一小节介绍了 Visual C# 2008 的开发环境，包括工具箱、窗口设计器、解决方案资源管理器、代码窗口、属性窗口等。在默认情况下，这些窗口有的是显示的、有的是隐藏的，可以通过"视图"菜单来打开，并且可以通过如图 1-12 所示的"自动隐藏"按钮来显示和隐藏解决方案资源管理器和属性窗口等。当然，也可以使用鼠标的拖曳来将窗口移动到开发界面的合适位置。

图 1-12 "自动隐藏"按钮

在自定义窗口布局后，希望能恢复到 Visual C# 2008 开发环境的默认窗口部件，这可以通过选择"窗口"→"重置窗口布局"菜单项来实现。

4. 使用"选项"对话框定制环境

不同的用户有不同的开发习惯，同时对开发环境也有着不同的喜好，因此，Visual Studio 2008 允许用户根据自己的开发习惯来定制开发环境，以满足不同用户的要求。在 Visual Studio 2008 中，定制环境一般可以通过"选项"对话框来实现。

打开"选项"对话框的方法是：选择"工具"→"选项"菜单项，即可打开"选项"对话框，如图 1-13 所示。

从图 1-13 可以看出，在"选项"对话框除了可以进行"常规"选项设置外，还可以对"Web 浏览器"、"帮助"、"查找和替换"、"导入和导出设置"等选项进行设置。下面介绍几种最常用的定制操作。

（1）设置字体和颜色

在如图 1-13 所示的对话框左边的列表中选择"字体和颜色"选项，可以设置选择对象的字体和颜色，如图 1-14 所示。在"显示其设置"下拉列表中可以选择要设置字体和颜色的对象，然后通过下面提供的工具进行设置，也可以单击"使用默认值"按钮来恢复到默认设置。

（2）显示行号

在默认情况下，Visual C# 2008 的代码编辑器中并没有显示代码的行号，若用户希望

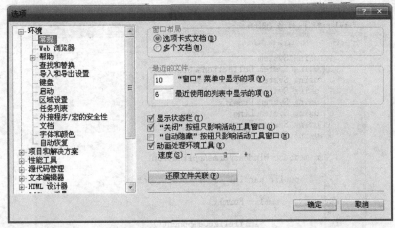

图 1-13 "选项"对话框

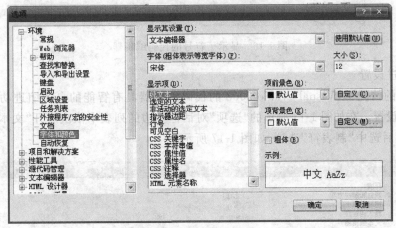

图 1-14 设置字体和颜色

显示行号,可以在如图 1-13 所示的"选项"对话框左边的列表中依次展开"文本编辑器"→C#节点,然后选中"常规"选项,如图 1-15 所示。接下来在"显示"项目中选中"行号"复选框,再单击"确定"按钮,即可在代码编辑器中显示代码的行号。显示了行号的代码编辑器如图 1-16 所示。

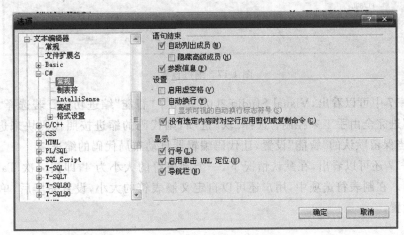

图 1-15 显示行号

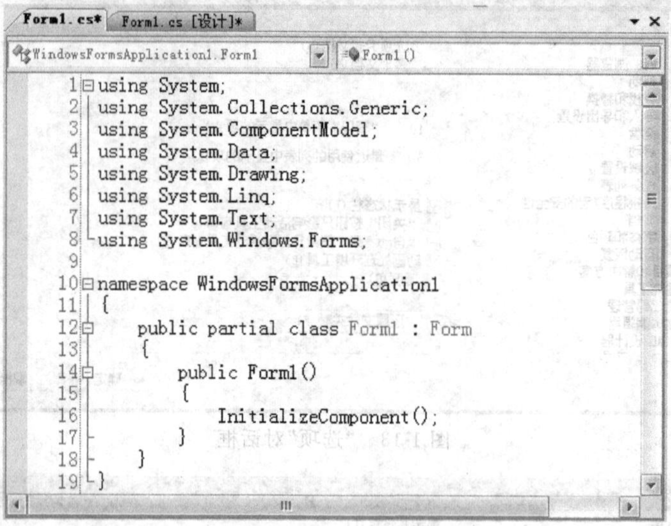

```
Form1.cs*  Form1.cs [设计]*
WindowsFormsApplication1.Form1         Form1()
 1 ⊟ using System;
 2   using System.Collections.Generic;
 3   using System.ComponentModel;
 4   using System.Data;
 5   using System.Drawing;
 6   using System.Linq;
 7   using System.Text;
 8   using System.Windows.Forms;
 9
10 ⊟ namespace WindowsFormsApplication1
11   {
12       public partial class Form1 : Form
13       {
14           public Form1()
15           {
16               InitializeComponent();
17           }
18       }
19   }
```

图 1-16　显示了行号的代码编辑器

（3）缩进设置

在默认的情况下，Visual Studio 2008 的代码编辑器具有智能的自动缩进功能，当然也可以自定义设置。在如图 1-13 所示的"选项"对话框左边的列表中依次展开"文本编辑器"→C#节点，然后选中"制表符"选项，如图 1-17 所示。

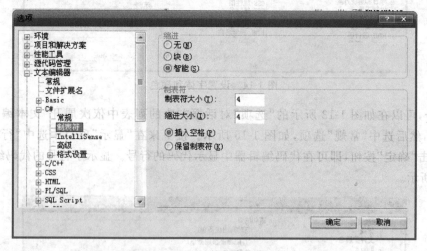

图 1-17　缩进设置

从图 1-17 中可以看出，Visual Studio 2008 选中了"智能"缩进功能。若选择"无"选项，则代码的缩进完全由手工来控制；选择"块"选项，则代码的缩进按照代码块来进行；一般情况下，应当保留默认的"智能"设置，让代码编辑器自动布局代码的缩进。

从图 1-17 还可以看出，在默认情况下，一个制表符的大小为 4，即按一次 Tab 键，将缩进 4 个空格。在制表符选项中，用户还可以自定义制表符的大小，设置完毕后，单击"确定"按钮保存设置。

1.4 C#程序的建立与执行

1.4.1 控制台应用程序

控制台应用程序编程是指纯 API(Application Programming Interface,应用程序编程接口)下的 Win32 编程,一般只有开发底层、游戏等软件才用控制台来编写。使用控制台应用程序,不像操作 Windows 软件,而是像操作 DOS 那样需要通过输入命令和参数,对软件进行操作。下面用一个简单的实例来介绍一下 Visual C# 2008 控制台应用程序的创建、编码、生成与运行的基本方法。完成本程序,主要包括以下三个步骤。

1. 创建控制台应用程序

在 Visual C# 2008 中,创建控制台应用程序的步骤如下。

(1) 按照前面介绍的方法,启动 Visual C# 2008 开发工具。

(2) 选择"文件"→"新建"→"项目"菜单项,弹出如图 1-18 所示的"新建项目"对话框,可以看到,右边的"Visual Studio 已安装的模板"选项区中包括"Windows 窗体应用程序"、"类库"、"Windows 窗体控件库"、"控制台应用程序"等模板,它们指定了要创建的应用程序的类型。

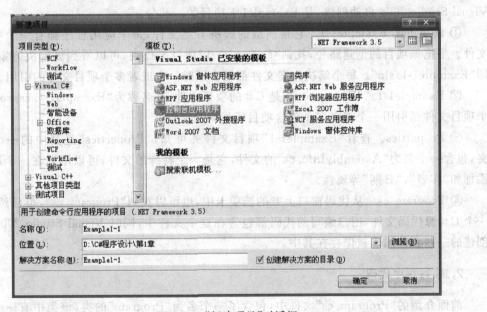

图 1-18 "新建项目"对话框

(3) 在"Visual Studio 已安装的模板"选项区中单击"控制台应用程序",然后在"名称"文本框中输入"Example1-1",并选择项目的存放位置,例如"D:\C#程序设计\第 1 章"。

(4) 确认"创建解决方案的目录"已被选中,然后单击"确定"按钮,则出现如图 1-19 所示的界面。

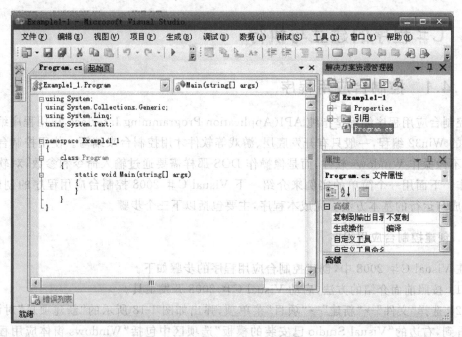

图 1-19　Example1-1 项目

在开始编写代码之前,先来解释一下"解决方案资源管理器"中列出的文件,这些文件由 Visual Studio 2008 自动创建,是 Example1-1 项目的一部分。

① 解决方案 Example1-1。它是顶级的解决方案文件,每个应用程序都有一个类似的文件。根据该项目的创建路径,找到"Example1-1"项目文件夹,可以看到该解决方案文件,即"Example1-1.sln"。每个解决方案文件都包含了对一个或者多个项目文件的引用。

② Example1-1。"Example1-1"是 C# 的项目文件,其名称为"Example1-1.csproj"。每个项目文件都引用一个或者多个包含项目源代码的文件。

③ Properties。查看"Example1-1"项目文件夹可知,"Properties"是其中的一个文件夹,包含一个名为"AssemblyInfo.cs"的文件,它是一个特殊的文件,可以用它在一个属性中添加如"作者"、"日期"等属性。

④ Program.cs。从代码窗口上方的选项卡中,也可以找到"Program.cs",很显然,它是一个 C# 源代码文件,用户编写的代码都包含在这个文件中,同时 Visual Studio 2008 自动创建的一些源代码也被保存在其中。

2. 编写程序代码

前面介绍的"Program.cs"文件中,包含了一个名为"Program"的类,该类中有一个名为"Main"的方法,它指定了 C# 程序的入口,即任何的 C# 程序都是从 Main 方法开始执行的。

下面为项目"Example1-1"添加代码,在 Main 方法的花括号中加入代码"Console.WriteLine("Hello,Welcome to C# World!");"。编写完代码后的代码窗口如图 1-20 所示。

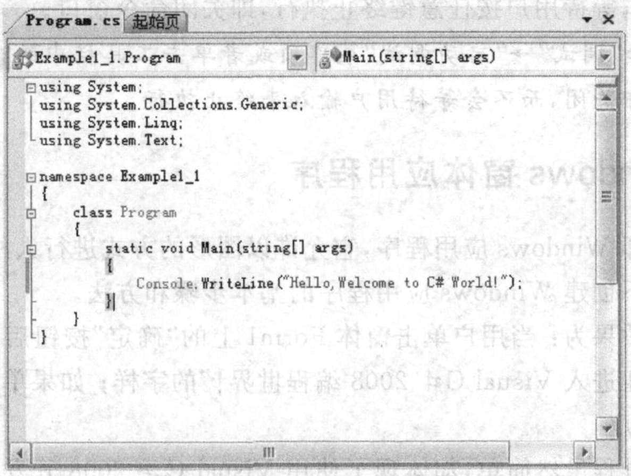

第1章 概述

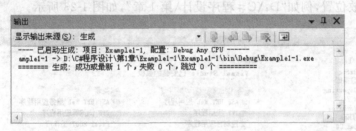

图 1-20　编写完代码的代码窗口

3．测试与运行程序

编写好程序代码后，接下来应当生成控制台应用程序，即编译代码并生成一个可执行的程序，具体的方法是：选择"生成"→"生成 Example1-1"菜单项，生成的过程中会在代码编辑器的下方出现一个输出窗口，如图 1-21 所示。

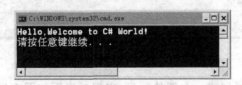

图 1-21　输出窗口

注意：如果输出窗口没有自动出现，可以选择"视图"→"输出"菜单项实现。

在输出窗口中，提示程序编译完成，并显示了生成过程中发生的错误和警告。本程序非常简单，只包括一行代码，在输入正确的情况下，不会有任何的错误和警告。

生成成功后，可以运行程序查看结果。具体的方法是：选择"调试"→"开始执行(不调试)"菜单项或者按快捷键 Ctrl+F5，即弹出一个命令窗口，显示程序的运行结果，如图 1-22 所示。

图 1-22　控制台程序运行结果

在命令窗口中，显示了"Hello,Welcome to C♯ World!"字样，这是前面编写的 C♯ 代码"Console.WriteLine("Hello,Welcome to C♯ World!");"执行的结果。"请按任意键继

续…"是自动生成的,等待用户按任意键终止执行,即关闭命令窗口。

注意:如果选择"调试"→"启动调试"菜单项或者单击工具栏中的 ▶ 按钮运行程序,命令窗口显示后会立即关闭,而不会等待用户输入来终止执行。

1.4.2 Windows 窗体应用程序

窗体应用程序即 Windows 应用程序,它允许以图形的方式进行人机交互。下面用一个简单的实例介绍一下创建 Windows 应用程序的基本步骤和方法。

该实例的最终效果为:当用户单击窗体 Form1 上的"确定"按钮后,在窗体上方的文本框中显示"你好,欢迎进入 Visual C# 2008 编程世界!"的字样;如果单击"退出"按钮,则关闭窗口,退出应用程序。

该实例的开发过程虽然简单,却体现了使用 Visual C# 2008 开发 Windows 应用程序的基本流程。完成本程序,主要包括以下 4 个步骤。

1. 程序界面设计

(1) 启动 Microsoft Visual Studio 2008,进入 Visual C# 2008 开发界面。

(2) 选择"文件"→"新建"→"项目"命令,出现"新建项目"对话框,选择"Windows 应用程序"模板,新建一个 Visual C# 项目,然后将其命名为"Example1-2",并单击"浏览"按钮,选择项目的存放位置,例如"D:\C#程序设计\第 1 章",如图 1-23 所示。

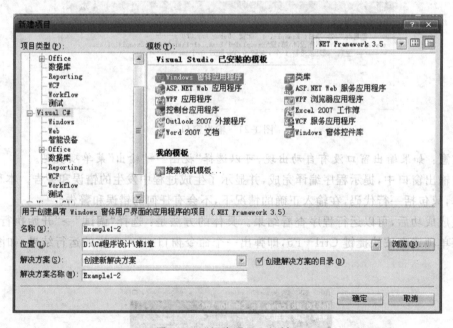

图 1-23 "新建项目"对话框

(3) 单击"确定"按钮,创建一个新的项目,出现的界面如图 1-24 所示。

(4) 调整窗体至合适的大小,长宽比约为 2∶1,然后展开工具箱中的"公共控件"选项卡,找到并双击 TextBox 工具按钮,为窗体添加一个文本框控件,这时的窗体 Form1 如图 1-25 所示。

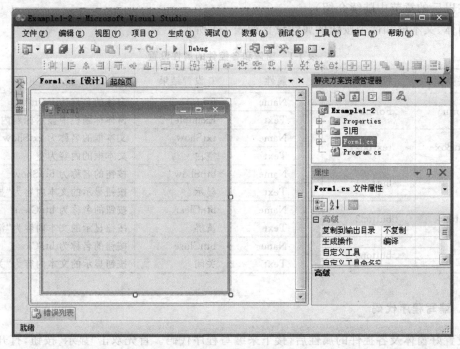

图 1-24　Example1-2 项目

说明：添加控件也可以先在工具箱中选择相应的控件，然后在窗体中适当的位置使用鼠标拖动来实现。

（5）使用鼠标拖动文本框至窗体中上部，并调整文本框的大小，调整后的窗体 Form1 如图 1-26 所示。

（6）按照同样的方法，在工具箱中找到 Button 工具按钮，为窗体添加三个命令按钮控件，并调整其大小和位置，如图 1-27 所示。

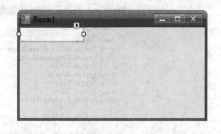

图 1-25　调整大小并添加文本框后的窗体

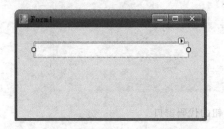

图 1-26　调整文本框位置和大小后的窗体

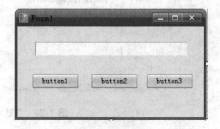

图 1-27　添加按钮控件后的窗体

2．设置界面对象的属性

控件添加完毕后，接下来对窗体及窗体上各控件的属性进行设置，在本例中使用前面介绍的属性窗口直接对其进行设置。如果属性窗口是隐藏的，则用鼠标右击需要设置属性的对象，在弹出的下拉菜单中选择"属性"菜单项，打开"属性"窗口（设置属性也可以使用代码，这将在以后的章节中陆续介绍)。

窗体、文本框和命令按钮的属性设置如表 1-1 所示。

表 1-1 窗体和各控件的属性设置

控件类型	控件名称	属性	设置结果	说　明
Form	Form1	Name	Form1	窗体的名称为 Form1
		Text	Example1-2	窗体标题栏中显示标题内容
TextBox	textBox1	Name	txtShow	文本框的名称为 txtShow
		Text	空白	文本框的内容为空
Button	button1	Name	btnShow	按钮的名称为 btnShow
		Text	显示	按钮显示的文本内容为"显示"
	button2	Name	btnClear	按钮的名称为 btnClear
		Text	清屏	按钮显示的文本内容为"清屏"
	button3	Name	btnClose	按钮的名称为 btnClose
		Text	关闭	按钮显示的文本内容为"关闭"

3. 编写程序代码

设置好窗体及各控件的属性后，接下来编写程序代码。首先双击"显示"按钮，打开代码窗口，如图 1-28 所示。

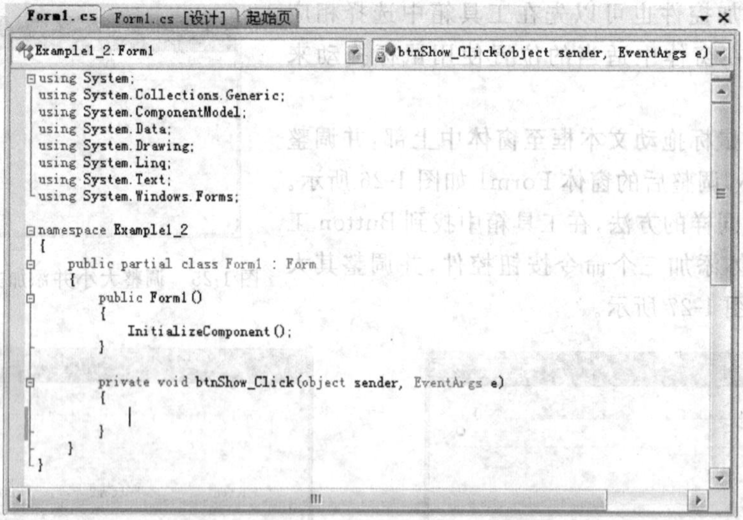

```
Form1.cs   Form1.cs [设计]   起始页
Example1_2.Form1                    btnShow_Click(object sender, EventArgs e)
using System;
using System.Collections.Generic;
using System.ComponentModel;
using System.Data;
using System.Drawing;
using System.Linq;
using System.Text;
using System.Windows.Forms;

namespace Example1_2
{
    public partial class Form1 : Form
    {
        public Form1()
        {
            InitializeComponent();
        }

        private void btnShow_Click(object sender, EventArgs e)
        {
            |
        }
    }
}
```

图 1-28 "显示"按钮的代码窗口

说明：图 1-28 中的"InitializeComponent();"语句用于初始化窗体控件或组件，由程序自动生成，一般情况下不要对其进行修改。

接下来在 btnShow 的 Click 事件中(即图 1-28 光标所在的位置)加入如下代码：

txtShow.Text = "Hello,Welcome to C# World!";

说明：该代码的含义是在文本框控件 txtShow 中显示"Hello,Welcome to C# World!"字样。

然后切换到用户界面窗口,再双击"清屏"按钮,按照同样的方法在 btnClear 对象的 Click 事件中加入如下代码:

```
txtShow.Text = "";
```

说明:该代码的含义是清空文本框控件 txtShow 中显示的内容。

按照前面添加按钮对象的 Click 事件的方法,在"关闭"按钮 btnClose 对象的 Click 事件中加入如下代码:

```
Application.Exit();
```

说明:该代码的含义是关闭窗体,并结束应用程序的运行。

输入完代码后的代码窗口如图 1-29 所示。

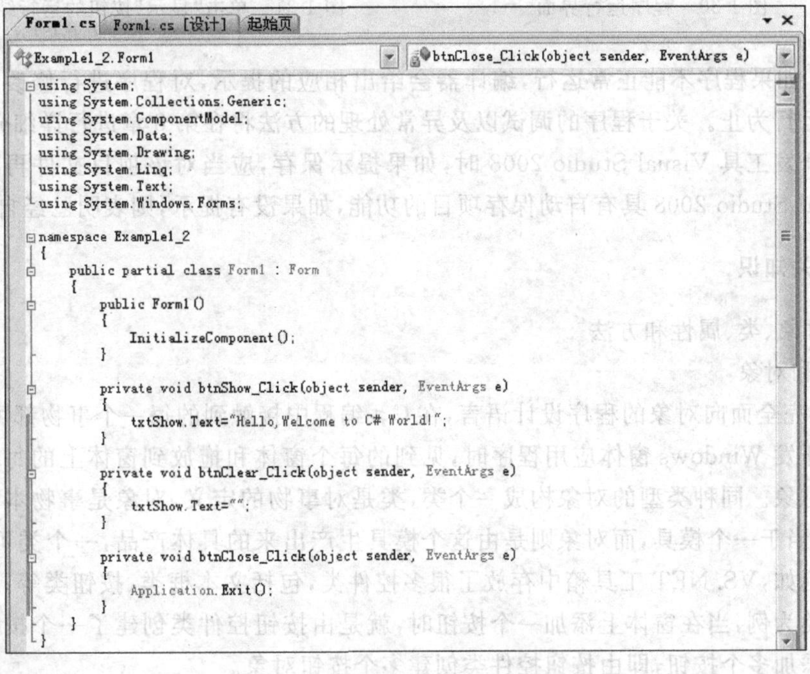

图 1-29　编写好代码后的代码窗口

到此,整个程序的代码全部添加完成,代码中的三个代码段(方法)都使用了鼠标的 Click(单击)事件。

在窗体和代码都设计好后,应当保存文件,以防止调试或运行程序时发生死机等意外而造成数据丢失,保存文件可以选择"文件"→"保存"或"文件"→"全部保存"命令,或单击工具栏上的相应按钮来实现,另外编译程序时也会自动保存所有项目文件,编译成功后不需要再使用菜单命令来保存文件。

4. 测试与运行程序

至此,应用程序设计的前期工作已经完成,下一步是调试和运行程序,运行程序的方法是:选择"调试"→"启动调试"命令,或单击工具栏中的 ▶ 按钮,还可以直接按 F5 键。试运行后,出现如图 1-30 所示的界面。

然后单击"显示"按钮,则会在窗体上方的文本框中显示"Hello, Welcome to C♯ World!"的字样,如图 1-31 所示。单击"清屏"按钮,会将文本框的内容清空。再次单击"显示"按钮,文本框重新显示"Hello, Welcome to C♯ World!"字样。最后,单击"关闭"按钮,窗体关闭,并结束应用程序的运行。

图 1-30　程序运行界面　　　　　　图 1-31　单击"显示"按钮的运行结果

说明：如果程序不能正常运行,编译器会给出相应的提示,对程序进行修改后,直到程序能正常运行为止。关于程序的调试以及异常处理的方法将在第 8 章进行详细介绍。

关闭开发工具 Visual Studio 2008 时,如果提示保存,应当对该项目文件再存一次盘。因为 Visual Studio 2008 具有自动保存项目的功能,如果没有提示,则表明已经自动保存。

5．相关知识

(1) 对象、类、属性和方法

① 类和对象

C♯ 是完全面向对象的程序设计语言,在 C♯ 编程中接触到的每一个事物都可以称为对象,例如,开发 Windows 窗体应用程序时,见到的每个窗体和拖放到窗体上的每个文本框、按钮都是对象。同种类型的对象构成一个类,类是对事物的定义,对象是事物本身,打个比方,类就相当于一个模具,而对象则是由这个模具生产出来的具体产品,一个类可以产生很多对象。例如,VS.NET 工具箱中存放了很多控件类,包括文本框类、按钮类等。以常用的按钮控件类为例,当在窗体上添加一个按钮时,就是由按钮控件类创建了一个按钮对象,可以向窗体添加多个按钮,即由按钮控件类创建多个按钮对象。

② 属性

每个对象都有自己的特征和行为,对象的静态特征称为对象的属性,如按钮的颜色、大小、位置等。同类对象具有相同的属性,但是可以有不同的属性值,例如,三个按钮上所显示的文本内容由 Text 属性指定,一个是"显示"、一个是"清屏"、一个是"关闭"。可以通过修改属性值来改变控件的状态,也可以读取这些属性值来完成某个特定操作。

属性的设置或修改有两种途径,一种是在设计窗体时,通过属性窗口进行设置；另一种是在程序运行时,通过代码实现。通过代码设置属性的一般格式是：

对象名.属性名 = 属性值；

例如,要把名为 Form1 的窗体标题改为"窗体程序",代码如下：

Form1.Text = "窗体程序";

③ 方法

方法是对象的行为特征,是一段可以完成特定功能的代码,如窗体的显示、隐藏、关闭方法等。

调用方法的一般格式为:

对象名.方法名(参数列表);

需要指出的是,有种特殊的方法叫做静态方法,这种方法可以由类名直接调用(后续章节会详细介绍),格式如下:

类名.方法名(参数列表);

例如:

```
private void btnClose_Click(object sender,EventArgs e)
{
    Application.Exit();
}
```

该语句是 System.Windows.Forms 命名空间中的 Application 类调用 Exit()方法关闭窗体,并结束应用程序的运行。

(2) 事件和事件驱动

当按一下键盘或鼠标时,Windows 操作系统就会有相应的反应。这种键盘键的按下、释放和鼠标键的按下、释放都可称为事件,事件就是预先定义好的、能被对象识别的动作。

当用户或系统触发事件时,对象就会响应事件,实现特定的功能,这种通过随时响应用户或系统触发的事件,并做出相应响应的机制就叫作事件驱动机制,响应事件时执行的代码称为事件处理程序。开发应用程序时编程人员的主要工作之一,就是针对控件可能被触发的事件设计适当的事件处理程序。

例如,按钮(Button)的 Click(单击)事件,就是在单击按钮时触发的,用户只需编写该事件的处理程序即可。

```
private void btnShow_Click(object sender,EventArgs e)
{
    txtShow.Text = "Hello,Welcome to C# World!";
}
```

(3) 窗体对象

窗体(Form)就是应用程序设计中的窗口界面,是 C# 编程中最常见的控件,各种控件对象都必须放置在窗体上。在创建 C# 的 Windows 应用程序和 Web 应用程序时,VS.NET IDE 会自动添加一个窗体。

窗体的常用属性有 Name 属性和 Text 属性,Name 设置窗体的名称,Text 设置窗体标题栏中显示的标题内容。

(4) 命名空间

从图 1-20 和图 1-29 中可以发现,无论是在控制台应用程序还是 Windows 窗体应用程序中都创建了类似于下面的代码:

```
using System;
using System.Collections.Generic;
using System.Linq;
using System.Text;
```

并且在创建了一个项目后,在代码中总是可以找到一行类似于"namespace＋项目名称"的代码,例如图 1-20 中的"namespace Example1-1"。

为了解释这些问题,需要引入命名空间的概念。

① 什么是命名空间

前面设计的控制台应用程序中,仅编写了少量的程序代码,在编写大型程序时,随着代码的增多,会有越来越多的名称、命名数据、已命名方法以及已命名类等,这就极有可能发生两个或者两个以上的名称冲突,造成项目的失败。

微软在.NET 中引入了命名空间(namespace)来解决这个问题,它为各种标识符创建一个已命名的容器,同名的两个类如果不在同一个命名空间中,是不会冲突的。

例如,在"Hello"命名空间中定义一个名为 Person 的类:

```
namespace Hello
{
    class Person            //定义 Person 类
    {
    }
}
```

同时,在"你好"命名空间中也定义一个同名的类,如:

```
namespace 你好
{
    class Person            //定义 Person 类
    {
    }
}
```

这样的两个 Person 类是不会冲突的,因为这两个类属于不同的命名空间,只是在使用它们时,需要使用命名空间前缀来限定,例如"Hello.Person"和"你好.Person"。

② 命名空间的声明

在 Visual C# 2008 中,可以使用 namespace 关键字声明一个命名空间,此命名空间范围允许组织代码并提供了创建全局唯一类型的方法。其语法格式如下:

```
namespace name
{
    …
}
```

在命名空间中,可以声明类、接口、结构、枚举、委托、命名空间。

为了更好地组织这些名称,.NET 允许命名空间的嵌套定义,即命名空间中又可以声明命名空间,各命名空间用"."分隔。嵌套的命名空间的声明语法格式如下:

```
namespace n1.n2
{
    ...
}
```

等价于：

```
namespace n1
{
    namespace n2
    {
        ...
    }
}
```

命名空间默认为 public(公共的)，在命名空间的声明中不能包含任何访问修饰符。然而，嵌套命名空间随着嵌套层次的增加，其中的元素(如类、接口等)的完整名称就越长，例如：

n1.n2.n3.n4.n5.Person

这样的嵌套会给编写代码带来输入的麻烦，这就需要一个简单的解决方法来使用命名空间，为了说明这个问题，接下来介绍如何使用命名空间。

③ 使用命名空间

命名空间提供了一种从逻辑上组织类的方式，以防止命名冲突。然而它会给用户编写代码时带来输入的麻烦，Visual C# 2008 允许使用"using 指令"来引入命名空间，从而解决输入困难的问题。using 指令的语法格式如下：

using namespace

其中"namespace"可以是嵌套的命名空间，即"using namespace n1.n2"。如前面介绍过的：

```
using System.Collections.Generic;
using System.Linq;
using System.Text;
```

这些语句都是引入嵌套的命名空间。

④ 命名空间示例

打开前面创建的"Example1-1"控制台应用程序，并打开其代码窗口，删除其中的引入命名空间的语句：

```
using System;
using System.Collections.Generic;
using System.Linq;
using System.Text;
```

删除上述引入命名空间语句后的代码窗口如图 1-32 所示，然后选择"调试"→"开始执行(不调试)"菜单项，运行程序，出现错误，并弹出如图 1-33 所示的对话框。

单击"否"按钮，则在输出窗口中列出了错误列表，提示有 1 个错误、0 个警告、0 个消息，

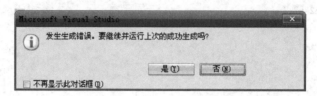

图 1-32　删除引入命名空间语句后的代码窗口

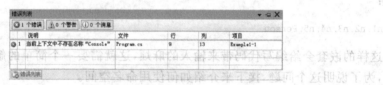

图 1-33　生成错误

如图 1-34 所示。

图 1-34　输出的错误列表

双击错误消息,则代码中的"Console"被自动选中,而在删除引入命名空间的语句之前它是没有问题的,显然删除了引入命名空间的语句就是导致错误的根源。

接下来为 Console 类加入完整的限定名称"System.Console",代码窗口如图 1-35 所示。

图 1-35　加入完整的限定名后的代码窗口

然后选择"调试"→"开始执行(不调试)"菜单项,运行程序,这时可以看到程序完全可以正常运行。即在没有引用命名空间语句的情况下,也可以输入完整的限定名称来解决问题。然而在限定名称很长的情况下,就需要使用"using 指令"。

本章小结

本章简单介绍了.NET 框架与 C#语言的特点,说明了 Visual Studio 2008 集成开发环境的界面组成及定制方法,并讲述了控制台应用程序和 Windows 窗体应用程序的开发方法。另外,初步认识了类、对象、属性、方法和事件等概念,还详细介绍了命名空间的作用和引入。

习题

1. 选择题

(1) Visual C# 2008 工具箱的作用是（　　）。
　　A. 编写程序代码
　　B. 显示指定对象的属性
　　C. 显示和管理所有文件和项目设置，以及对应用程序所需的外部库的引用
　　D. 提供常用的数据控件、组件、Windows 窗体控件等

(2) 项目文件的扩展名是（　　）。
　　A. sln　　　　　　B. proj　　　　　　C. csproj　　　　　　D. cs

(3) 按（　　）键可以运行 C# 程序。
　　A. F9　　　　　　B. Ctrl+F5　　　　　C. F10　　　　　　　D. F11

(4) 若想修改窗体标题栏中的名称，应当设置窗体的（　　）属性。
　　A. Text　　　　　B. Name　　　　　　C. Enabled　　　　　D. Visible

(5) Windows 窗体设计器的作用是（　　）。
　　A. 编写程序代码　　　　　　　　　B. 设计用户界面
　　C. 提供 Windows 窗体控件　　　　D. 显示指定对象的属性

(6) C# 源程序文件的扩展名是（　　）。
　　A. vb　　　　　　B. c　　　　　　　　C. cpp　　　　　　　D. cs

(7) 解决方案资源管理器窗口的功能是（　　）。
　　A. 编写程序代码
　　B. 显示指定对象的属性
　　C. 提供常用的数据控件、组件、Windows 窗体控件等
　　D. 显示一个应用程序中所有的属性以及组成该应用程序的所有文件

2. 填空题

(1) 在 Visual C# 2008 中，F5 功能键的作用是（　　）。
(2) 新建一个 Windows 应用程序后，出现的默认窗体名称为（　　）。
(3) .NET 框架具有的两个主要组件是（　　）和（　　）。

3. 程序设计题

设计一个 Windows 应用程序，当在文本框控件中输入姓名"XXX"时，单击"确定"按钮，使用标签控件显示"XXX 你好，欢迎学习 Visual C# 程序设计！"，单击"关闭"按钮退出程序。项目名称为 xt1-1，程序的运行界面如图 1-36 所示。

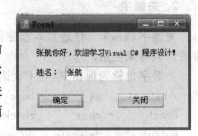

图 1-36　xt1-1 的程序界面

第 2 章 C#语言基础

编写C#程序的主要目的是完成数据的运算与管理，C#支持丰富的数据类型、运算符是实现这一目的的基本保证。在编写C#程序时，不同类型的变量都必须遵循"先定义，后使用"的原则。运算符用于指示计算机执行某些数学和逻辑操作，从而与各种常量、变量、函数等构成数学或逻辑表达式。

本章主要介绍C#程序的基本结构以及基本数据类型、常量、变量、运算符和表达式等基础知识。

2.1 C#程序结构

2.1.1 程序的组成要素

C#程序支持控制台应用程序、Windows窗体应用程序和Web窗体应用程序，其中控制台应用程序是字符界面的，其余两类应用程序是图形界面的。这三种应用程序的操作模式基本相同，也具有相同或相近的组成要素。

1. 标识符

标识符(identifier)是C#程序员为类型、方法、变量、常量等所定义的名字。标识符必须是由字母、数字、下划线组成的一串符号，且必须以字母或下划线开头，不能包含空格。由于标识符代表对象的名称，所以用户在选取标识符时应选取有意义的字符序列，以便在程序中能从标识符看出所标识的对象，从而便于阅读和记忆。关键字不可以用作普通标识符，但可以用@前缀来避免这种冲突。例如，@if、_abc和Book三者都是合法的标识符。

C#中，标识符是区分大小写的，Mybook和mybook是两个完全不同的标识符。

2. 关键字

关键字(keyword)是C#程序语言保留作为专用的有特定意义的字符串，不能作为通常的标识符来使用。

关键字也称为保留字，在C#语言中主要有如下关键字：

Abstract	as	base	bool	break	byte	case
Catch	char	checked	class	const	continue	decimal
default	delegate	do	double	else	enum	event
explicit	extern	false	finally	fixed	float	for

foreach	get	goto	if	implicit	in	int	
interface	internal	is	lock	long	namespace		
new	null	object	operator	out	override	params	
private	protected	public	readonly	ref	return	sbyte	
sealed	set	short	sizeof	stackalloc	static	string	
struct	switch	this	throw	true	try	typeof	
uint	ulong	unchecked	unsafe	using	value	virtual	
volatile	while						

3. 语句

语句是应用程序中执行操作的一条命令。C#代码由一系列语句组成，每条语句都必须以分号结束。可以在一行中书写多条语句，也可以将一条语句书写在多行上。

C#是一个块结构的语言，所有的语句都是代码块的一部分。这些块用一对花括号（"{"和"}"）来界定，一个语句块可以包含任意多条语句，或者根本不包含语句。花括号字符本身不加分号且最好独占一行，花括号字符必须成对出现，"}"自动与自身之前且最临近的"{"进行匹配。花括号是一种范围标识，是组织代码的一种方式。花括号可以嵌套，以表示应用程序中的不同层次。

提示：为了表示代码的结构层次，要注意语句的缩进。虽然缩进在程序格式中不是必须的，但缩进可以清晰地显示出程序的结构层次，这是一种良好的编程习惯。

4. 注释

注释是一段解释性文本，是对代码的描述和说明。通常在处理比较长的代码段或者处理关键的业务逻辑时，将注释添加到代码中，C#添加注释的方式有如下三种。

(1) 行注释：使用行注释标识符"//"，表示该标识符后的"一行"为注释部分。

(2) 块注释：块注释分别以"/*"和"*/"为开始和结束标识符，在此中间的内容，均为注释的部分。

(3) 文档注释：在C#中，还可以用"///"符号来开头。在一般情况下，编译器也会忽略它们，但可以通过配置相关工具，在编译项目时，提取注释后面的文本，创建一个特殊格式的文本文件，该文件可用于创建文档说明书。

5. 命名空间

命名空间有两种：系统命名空间和用户自定义命名空间。

系统命名空间是一个逻辑的命名系统，用来组织庞大的系统类资源，让开发者使用起来结构清晰、层次分明、用法简单。

同时，用户也可以使用自定义的命名空间以解决应用程序中可能出现的名称冲突。

(1) 定义命名空间

在C#中定义命名空间的语法格式如下：

```
namespace SpaceName
{
    ...
}
```

上述格式中,namespace 为声明命名空间的关键字,SpaceName 为命名空间的名称。在花括号中间的内容都属于名称为 SpaceName 的命名空间,其中可以包含类、结构、枚举、委托和接口等可在程序中使用的类型。

(2) 嵌套命名空间

命名空间内包含的可以是类、结构、枚举、委托和接口,同时也可以在命名空间中包含其他命名空间,从而构成树状层次结构。例如:

```
namespace A
{       namespace B
    {       namespace C
        {       class ClassTest
            {       //Code for the class here … }
        }
    }
}
```

每个类的全称都由它所在命名空间的名称与类名组成,这些名称用"."隔开,首先是最外层的命名空间,最后是它自己的类名。

(3) using 语句

当出现多层命名空间嵌套时,输入起来很繁琐,为此,要在文件的顶部列出类所在的命名空间,前面加上 using 关键字。在文件的其他地方,就可以直接使用类名称来引用命名空间中的类了。例如:

```
using System;
using A.B.C;
```

所有的 C#源代码都以语句"using System;"开头,因为 Microsoft 提供的许多有用的类都包含在 System 命名空间中。

6. 类的定义和类的成员

每一个 C#应用程序都必须借助于.NET Framework 类库实现,因此必须使用 using 关键字把.NET Framework 类库相应的命名空间引入到应用程序在项目中来。例如,设计 Windows 应用程序时需要引用命名空间 System.Windows.Forms。

C#的源代码必须存放到类中,一个 C#应用程序至少要包括一个自定义类。自定义类使用关键字 class 声明,其名字是一个标识符。

类的成员包括属性、方法和事件,主要由方法构成。例如控制台应用程序或 Windows 应用程序必须包含 Main 方法,Main 方法是应用程序的入口。程序在运行时,从 Main 方法的第一条语句开始执行,直到执行完最后一条语句为止。

7. C#程序中的方法

C#应用程序中的方法一般包括方法头部和方法体。

方法头部主要包括返回值类型、方法名、形式参数(简称"形参")类型及名称,若方法中包含多个形参,形参之间用逗号分隔。

方法体使用一对"{}"括起来,通常包括声明部分和执行部分。声明部分用于定义变量,执行部分可以包含赋值运算、算法运算、方法调用等语句或语句块。

2.1.2 语法格式中的符号约定

如表 2-1 所示列出了 Visual C#.NET 参考的语法格式中常用的符号约定。

表 2-1　Visual C#.NET 语法格式中的符号约定

符号	含　义
<>	必选参数表示符,尖括号中的内容为必选参数
[]	可选参数表示符,方括号中的内容视具体情况可以省略或采用默认值
|	多选一参数表示符,竖线分隔的多个选项,具体使用时只能选择其中一项
[,……]	指示前面的项可以重复多次,每一项由逗号分隔

2.2 数据类型

按数据的存储方式划分,C#的数据类型可分为值类型和引用类型。值类型在其内存空间中包含实际的数据,而引用类型中存储的是一个指针,该指针指向存储数据的内存位置。值类型的内存开销小、访问速度快,但是缺乏面向对象的特征;引用类型的内存开销大(在堆上分配内存),访问速度稍慢。

2.2.1 值类型

值类型包括整数类型、实数类型、字符类型、布尔类型、枚举类型和结构类型。

1. 整数类型

C#中支持 8 种整数类型:字节型(sbyte)、无符号字节型(byte)、短整型(short)、无符号短整型(ushort)、整型(int)、无符号整型(uint)、长整型(long)、无符号长整型(ulong)。这 8 种类型通过其占用存储空间的大小以及是否有符号来存储不同极值范围的数据来区分的,根据实际应用的需要,选择不同的整数类型。

整数类型的相关说明如表 2-2 所示。

表 2-2　C#的整数类型

C#类型	CTS 类型	说　明	取 值 范 围
sbyte	System.Sbyte	有符号 8 位整数	−128～127
byte	System.Byte	无符号 8 位整数	0～255
short	System.Int16	有符号 16 位整数	−32 768～32 767
ushort	System.Uint16	无符号 16 位整数	0～65 535
int	System.Int32	有符号 32 位整数	−2 147 483 648～2 147 483 647
uint	System.Uint32	无符号 32 位整数	0～4 294 967 295
long	System.Int64	有符号 64 位整数	−9 223 372 036 854 775 808～9 223 372 036 854 775 807
ulong	System.Uint64	无符号 64 位整数	0～18 446 744 073 709 551 615

说明：.NET定义了一个称为通用类型系统的类型标准。这个类型系统不但实现了COM的变量兼容类型，而且还定义了通过用户自定义类型的方式来进行类型扩展。任何以.NET平台作为目标的语言必须建立它的数据类型与CTS的类型间的映射。所有.NET语言共享这一类型系统，实现它们之间无缝的互操作。该方案还提供了语言之间的继承性。C#中的int数据类型其实是CTS类型中Int32的一个别名。另外7个整数数据类型也分别是其他几种结构的别名。在声明一个C#变量时既可以使用C#中的数据类型名，如"int a;"，也可以用CTS类型名，如"System.Int32 a;"。

2. 实数类型

实数类型包括浮点型和小数型（decimal），浮点型又包括单精度浮点型（float）和双精度浮点型（double）。

浮点型数据一般用于表示一个有确定值的小数。计算机对浮点数的运算速度大大低于对整数的运算速度，数据的精度越高，对计算机的资源要求越高。因此，在精度要求不是很高的情况下，尽量使用单精度类型（占用4个字节）。如果精度要求较高的情况，则可以使用双精度类型（占用8个字节）。

因为使用浮点型表示小数的最高精度只能够达到16位，为了满足高精度的财务和金融计算领域的需要，C#提供了小数型（占用12个字节）。

实数类型数据的相关说明如表2-3所示。

表2-3 C#的实数类型

C#类型	CTS类型	说明	取值范围
float	System.Single	32位单精度浮点型，精度7位	$-3.402823\mathrm{e}38 \sim 3.402823\mathrm{e}38$
double	System.Double	64位双精度浮点型，精度15～16位	$-1.797693134862\,32\mathrm{e}308 \sim 1.797693134862\,32\mathrm{e}308$
decimal	System.Decimal	128位精确小数类型或整型，精度29位	$\pm1.0\mathrm{e}-28 \sim \pm7.9\mathrm{e}28$

3. 字符类型

C#提供的字符类型按照国际上公认的标准，采用Unicode字符集。Unicode是继ASCII（美国国家交互信息标准编码）字符码后的一种新字符编码，一个Unicode的标准字符长度为16位，用它可以表示世界上大多数语言。

字符类型（char）用来处理Unicode字符，占用2个字节，数据范围是0～65 535。char是类System.Char的别名。

4. 布尔类型

布尔类型数据用于表示逻辑真和逻辑假，布尔类型的类型标识符是bool。

布尔类型只有两个值：true和false。通常占用1个字节的存储空间，不过作为数组的基本单位元素时，却会占用2个字节的内存空间。布尔类型还有一个特点是不能进行数据类型转换。

5. 枚举类型

(1) 枚举类型的定义和使用

枚举实际上是为一组在逻辑上密不可分的整数值提供便于记忆的符号,是一些取了名字的常量集合,定义格式如下:

[访问修饰符] enum 枚举标识名[:枚举基类型] {枚举成员[= 整型常数],[枚举成员[= 整型常数],…]}[;]

例如:

```
enum WeekDay { Sunday,Monday,Tuesday,Wednesday,Thursday,Friday,Saturday };
                                   //定义一个表示星期的枚举类型 WeekDay
WeekDay day;                       //声明一个 WeekDay 枚举类型的变量 day
```

枚举类型定义好后,就可以用来声明变量。枚举类型的变量在某一时刻只能取枚举中某一个元素的值,如 day 的值要么是 Sunday 要么是 Monday 或其他的元素,但不能是枚举集合以外的其他元素。

在默认情况下,每个枚举成员都会根据定义的顺序(从 0 开始),自动赋给对应的基本类型值。在上面的例子中,Sunday 的值为 0,Monday 的值为 1,以此类推。

也可以给枚举成员赋一个基本类型值,而没有赋值的枚举成员也会自动获得一个值,它的值是比最后一个明确声明的值大 1 的序列。

例如:

```
enum Color{Red = 3,Green,White = 8,Blue }    //Green 的值为 4,Blue 的值为 9
```

由此可知,枚举类型成员可以比较大小,顺序号大的其值就大。当然,枚举成员的类型一致时才能进行比较。

(2) 枚举类型的转换

每个枚举类型都有一个相应的整数类型,称为枚举类型的基本类型。常见的基本类型有 byte、sbyte、short、ushort、int、uint、long 或 ulong 等,默认的基本类型是 int。也可以使用 bool 类型的枚举变量,但 char 不能用作基本类型。

有时需要进行枚举类型和整数类型之间的转换,将枚举类型数据强制转换为 int 类型。例如,下面的语句可以将枚举数 Sunday 转换为 int 类型的数据:

```
int x = (int)day.Sunday;
```

使用枚举比使用无格式的整数具有以下优势:一是枚举使得代码易于维护,有助于确保给变量指定合法的、期望的值;二是枚举使得代码更为清晰,枚举允许使用描述性的名称表示整数值,而不是用含义模糊的数字来表示;三是枚举使得代码更易于输入,这主要得力于 VS2008 的智能感知功能。

6. 结构类型

在进行一些常用的数据运算、文字处理时,简单类型似乎已经足够了。但是在日常生活中经常会碰到一些更为复杂的数据类型。例如,一个班的学生成绩记录中可以包含学生的学号、姓名和各科成绩。如果按照简单类型来管理，每一条记录都要存放到多个不同的变量当中，这样工作量很大，也不够直观。在C#中可以用结构类型解决这个问题。

结构类型是一种用户自定义的数据类型，它是指一组由各种不同数据类型的相关数据信息组合在一起而形成的组合类型，被组合在一起的数据信息称为结构的成员。结构允许嵌套。

（1）结构的定义

结构的定义语法如下：

[访问修饰符] struct 结构标识名 [: 基接口名列表]
{
    //结构成员定义
}

说明：结构成员包括各种数据类型的变量、构造函数、方法、属性、索引器。结构可以实现接口。

（2）结构类型成员的访问

用结构变量访问结构成员。在通过结构变量访问结构成员之前首先要定义一个结构类型变量。语法如下：

结构类型名 变量名；

然后再通过结构变量访问结构成员，语法如下：

结构变量名.结构成员

例 2-1 结构类型的简单应用。新建一个C#控件台程序，项目名称设置为 Exp2_1。

```
class Program
{
    struct Student
    {
        public string name;         //姓名
        public float math;          //数学成绩
    }
    static void Main(string[] args)
    {
        Console.WriteLine("请输入第一个学生的姓名和数学成绩(0~100分之间)");
        Student s1;
        s1.name = Console.ReadLine();
        s1.math = (float)Convert.ToDouble(Console.ReadLine());

        Console.WriteLine("请输入第二个学生的姓名和数学成绩(0~100分之间)");
        Student s2;
        s2.name = Console.ReadLine();
        s2.math = (float)Convert.ToDouble(Console.ReadLine());

        Console.WriteLine("请输入第三个学生的姓名和数学成绩(0~100分之间)");
        Student s3;
```

```
            s3.name = Console.ReadLine();
            s3.math = (float)Convert.ToDouble(Console.ReadLine());

            float averageScore = (s1.math + s2.math + s3.math)/3;                //求平均分
            Console.WriteLine("{0}的数学成绩是：{1}",s1.name,s1.math);
            Console.WriteLine("{0}的数学成绩是：{1}",s2.name,s2.math);
            Console.WriteLine("{0}的数学成绩是：{1}",s3.name,s3.math);
            Console.WriteLine("平均分：" + averageScore);
            Console.ReadLine();
        }
}
```

程序运行结果如图 2-1 所示。

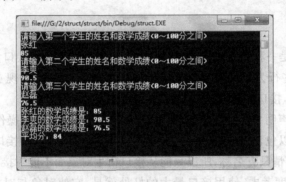

图 2-1　程序运行结果

2.2.2　引用类型

和值类型相比，引用类型不存储它们所代表的实际数据，但它们存储实际数据的引用。一个具有引用类型的数据并不驻留在栈内存中，而是存储于堆内存中。在堆内存中分配内存空间直接存储所包含的值，而在栈内存中存放定位到存储具体值的索引位置编号。

当访问一个具有引用类型的数据时，需要到栈内存中检查变量的内容，而该内容指向堆中的一个实际数据。C#的引用类型包括类、接口、委托和字符串等。

1．类

类（class）是 C#面向对象程序设计中最重要的组成部分，是最基本的编程单位，它由若干个数据成员、方法成员等组成。如果没有类，所有使用 C#编写的程序都不能进行编译。由于类声明创建了新的引用类型，所以就生成了一个类类型（class types）。类类型中包含了数据、函数和嵌套类型，其中，数据中又可以包括常数、字段和事件；而函数则包括了方法、属性、索引器、操作符、构造器以及析构器。

在 C#中，类类型只能单继承，即一个对象的基类（父类）不能有多个。所以，类能从一个基类中派生出来，并具有它的部分或全部属性。不过，C#中一个类可以派生自多个接口。

C#中的类需要使用 class 关键字来进行表示和声明，一个完整的类的定义示例如下：

```
class Student
    {
```

```csharp
        int no;
        string name;
        char sex;
        int score;
        public string Show()
        {
            string result ="学生信息如下：";
            result += "\n 学号：" + no;
            result += "\n 姓名：" + name;
            return result;
        }
    }
```

2．接口

接口(interface)是一种特殊的数据类型，接口与类的关系是：接口负责声明类的标准行为，而类负责实现这些行为。使用接口来设计程序的最大好处是实现了软件设计的规范化和标准化。在 C#中，接口类型使用 interface 进行标识。

接口类型仅仅是声明了一个抽象成员，而结构和类应用接口进行操作时，就必须获取这个抽象成员。接口中可以包含方法、属性、索引器和事件等成员。C#的接口只有署名，没有实现代码，接口能完成的事情只有名称，所以只能从接口衍生对象而不能对接口进行实例化。

从面向对象的角度考虑，使用接口最大的好处就是，它使对象与对象之间的关系变为松耦合。对象之间可以通过接口进行调用，而不是直接通过函数。接口就相当于对象之间的协议一样，在调用接口时可以不关心接口的具体实现方法。这样某个对象进行改变时，其他对象不用进行任何修改还可正常运行。一个完整的接口示例如下：

```csharp
interface IStudent                        //声明接口
{
    string Show();
}
```

其中，IStudent 是接口名，Answer 是接口 IStudent 声明的方法。注意，方法中不能包含任何语句。

3．委托

C#代码在托管状态下不支持指针操作，为了弥补去掉指针对语言灵活性带来的影响，C#引入了一个新的类型——委托(delegate)，通过委托机制来实现内存中的数据访问和方法调用。委托相当于 C++中指向函数的指针，但与 C++的指针不同，委托完全是面向对象的，它把一个对象实例和方法都进行封装，所以委托是安全的。

C#使用 delegate 来标记一个委托，其一般形式如下：

delegate 返回值类型 委托名称(方法参数列表)

一个完整的委托示例如下：

```csharp
delegate void MyDelegate();               //声明委托
```

其中，MyDelegate 是委托的名称，void 表示该委托所指向的方法无返回结果，圆括号中没有方法参数列表，表示该委托指向的方法不需要参数。

4. 字符串

字符串（string）是 System.String 类型的别名，表示一个 Unicode 字符序列，也叫字符数组。一个字符串可存储约 20 亿（2^{31}）个 Unicode 字符。

字符串常量使用双引号来标记，如"hello world!"就是一个字符串常量。

字符串既然是字符数组，就可以通过索引来提取字符串中的字符。例如：

```
string str1 = "中华人民共和国";
char c = str1[2];                        //字符型变量 c 的值为字符'人'
```

虽然字符串是引用类型，但 C# 仍然允许使用==、!=来比较两个字符串的大小，实际上是比较字符串中对应字符的大小。例如：

```
string s1 = "abc", s2 = "ABC";
bool b = (s1!= s2);                      //b 的值为 true
```

C# 的关键字 string 是 .NET Framework 类库中的 System.String 的别名，用于创建不可变的字符串，并包含 System.String 类提供的常用属性和方法。例如 Length 属性和 Copy、IndexOf、LastIndexOf、Insert、Remove、Replace、Split、Substring、Trim 等方法，分别用来获得字符串长度、复制字符串、从左边查找字符、从右边查找字符、插入字符、删除字符、替换字符、分割字符串、取子字符串、压缩字符串的空白等操作。

.NET Framework 类库中的 System.Text.StringBuilder 类用来构造可变字符串，包含 Length、Append、Insert、Remove、Replace、ToString 等成员，分别用来获得字符串长度、追加字符、删除字符、替换字符和将 StringBuilder 转换成 string 等操作。

2.3 变量和常量

程序设计的主要目的就是解决现实世界的实际问题，这就需要计算机存储和处理现实世界中提供的各种数据，而数据如何在程序里表达和运用就显得格外重要了。现实世界中，常常会遇到各种不同的量，其中有的量在过程中不起变化，就称其为常量；有的量在过程中是变化的，也就是可以取不同的数值，就称其为变量。

2.3.1 变量

在程序运行过程中，其值可以改变的量称为变量。变量可以用来保存从外部或内部接收的数据，也可以保存在处理过程中产生的中间结果或最终结果。在 C# 中，每一个变量都必须具有变量名、存储空间和取值等属性。

1. 变量的声明

要使用变量，就必须声明它们，即给变量指定一个名称和一种类型。变量命名应遵循标识符的命名规则,例如变量名只能由字母、数字和下划线组成,不能包含空格、标点符号、运算符等其他符号;必须以字母或下划线开头,不能以数字开头;不能使用C#关键字或库函数名作变量名。C#对于大小写字母是敏感的,所以 name、Name 和 NAME 是三个不同的变量。声明了变量后,编译器才会申请一定大小的存储空间,用来存放变量的值。

一个语句可以定义多个相同类型的变量,变量间用逗号分隔,标识符和变量类型之间至少要有一个空格。定义变量的语句以分号结束,例如:

```
int x,y,z;                //合法
float m,n;                //合法
char ch1,ch2;             //合法
int 3old;                 //不合法,以数字开头
float struct;             //不合法,与关键字名称相同
float Main;               //不合法,与函数名称相同
```

2. 变量的赋值

在C#中,变量必须赋值后才能引用。为变量赋值,一般使用赋值号"="。例如:

```
char ch;                           //声明一个字符型变量
ch = 'm';                          //为字符型变量ch赋值
int a,b,c;
a = b = c = 0;                     //同时为多个变量赋相同的值
bool b1 = true,b2 = false;         //声明布尔型变量b1和b2,同时为其赋值
```

2.3.2 常量

在程序运行过程中,其值保持不变的量称为常量。常量类似于数学中的常数。常量可分为直接常量和符号常量两种形式。

1. 直接常量

所谓直接常量,就是在程序中直接给出的数据值。在C#中,直接常量包括整型常量、浮点型常量、小数型常量、字符型常量、字符串常量和布尔型常量。

(1) 整型常量。整型常量分为有符号整型常量、无符号整型常量和长整型常量,有符号整型常量写法与数学中的常数相同,直接书写,无符号整型常量在书写时添加u或U标志,长整型常量在书写时添加l或L标记。例如5、5U、5L。

(2) 浮点型常量。浮点型常量分为单精度浮点型常量和双精度浮点型常量。单精度浮点型常量在书写时添加f或F标记,双精度浮点型常量添加d或D标记。例如3f、3d。

需要注意的是,以小数形式直接书写而未加标记时,系统将自动解释成双精度浮点型常量。例如,9.0即为双精度浮点型常量。

(3) 小数型常量。在C#中,小数型常量的后面必须添加m或M标记,否则就会被解释成标准的浮点型数据。C#中的小数和数学中的小数是有区别的。例如,7.0M。

(4) 字符型常量。字符型常量是一个标准的Unicode字符,用来表示字符数据常量时,共有以下几种不同的表示方式。

① 用单引号将一个字符包括起来,例如'R'、'8'、'李'。

② 用原来的数值编码来表示字符数据常量,例如'A'是 65,'b'是 98。虽然 char 型数据的表示形式与 ushort(无符号短整型)相同,但 ushort 与 char 意义不同,ushort 代表的是数值本身,而 char 代表的则是一个字符。例如:

```
char m = 'A';
int k = m + 32;                              //k 的值为 97
```

③ C#提供了转义字符,用来在程序中指代特殊的控制字符,常用的转义字符如表 2-4 所示。

表 2-4　C#常用转义字符

转义序列	产生的字符	字符的 Unicode 值
\'	单引号	0x0027
\"	双引号	0x0022
\\	反斜杠	0x005c
\0	空字符	0x0000
\a	响铃符	0x0007
\b	退格符	0x0008
\f	换页符	0x000c
\n	换行符	0x000a
\r	回车符	0x000d
\t	水平制表符	0x0009
\v	垂直制表符	0x000b

(5) 字符串常量。字符串常量表示若干个 Unicode 字符组成的字符序列,使用两个双引号来标记。例如,"book"、"123"、"中国"都是字符串。

(6) 布尔型常量。布尔型常量只有两个:一个是 true,表示逻辑真;另一个是 false,表示逻辑假。

2. 符号常量

符号常量使用 const 关键字定义,格式为:

const 类型名称 常量名 = 常量表达式;

"常量表达式"不能包含变量、函数等值会发生变化的内容,可以包含其他已定义常量。如果在程序中非常频繁地使用某一常量,可以将其定义为符号常量,例如:

```
const double PI = 3.1415926;
const int Months = 12, Weeks = 52, Days = 365;
```

2.3.3　类型转换

在程序设计中,常常会遇到变量的转换问题。例如在进行数学四则运算时,int 类型的数值与 double 类型的数值可能混在一起进行运算,变量之间的类型转换就应运而生。

1. 隐式转换

隐式转换又称自动类型转换，若两种变量的类型是兼容的或者目标类型的取值范围大于原类型时，就可以使用隐式转换。隐式转换表如表 2-5 所示。

表 2-5 隐式转换的原类型与目标类型对应表

原 类 型	可以转换至下列目标类型
sbyte	short、int、long、float、double、decimal
byte	short、ushort、int、uint、long、float、double、decimal
char	ushort、int、uint、long、float、double、decimal
int	long、float、double、decimal
uint	long、ulong、float、double、decimal
short	int、long、float、double、decimal
ushort	int、uint、long、float、double、decimal
long	float、double、decimal
ulong	float、double、decimal
float	double

隐式转换需要遵循如下规则。

（1）参加运算的数据类型不一致，先转换成同一类型，再进行计算。不同类型数据进行转换时，按照数据长度增加的方向进行，以保证数据精度不降低。例如，int 型数据与 long 型进行运算，则先把 int 型数据转换成 long 型再计算。

（2）所有浮点型数据都是以双精度型进行的，例如，表达式 5 * 3.5f * 2.8d 的三项先全部转换成双精度再进行运算。

（3）byte 和 short 型数据参与运算时，必须先转换成 int 型数据。

（4）char 类型可以隐式转换成 ushort、int、uint、long、float、double 或 decimal 类型，但其他类型不能隐式转换成 char 类型。

2. 显式转换

显式类型转换，又称为强制类型转换，该方式需要用户明确指定转换的目标类型，该类型转换的一般形式为：

（类型标识符）表达式

例如：

```
int i = (int)7.256;          //将 float 类型的 7.256 转换为 int 类型，并赋值给 int 类型变量 i
```

显式转换包含所有的隐式类型转换，即把任何编译器允许的隐式类型转换写成显式转换都是合法的。显式类型转换并不一定总是成功，且转换过程中会出现数据丢失。

需要注意的是，使用显式转换时，如果要转换的数据不是单个变量，需要加圆括号。在转换过程中，仅仅是为本次运算的需要对变量的长度进行临时性转换，而不是改变变量定义的类型。例如：

```
float a = 6.8f;
int i = (int)(a + 4.5);
//把表达式 a + 4.5 的结果转换为 int 型,但 a 的类型为 float,值仍然是 6.8f
```

3. 使用 Parse() 方法进行数据类型的转换

每个数值数据类型都包含一个 Parse() 方法,它可以将特定格式的字符串转换为对应的数值类型,其使用格式为:

数值类型名称.Parse(字符串型表达式)

例如:

```
string s1 = "30", s2 = "3.9";
int i = int.Parse(s1);              //字符串符合整型格式,转换成功
float j = float.Parse(s2);          //字符串符合浮点格式,转换成功
int k = float.Parse(s2);            //字符串不符合整型格式,出错
```

4. 使用 ToString() 方法进行数据类型的转换

ToString() 方法可将其他数据类型的变量值转换为字符串类型,其使用格式为:

变量名称.ToString()

例如:

```
int i = 69;
string s = i.ToString();            //s = "69"
```

5. 使用 Convert 类的方法进行数据类型的转换

在实际编程中,基本类型之间的相互转换是一种非常常见的操作。System.Convert 类就是为这个目的而设计的,其功能是将一种基本数据类型转换为另一种基本数据类型。Convert 类的所有方法都是静态方法,具体方法如表 2-6 所示,其使用格式为:

Convert.方法名(原始数据)

表 2-6 Convert 类的常用方法

方法	说明
ToBoolean()	将指定的值转换为等效的布尔值
ToByte()	将指定的值转换为 8 位无符号整数
ToChar()	将指定的值转换为 Unicode 字符
ToDateTime()	将指定的值转换为 DateTime 类型
ToDecimal()	将指定的值转换为 Decimal 数字
ToDouble()	将指定的值转换为双精度浮点数字
ToInt16()	将指定的值转换为 16 位有符号整数
ToInt32()	将指定的值转换为 32 位有符号整数
ToInt64()	将指定的值转换为 64 位有符号整数

方法	说明
ToSByte()	将指定的值转换为 8 位有符号整数
ToSingle()	将指定的值转换为单精度浮点数字
ToUInt16()	将指定的值转换为 16 位无符号整数
ToUInt32()	将指定的值转换为 32 位无符号整数
ToUInt64()	将指定的值转换为 64 位无符号整数
ToString()	将指定的值转换为与其等效的 String 形式

例如：

```
string s = "97";
int n = Convert.ToInt32(s);              //n = 97
char c = Convert.ToChar(n);              //ASCII 码为 97 的字符是 a,即 c = 'a'
string str = "123456789.123456789";
decimal dec = Convert.ToDecimal(str);    //dec = 123456789.123456789
double d1 = Convert.ToDouble(dec);       //d1 = 123456789.123457
int i = Convert.ToInt32(d1);             //i = 123456789
```

例 2-2　编写控制台程序，输入圆的半径，求圆的面积，项目名称设置为 Exp2_2。
程序代码为：

```
class Program
{
    static void Main(string[] args)
    {
        const double PI = 3.1415926;
        double r,area;
        Console.WriteLine("输入圆的半径：");
        r = Convert.ToDouble(Console.ReadLine());
        area = PI * r * r;
        Console.WriteLine("圆的半径为：{0},圆的面积为{1}",r,area);
        Console.ReadLine();
    }
}
```

程序运行结果如图 2-2 所示。

图 2-2　求圆面积

2.4　运算符和表达式

2.4.1　运算符与表达式类型

运算符用于对操作数进行特定的运算，而表达式则是运算符和相应的操作数按照一定的规则连接而成的式子。

常见的运算符有算术运算符、字符串运算符、关系运算符和逻辑运算符等，相应的，表达式也可分为算术表达式、字符串表达式、关系表达式和逻辑表达式等。

1. 算术运算符和算术表达式

算术运算符有一元运算符与二元运算符。一元运算符包括＋（取正）、－（取负）、＋＋（自增）、－－（自减）。二元运算符包括＋（加）、－（减）、＊（乘）、/（除）、％（求余）。

"＋＋"与"－－"只能用于变量。当"＋＋"或"－－"运算符置于变量的左边时，称为前置运算，表示先进行自增或自减运算再使用变量的值；而当"＋＋"或"－－"运算符置于变量的右边时，称为后置运算，表示先使用变量的值再进行自增或自减运算。

二元运算符的意义与数学意义相同，其中％（求余）运算符是以除法的余数作为运算结果，求余运算也叫求模。例如：

```
int x = 4 * 2/(3 % 5 - 1);          //x 的值为 4
```

2. 字符串运算符与字符串表达式

字符串运算符只有一个，即"＋"运算符，表示将两个字符串连接起来。例如：

```
string s1 = "计算机" + "编程";      //s1 的值为"计算机编程"
```

"＋"运算符还可以将字符串型数据与一个或多个字符型数据连接在一起，例如：

```
string s2 = 'A' + "bcd" + 'E';      //s2 的值为"AbcdE"
```

3. 关系运算符与关系表达式

关系运算又叫比较运算，实际上是逻辑运算的一种，关系表达式的返回值总是布尔值。关系运算符用于对两个操作数进行比较，以判断两个操作数之间的关系。C♯中定义的比较操作符有＝＝（等于）、!＝（不等于）、＜（小于）、＞（大于）、＜＝（小于或等于）、＞＝（大于或等于）。

关系表达式的运算结果只能是布尔型值，要么是 true，要么是 false。

例如，

```
int a = 5,b = 3;
char ca = 'A',cb = 'B';
string s1 = "abcd",s2 = "abc";
bool i,c,s;
i = a > b;                          //i 的值为 true
c = ca > cb;                        //c 的值为 false
s = (s1 == s2);                     //s 的值为 false
```

在进行字符或字符串比较时，实际上比较的是字符的 Unicode 值。上例中两个字符变量的比较，由于"A"的 Unicode 值小于"B"的 Unicode 值，所以 ca＞cb 的关系不成立，运算的结果为 false。

字符串的比较与字符比较道理相同，相等运算中若两个字符串的个数与相应位置上的字符完全相同，运算结果为 true，否则运算结果为 false；不等运算中若两个字符串个数不等或者对应位置上字符至少有一对不等，运算结果为 true，否则为 false。

4. 逻辑运算符与逻辑表达式

C#语言提供了4类逻辑运算符：&&（条件与）或&（逻辑与）、||（条件或）或|（逻辑或）、!（逻辑非）和^（逻辑异或）。其中，&&、&、||、|和^都是二元操作符，而!为一元操作符。它们的操作数都是布尔类型的值或表达式。

&&或&表示对两个操作数的逻辑与操作，其区别在于利用"&&"计算时，当第1个操作数为false时，不再计算第2个操作数的值；而利用"&"计算时，则还要计算第2个操作数的值。

||或|表示对两个操作数的逻辑或操作，其区别在于利用"||"计算时，当第1个操作数为true时，不再计算第2个操作数的值；而利用"|"计算时，则还要计算第2个操作数的值。

!表示对某个布尔型操作数的值求反，即当操作数为false时，运算结果为true。

^表示对两个布尔型操作数进行异或运算，当两个操作数不一致时，其结果为true，否则为false。

提示：在C#中，"&"、"|"、"^"三个运算符可用于将两个整型数以二进制方式进行按位与、按位或、按位异或运算；"~"运算符可以进行按位取反运算，"<<"和">>"分别用于左移位和右移位。

5. 赋值运算符

赋值运算符"＝"称为简单赋值运算符，它与其他算术运算符结合在一起可组成复合赋值运算符，如"*="、"/="、"%="、"+="、"-="等。C#中常用复合运算符及等价关系如表2-7所示。

表2-7 C#中常用复合运算符及等价关系

复合运算符	等价于	复合运算符	等价于
x++,++x	x=x+1	x%=y	x=x%y
x--,--x	x=x-1	x>>=y	x=x>>y
x+=y	x=x+y	x<<=y	x=x<<y
x-=y	x=x-y	x&=y	x=x&y
x*=y	x=x*y	x|=y	x=x|y
x/=y	x=x/y	x^=y	x=x^y

在赋值表达式中，赋值运算符左边的操作数叫左操作数，赋值运算符右边的操作数叫右操作数。其中，左操作数必须是一个变量或属性，而不能是一个常量。

赋值表达式的一般格式为：

左操作数 赋值运算符 右操作数

6. 条件运算符

条件运算符由"?"和":"组成，其一般格式为：

关系表达式?表达式1：表达式2

条件表达式在运算时，首先计算"关系表达式"的值，如果为 true，则运算结果为"表达式 1"的值，否则运算结果为"表达式 2"的值。例如：

```
int x = 50,y = 80,m;
m = x > y ? x * 5 : y + 20;                    //m 的值为 100
```

条件表达式也可以嵌套使用，从而实现多分支的选择判断。

2.4.2 运算符的优先级

运算符的优先级，是指当一个表达式中包含多种类型的运算符时，先进行哪种运算。常用运算符从高到低的优先级顺序如表 2-8 所示。

表 2-8 运算符的优先级

优先级	类别	运算符
1	初级运算符	( )
2	一元运算符	+(正) -(负) ! ~ ++ --
3	乘除运算符	* / %
4	加减运算符	+ -
5	位运算符	<< >>
6	关系运算符	< > <= >=
7	关系运算符	== !=
8	逻辑与	&
9	逻辑异或	^
10	逻辑或	|
11	条件与	&&
12	条件或	||
13	条件运算符	? :
14	赋值运算符	= *= /= %= += -= <<= >>= &= ^= |=

2.5 常用.NET 框架类

为了方便程序设计中各种数据类型的处理，C#提供了丰富的类方法和类属性，充分利用这些方法与属性，可以提高程序设计的效率。在.NET 中为了管理方便，而将各种类、对象划分到不同的命名空间（Namespace）中，各命名空间中又可能有子空间。在使用类和对象时，如果对应的命名空间尚未使用 using 命令引用将会出现错误。

2.5.1 Random 类

Random 类提供了产生随机数的方法，该方法必须由 Random 类创建的对象调用。Random 类属于 System 命名空间，创建对象的格式为：

```
Random 对象名 = new Random();
```

Random 类的常用方法如表 2-9 所示。

表 2-9 Random 类常用方法

方 法	说 明
对象名.Next()	产生随机数
对象名.Next(正整数)	产生 0～指定正整数之间的随机数
对象名.Next(整数 1,整数 2)	产生两个指定整数之间的随机整数
对象名.NextDouble()	产生 0.0～1.0 之间的随机实数

需要说明的是,使用 Random 对象产生随机数时,下界包含在随机数内,而上界不包含在随机数内。例如:

```
Random r = new Random();
int n = r.Next(1,10);                    //产生的随机数包含 1,但不包含 10
```

例 2-3 产生 3 个随机数(1～20 之间的整数)并输出,然后判断以其为边长是否可以构成三角形,如果可以则计算三角形的面积,否则输出"不能构成三角形"。编写控制台程序,项目名称设置为 Exp2_3。

程序代码如下:

```
class Program
{
    static void Main(string[] args)
    {
        Random random1 = new Random();       //创建一个 Random()对象
        int a = random1.Next(1,20);
        int b = random1.Next(1,20);
        int c = random1.Next(1,20);
        Console.WriteLine("第一条边长为: " + a);
        Console.WriteLine("第二条边长为: " + b);
        Console.WriteLine("第三条边长为: " + c);
        if ((a + b > c) && (a + c > b) && (b + c > a))
        {
            float p = (a + b + c)/2;
            Console.WriteLine("三角形的面积为: " + Math.Sqrt(p * (p - a) * (p - b) * (p - c)));
        }
        else
            Console.WriteLine("三条随机的边不能构成三角形.");
        Console.ReadLine();
    }
}
```

程序运行结果如图 2-3 所示。

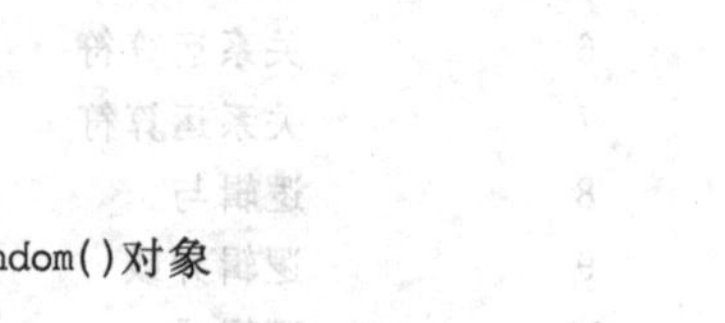

图 2-3 求三角形面积

2.5.2 Math 类

C#中的 Math 类提供了一些常用的数学方法与属性,该类属于 System 命名空间。Math 类是一个密封类,有两个公共字段和若干静态数学方法。Math 类常用的方法与属性如表 2-10 所示。

表 2-10　Math 类常用方法与属性

方法与属性	说　明
Math.PI	得到圆周率
Math.E	得到自然对数的底
Math.Abs(数值参数)	求绝对值方法
Math.Cos(弧度值)	求余弦值方法
Math.Sin(弧度值)	求正弦值方法
Math.Tan(弧度值)	求正切值方法
Math.Max(数值1,数值2)	求最大值方法
Math.Min(数值1,数值2)	求最小值方法
Math.Pow(底数,指数)	求幂方法
Math.Round(实数)	求保留小数值方法
Math.Round(实数,小数位)	
Math.Sqrt(平方数)	求平方根方法

2.5.3　DateTime 类

C#中的 DateTime 类提供了一些常用的日期时间方法与属性,该类属于 System 命名空间,在使用模板创建应用程序时,该命名空间的引用已自动生成,因此可以直接使用 DateTime 类。DateTime 常用的构造函数如表 2-11 所示,常用属性如表 2-12 所示,常用方法如表 2-13 所示。

表 2-11　DateTime 常用的构造函数

名　称	说　明
DateTime(Int32,Int32,Int32)	将 DateTime 结构的新实例初始化为指定的年、月和日
DateTime(Int32,Int32,Int32,Int32,Int32,Int32)	将 DateTime 结构的新实例初始化为指定的年、月、日、小时、分钟和秒
DateTime(Int32,Int32,Int32,Int32,Int32,Int32,Int32)	将 DateTime 结构的新实例初始化为指定的年、月、日、小时、分钟、秒和毫秒

表 2-12　DateTime 的常用属性

名　称	类　型	说　明
Date	DateTime	获取此实例的日期部分
Day	Int32	获取此实例所表示的日期为该月中的第几天
DayOfWeek	System.DayOfWeek	获取此实例所表示的日期是星期几
DayOfYear	Int32	获取此实例所表示的日期是该年中的第几天
Hour	Int32	获取此实例所表示日期的小时部分
Millisecond	Int32	获取此实例所表示日期的毫秒部分
Minute	Int32	获取此实例所表示日期的分钟部分
Month	Int32	获取此实例所表示日期的月份部分

名 称	类 型	说 明
Now	DateTime	获取一个 DateTime 对象，该对象设置为此计算机上的当前日期和时间，表示为本地时间
Second	int32	获取此实例所表示日期的秒部分
Ticks	long	获取表示此实例的日期和时间的计时周期数
TimeOfDay	DateTime	获取此实例的当天的时间
Today	DateTime	获取当前日期
UtcNow	DateTime	获取一个 DateTime 对象，该对象设置为此计算机上的当前日期和时间，表示为协调通用时间（UTC）
Year	int32	获取此实例所表示日期的年份部分

表 2-13 DateTime 常用的转换方法

名 称	说 明
Parse(String)	将日期和时间的指定字符串表示形式转换为其等效的 DateTime
Parse(String,IFormatProvider)	使用指定的区域性特定格式信息，将日期和时间的指定字符串表示形式转换为其等效的 DateTime
Parse(String,IFormatProvider,DateTimeStyles)	使用指定的区域性特定格式信息和格式设置样式将日期和时间的指定字符串表示形式转换为其等效的 DateTime
ToString()	将当前 DateTime 对象的值转换为其等效的字符串表示形式(重写 ValueType.ToString())
ToString(IFormatProvider)	使用指定的区域性特定格式信息将当前 DateTime 对象的值转换为它的等效字符串表示形式
ToString(String)	使用指定的格式将当前 DateTime 对象的值转换为它的等效字符串表示形式
ToString(String,IFormatProvider)	使用指定的格式和区域性特定格式信息将当前 DateTime 对象的值转换为它的等效字符串表示形式
TryParse(String,DateTime)	将日期和时间的指定字符串表示形式转换为其 DateTime 等效项，并返回一个指示转换是否成功的值
TryParse（String, IFormatProvider, DateTimeStyles,DateTime）	使用指定的区域性特定格式信息和格式设置样式，将日期和时间的指定字符串表示形式转换为其 DateTime 等效项，并返回一个指示转换是否成功的值

例如，我们想定义一个新的 DateTime 对象，实例化时总初始为 2013 年 10 月 1 日，语句为 DateTime dt＝new DateTime(2013,10,1);如果加上时、分、秒，应该使用下一个构造函数，DateTime dt＝new DateTime(2013,10,1,23,59,59);这个语句将 dt 初始化为 2013 年 10 月 1 日 23 点 59 分 59 秒,如果想得到再确切一些的时间，可以使用下一个构造函数,用法和前两个一样。

对于以当前日期时间为参照的操作，可以使用该类的 Now 属性及其方法，如表 2-14 所示。

表 2-14 日期时间类的 Now 属性的常用方法与属性

方法与属性	说明
DateTime.Now.ToLongDateString()	获取当前日期字符串
DateTime.Now.ToLongTimeString()	获取当前时间字符串
DateTime.Now.ToShortDateString()	获取当前日期字符串
DateTime.Now.ToShortTimeString()	获取当前时间字符串
DateTime.Now.Year	获取当前年份
DateTime.Now.Month	获取当前月份
DateTime.Now.Day	获取当前日
DateTime.Now.Hour	获取当前小时
DateTime.Now.Minute	获取当前分钟
DateTime.Now.Second	获取当前秒
DateTime.Now.DayOfWeek	当前为星期几
DateTime.Now.AddDays(以天为单位的双精度实数)	增减天数后的日期

以当前系统时间为例使用日期时间类,例如:

```
Console.WriteLine(DateTime.Now.ToLongDateString());    //2013 年 5 月 7 日
Console.WriteLine(DateTime.Now.ToShortDateString());   //2013/5/7
Console.WriteLine(DateTime.Now.ToLongTimeString());    //10:15:20
Console.WriteLine(DateTime.Now.ToShortTimeString());   //10:15
Console.WriteLine(DateTime.Now.DayOfWeek);             //Tuesday
Console.WriteLine(DateTime.Now.AddDays(1.5));          //2013/5/8 22:15:20
```

本章小结

本章主要介绍了 C# 语言的语法基础。分别介绍了常量和变量的定义和使用,C# 语言数据类型的体系结构以及它们的作用和使用方法,数据类型之间的转换,各运算符的使用以及优先级,各类表达式的使用,System 的几个常用类的使用方法。

习题

1. 选择题

(1) 下列数据类型中不是数值类型的是(　　)。
　　A. 整型类型　　　　B. 接口类型　　　　C. 字符类型　　　　D. 结构类型
(2) C# 的值类型包括简单类型、结构类型和(　　)。
　　A. 类类型　　　　　B. 接口类型　　　　C. 委托类型　　　　D. 枚举类型
(3) 设 x=9,y=6,则(x－－)－y 和 x－－－y 这两个表达式的值分别为(　　)。
　　A. 2,3　　　　　　 B. 3,3　　　　　　 C. 2,2　　　　　　 D. 3,4
(4) 声明常量的关键字是(　　)。
　　A. class　　　　　 B. struct　　　　　C. const　　　　　 D. interface

(5) C#中"三元运算符"是（　　）。
　　A. ?:　　　　　　B. %　　　　　　C. ++　　　　　　D. ——
(6) 将变量从字符串类型转换为数值类型可以使用的类型转换方法是（　　）。
　　A. Str()　　　　　B. Cchar　　　　C. CStr()　　　　D. int.Parse();
(7) 定义变量 i=8,j=9,则 i/j 的运行结果为（　　）。
　　A. 0.8888888…　　B. 0.89　　　　　C. 0　　　　　　D. 0.9

2. 判断题

(1) 用 Random.Next()方法可以产生随机整数。（　　）
(2) C#认为变量 number 和 Number 是等效的。（　　）
(3) 括号在算术表达式中不能用来强迫运算符按照程序所希望的顺序计算。（　　）
(4) DateTime 是系统定义好的一个类。（　　）
(5) 在数据类型转化时,只能通过类型转换关键字或 Convert 类实现。（　　）

3. 程序设计题

(1) 创建一个控制台程序,从键盘输入一个小写字母,要求输出该小写字母、其对应的大写字母及代码值。运行结果如图 2-4 所示。

图 2-4　字母转换

(2) 创建一个控制台程序,随机产生两个整数(也可以随机产生两个小数),计算它们的和、差、商、积,并把结果显示在控制台上。

第3章 程序流程控制

虽然C#是完全的面向对象语言,但在局部的语句块内,仍然要使用结构化程序设计的方法,用控制结构来控制程序的执行流程。结构化程序设计有三种基本控制结构,分别是顺序结构、选择结构和循环结构。本章将对这三种基本结构的概念及相应的控制语句进行详细介绍。

3.1 顺序结构

顺序结构是一种线性结构,也是程序设计中最简单、最常用的基本结构,并不需要专门的控制语句来支持。从宏观上来看,任何的程序或系统都可以看成是由一个个基本结构或基本程序段构成的顺序结构。

顺序结构的执行特征为:按照语句出现的先后顺序,依次执行。顺序结构的结构化程序流程图(N-S图)如图3-1所示。

处理实际问题时,往往需要用户输入数据,然后进行相应的处理,最后由程序输出结果。下面介绍赋值语句和输入、输出语句。

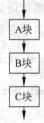

图3-1 顺序结构流程图

3.1.1 赋值语句

赋值语句是程序设计中最基本的语句,由于C#的赋值表达式有多种形式,因此赋值语句也表现出多样性。常用的赋值语句有单赋值语句、复合赋值语句、连续赋值语句。不管是哪种赋值语句,基本格式都是以下两种。

格式1:

变量名 = 表达式

功能:将表达式的值赋给变量。

格式2:

对象名.属性名 = 表达式

功能:将表达式的值赋给对象的属性。

说明:表达式的结果与变量或对象的属性属于同一种类型;表达式由文本、常数、变量、属性、数组元素、其他表达式或函数调用的任意组合所构成；赋值语句先计算表达式的值，然后将计算出来的值赋给变量或属性。

1．单赋值语句

赋值语句中，最常用的是单赋值语句，就是在一条语句中使用一个等号（＝）运算符进行赋值的语句。例如：

```
int i = 5; int j = i + 1;
label1.Text = "姓名";
```

2．复合赋值语句

复合赋值语句是在一条语句中使用＋＝、－＝、＊＝、／＝等复合运算符进行赋值的语句，这种语句首先需要完成特定的运算再进行赋值运算操作。例如：

```
int i = 55; i + = 50;
string str = "hello"; str + = "你好 j";
label1.Text + = ": ";
```

3．连续赋值语句

连续赋值语句是在一条语句中使用多个等号（＝）运算符进行赋值的语句，这种语句可以一次为多个变量或属性赋予相同的值。例如：

```
string s1,s2,s3;
s1 = s2 = s3 = "连续赋值";
textBox1.Text = textBox2.Text = textBox3.Text = "";
```

3.1.2 输入语句与输出语句

输入与输出是应用程序进行数据处理过程中的基本功能。按照应用程序的类型，大致分为控制台、Windows、Web 三种应用程序的输入与输出。本书只涉及前两种，下面分别介绍。

1．控制台应用程序的输入与输出

Console 类是 System 命名空间中预定义的一个类，用于实现控制台的基本输入输出。控制台的默认输出是屏幕，默认输入是键盘。Console 类常用的方法如表 3-1 所示，其中 Write()方法和 WriteLine()方法都用于向屏幕输出方法参数所指定的内容，不同的是 WriteLine()方法除了输出方法参数所指定的内容外，还在结尾处输出一个换行符，使后面的输出内容从下一行开始输出。Read()方法用于从键盘读取一个字符，返回这个字符的编码。ReadLine()方法用于从键盘读入一行字符串并返回这个字符串。

表 3-1 Console 类常用的方法

方法名称	接受参数	返回值类型	功　能
Read()	无	int	从输入流读入下一个字符
ReadLine()	无	string	从输入流读入一行文本，直到换行符结束
Write()	string	void	输出一行文本
WriteLine()	string	void	输出一行文本，并在结尾处自动换行

(1) 向控制台输出

Write()方法和 WriteLine()方法的语法格式基本一致，这里以比较常用的 WriteLine()方法为例介绍控制台输出，Console.WriteLine()方法有三种格式。

格式 1：

```
Console.WriteLine();
```

功能：仅向控制台输出一个换行符。

格式 2：

```
Console.WriteLine("要输出的字符串");
```

功能：向控制台输出一个指定字符串并换行。

格式 3：

```
Console.WriteLine("格式字符串",输出列表);
```

功能：按照"格式字符串"指定的格式向控制台输出"输出列表"中指定的内容。

例如：

```
string course = "C♯程序设计";
Console.WriteLine("欢迎学习：{0}!",course);
```

这里，"欢迎学习：{0}!"是格式字符串，course 是输出列表中的一个变量。格式字符串一定要有双引号，其中{0}称为占位符，它所占的位置就是 course 变量的位置。这两个语句的执行结果是向屏幕输出"欢迎学习：C♯程序设计!"并换行。

格式字符串中的占位符个数必须与输出列表中的输出项个数相等，如果输出列表中有多个输出项，则在格式字符串中需要有相同数量的占位符，依次标识为{0}、{1}、{2}、…，占位符必须以{0}开始，{0}对应输出列表中第一个输出项，{1}对应输出列表中的第二个输出项，依次类推。输出时，格式字符串中占位符被对应的输出列表项的值所代替，而格式字符串中的其他字符则原样输出，例如：

```
string course = "C♯程序设计";
string platform = ".NET";
Console.WriteLine("欢迎学习{0},我们一起进行{1}开发!",course,platform);
```

这些语句的执行结果是向屏幕输出"欢迎学习 C♯程序设计,我们一起进行.NET 开发!"并换行。

另外，除了使用占位符可以输出多个列表项，还可以使用"+"连接符来输出字符串，把上例中的语句修改为：

```
string course = "C#程序设计";
string platform = ".NET";
Console.WriteLine("欢迎学习" + course + ",我们一起进行" + platform + "开发!");
```

将得到相同的运行结果。

(2) 从控制台输入

Console类中的Read()与ReadLine()方法,功能都是接收从键盘上输入的数据,较常用的是使用Console.ReadLine()方法从控制台接收输入。

格式:

```
Console.ReadLine();
```

功能:从控制台输入一行字符,输入时以回车表示结束。

这个语句的执行结果是直接返回一个字符串,因此可以把方法的返回值赋给一个字符串变量。例如,输入一个同学的姓名,代码如下:

```
string name = Console.ReadLine();        //输入学生姓名
```

例 3-1 编写一个控制台应用程序,计算圆的面积。

具体实现步骤如下。

(1) 新建一个空白解决方案Example3-1和项目Example3-1(项目模板:控制台应用程序)。

(2) 添加如下代码:

```
using System;

namespace Example3_1
{
    class Program
    {
        static void Main(string[] args)
        {
            const double PI = 3.14159;
            Double R,S;
            Console.WriteLine("请输入圆的半径: ");
            R = double.Parse(Console.ReadLine());
            S = PI * R * R;
            Console.WriteLine("圆的面积为: {0}",S);
        }
    }
}
```

(3) 运行程序,单击"调试"菜单下的"开始执行(不调试)"或者按快捷键Ctrl+F5,输入圆的半径"3",结果如图3-2所示。

上面这段程序就是一个典型的顺序结构,在Main方法中,程序根据语句出现的顺序依次执行,先是在程序中输入一个半径值,然后根据计算公式计算出圆的面积,最后将圆的面积的值输出。

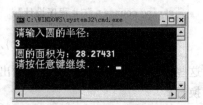

图 3-2 圆面积的运行结果

2. Windows 应用程序的输入与输出

Windows 应用程序的输入与输出，可以通过多种控件实现，如之前介绍过的 TextBox、Label 以及下面要介绍的 MessageBox(消息框)等。其中，使用频率最高的是 TextBox 和 Label。

从操作程序的用户的角度来看，TextBox 和 Label 控件的主要区别在于：Label 控件是一个只能显示数据的控件，而 TextBox 控件既可以让用户在其中输入数据，也可以显示输出数据。

例 3-2　编写一个 Windows 应用程序，实现分别输入姓名和出生地后再一起输出"××出生于××"的功能。

具体实现步骤如下。

(1) 新建一个空白解决方案 Example3-2 和项目 Example3-2(项目模板：Windows 窗体应用程序)，程序设计界面如图 3-3 所示。

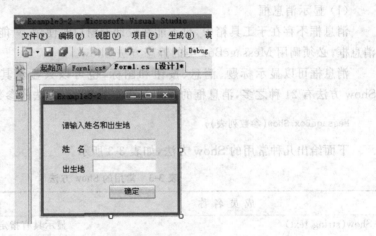

图 3-3　个人信息程序设计界面

(2) 设置属性。窗体和各个控件的属性设置如表 3-2 所示。

表 3-2　个人信息窗体的属性设置

对象	属性名	属性值
Form1	Text	Example3-2
label1	Name	lblMessage
	Text	请输入姓名和出生地
label2	Text	姓名
label3	Text	出生地
textBox1	Name	txtName
textBox2	Name	txtAddress
button1	Name	btnOk
	Text	确定

(3) 编写代码。双击"确定"按钮，打开代码视图，在 Click 事件处理程序中，添加如下代码：

```
private void btnOk_Click(object sender, EventArgs e)
```

```
    {
        lblMessage.Text = txtName.Text + "出生于" + txtAddress.Text;
    }
```

(4) 运行程序，单击"启动调试"按钮或按 F5 键运行程序，按照标签提示在文本框中输入姓名和出生地，然后单击"确定"按钮查看标签的输出结果。程序的运行界面如图 3-4 所示。

图 3-4 个人信息程序运行结果

MessageBox(消息框)是一个预定义对话框，用于向用户显示与应用程序相关的信息。当应用程序需要显示一段简短信息(如显示出错、警告等信息)时，使用消息框既简单又方便。只有在用户响应该消息框后，程序才能继续运行下去。

(1) 显示消息框

消息框不存在于工具箱中，也不能在设计器窗口时使用，只能通过代码访问。若要显示消息框，必须调用 MessageBox 类的静态方法 Show。

消息框可以显示标题、消息、按钮和图标，也可以只显示其中的一项或几项。所以，Show 方法有 21 种之多，消息框的样式及功能由 Show 方法的参数决定，其格式为：

MessageBox.Show(参数列表);

下面给出几种常用的 Show 方法，如表 3-3 所示。

表 3-3 常用的 Show 方法

成员名称	说明
Show(string text)	显示具有指定文本的消息框
Show(string text, string caption)	显示具有指定文本和标题的消息框
Show(string text, string caption, MessageBoxButtons buttons)	显示具有指定文本、标题和按钮的消息框
Show(string text, string caption, MessageBoxButtons buttons, MessageBoxIcon icon)	显示具有指定文本、标题、按钮和图标的消息框

(2) 消息框的按钮

消息框中，除了默认的"确定"按钮，还可以放置其他按钮，这些按钮可以收集用户对消息框中问题的响应。一个消息框中最多可显示三个按钮，可以根据程序要求从 MessageBoxButtons 枚举的成员中选择，如表 3-4 所示。

表 3-4 MessageBoxButtons 枚举成员

成员名称	说明
AbortRetryIgnore	消息框包含"中止"、"重试"和"忽略"按钮
OK	消息框仅包含"确定"按钮
OKCancel	消息框包含"确定"和"取消"按钮
RetryCancel	消息框包含"重试"和"取消"按钮
YesNo	消息框包含"是"和"否"按钮
YesNoCancel	消息框包含"是"、"否"和"取消"按钮

(3) 消息框的图标

默认情况下,消息框不显示图标,但图标可以用来指示消息的重要性,例如可以指示消息是错误还是警告。MessageBoxIcon 枚举用于指定消息框中显示什么图标,其成员如表 3-5 所示。

表 3-5 MessageBoxIcon 枚举成员

成员名称	图标	说 明
Asterisk		该消息框包含一个符号,该符号是由一个圆圈及其中的小写字母 i 组成的
Error		该消息框包含一个符号,该符号是由一个红色背景的圆圈及其中的白色×组成的
Exclamation		该消息框包含一个符号,该符号是由一个黄色背景的三角形及其中的一个感叹号组成的
Hand		该消息框包含一个符号,该符号是由一个红色背景的圆圈及其中的白色×组成的
Information		该消息框包含一个符号,该符号是由一个圆圈及其中的小写字母 i 组成的
None		消息框未包含符号
Question		该消息框包含一个符号,该符号是由一个圆圈及其中的一个问号组成的
Stop		该消息框包含一个符号,该符号是由一个红色背景的圆圈及其中的白色×组成的
Warning		该消息框包含一个符号,该符号是由一个黄色背景的三角形及其中的一个感叹号组成的

(4) 消息框的返回值

单击消息框中的某一按钮时,Show 方法将返回一个 DialogResult 枚举值来指示对话框的返回值。因此,可以通过检查 Show 方法的返回值来确定用户单击了哪个按钮。如表 3-6 所示列出了 DialogResult 的枚举成员。

表 3-6 DialogResult 枚举成员

成员名称	说 明
Abort	对话框的返回值是 Abort(通常从标签为"中止"的按钮发送)
Cancel	对话框的返回值是 Cancel(通常从标签为"取消"的按钮发送)
Ignore	对话框的返回值是 Ignore(通常从标签为"忽略"的按钮发送)
No	对话框的返回值是 No(通常从标签为"否"的按钮发送)
None	从对话框返回了 Nothing(这表明有模式对话框继续运行)
OK	对话框的返回值是 OK(通常从标签为"确定"的按钮发送)
Retry	对话框的返回值是 Retry(通常从标签为"重试"的按钮发送)
Yes	对话框的返回值是 Yes(通常从标签为"是"的按钮发送)

下面通过实例来演示如何使用 Show 方法调用消息框来向用户显示信息。

例 3-3 改写前面的例 3-2,分别输入姓名和出生地后,"××出生于××"的信息由消息框给出。

具体实现步骤如下:

(1) 新建一个空白解决方案 Example3-3 和项目 Example3-3（项目模板：Windows 窗体应用程序），程序设计界面如图 3-2 所示。

(2) 设置属性。窗体和各个控件的属性设置参照表 3-2。

(3) 编写代码。双击"确定"按钮，打开代码视图，在 Click 事件处理程序中，添加相应代码：

```
private void btnOK_Click(object sender,EventArgs e)
{
    string strMsg = txtName.Text + "出生于" + txtAddress.Text;
    //调用 MessageBox 类的 Show 方法来显示消息框
    MessageBox.Show(strMsg,"姓名与出生地",MessageBoxButtons.OK,MessageBoxIcon.Information);
}
```

注意：MessageBoxButtons 和 MessageBoxIcon 枚举值可以在输入代码时通过集成环境的智能提示来查看。

(4) 运行程序，单击"启动调试"按钮或按 F5 键运行程序，按照标签提示在文本框中输入姓名和出生地，然后单击"确定"按钮查看消息框的输出结果。程序的运行界面如图 3-5 所示。

图 3-5　消息框程序运行结果

3.2　选择结构

显然，如果只运用顺序结构则只能编写一些简单的程序，进行一些简单的运算。在日常的事件处理中常常需要根据不同的情况，采用不同的措施来解决问题。同样，在程序设计中，也要根据不同的给定条件而采用不同的处理方法，选择结构就是用来解决这一类问题的。

选择结构也称为分支结构，其特点是：根据给定的条件是否成立，决定从各个可能的分支中执行某一分支的相应操作。

Visual C# 2008 提供了两种用于选择结构的控制语句，分别是 if 语句和 switch 语句。

3.2.1　if 语句

本节介绍用条件语句来实现选择结构，常用的条件语句有如下几种。

1. if 语句

if 语句是基于布尔表达式的值来判定是否执行后面内嵌的语句块，其语法形式如下：

```
if(表达式)
{
```

    语句块；
}

执行过程如下：如果表达式的值为 true（即条件成立），则执行后面的 if 语句所控制的语句块，如果表达式的值为 false（即条件不成立），则不执行 if 语句控制的语句块。然后再执行程序中的后一条语句。if 语句的程序流程图如图 3-6 所示。如果 if 语句只控制一条语句，则大括号"{}"可以省略。

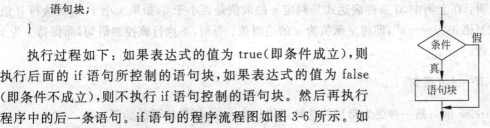

图 3-6　if 语句的程序流程图

例 3-4　输入一个整数，求绝对值。

程序分析：

如果是负数，取反；否则，绝对值是这个数本身。

具体实现步骤如下。

(1) 新建一个空白解决方案 Example3-4 和项目 Example3-4（项目模板：控制台应用程序）。

(2) 添加如下代码：

```
using System;
namespace Example3_4
{
    class Program
    {
        static void Main(string[] args)
        {
            int x,y;
            string str;
            Console.WriteLine("请输入 x 的值：");
            str = Console.ReadLine();
            x = Convert.ToInt32(str);
            y = x;
            if (x < 0)
            {
                y = - x;
            }
            Console.WriteLine("|{0}| = {1}",x,y);
        }
    }
}
```

(3) 运行程序，单击"调试"菜单下的"开始执行（不调试）"或者按快捷键 Ctrl+F5，输入 －4，结果如图 3-7 所示。

图 3-7　求绝对值程序运行结果

说明：在上例中，if 条件表达式是判定 x 的取值是否小于 0，如果 x 小于 0，则执行 if 语句的控制语句"y＝－x"，即将 y 赋值为 x 的绝对值；否则，不执行该控制语句，而保持 y 为 x 的输入数。

2．if…else 语句

if…else 语句是一种更为常用的选择语句。if…else 语句的语法如下：

```
if(表达式)
{
    语句块 1;
}
else
{
    语句块 2;
}
```

执行过程如下：如果表达式的值为 true（即条件成立），则执行后面的 if 语句所控制的语句块 1，如果表达式的值为 false（即条件不成立），则执行 if 语句控制的语句块 2。然后再执行程序中的后一条语句。if 语句的程序流程图如图 3-8 所示。

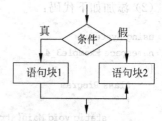

图 3-8　if…else 语句的程序流程图

下面通过一个实例来说明 if…else 语句的用法。

例 3-5　根据输入的学生成绩 Score 的值，显示其是否及格。

具体实现步骤如下：

(1) 新建一个空白解决方案 Example3-5 和项目 Example3-5（项目模板：控制台应用程序）。

(2) 添加如下代码：

```
using System;
namespace Example3_5
{
    class Program
    {
        static void Main(string[] args)
        {
            Console.WriteLine("请输入成绩：");
            int Score = int.Parse(Console.ReadLine());        //转换为整数
            if (Score >= 60)
            {
                Console.WriteLine("该学生的成绩合格。");
            }
            else
            {
                Console.WriteLine("该学生的成绩不合格。");
            }
```

            }
        }
    }

（3）运行程序,单击"调试"菜单下的"开始执行(不调试)"或者按快捷键 Ctrl+F5,输入 78,结果如图 3-9 所示。

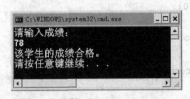

图 3-9 判断合格程序运行结果

说明：上例中 if 语句和 else 语句后的大括号"{}"可以省略,因为它们都只控制一条语句。但显而易见,加上大括号,程序的结构更加分明。

3. if…else 嵌套语句

如果程序的逻辑判定关系比较复杂,通常会用到 if…else 嵌套语句,if 语句可以嵌套使用,即在判定之中又有判定。其一般形式如下：

```
if(表达式 1)
    if(表达式 2)
        语句 1
    else
        语句 2
else
    if(表达式 3)
        语句 3
    else
        语句 4
```

注意：

在应用这种 if…else 结构时,要注意 else 和 if 的配对关系,此配对关系是：从第 1 个 else 开始,一个 else 总是和它上面离它最近的可配对的 if 配对,并且不是所有 if 都带 else。在此建议在应用 if…else 嵌套语句时,即使控制一条语句,也应该加上一对"{}"。

例 3-6 输入学生的成绩,根据成绩输出等级。当成绩在 90～100、80～89、70～79、60～69、0～59 范围内分别输出字母等级 A、B、C、D、E。使用嵌套的 if…else 语句进行转换输出。

具体实现步骤如下：

（1）新建一个空白解决方案 Example3-6 和项目 Example3-6(项目模板：控制台应用程序)。
（2）添加如下代码：

```
using System;
namespace Example3_6
{
    class Program
```

```csharp
{
    static void Main(string[] args)
    {
        int Score;
        Console.WriteLine("请输入百分制分数: ");
        Score = Convert.ToInt32(Console.ReadLine());
        if (Score >= 70)
        {
            if (Score >= 80)
            {
                if (Score >= 90)
                {
                    Console.WriteLine("A 等级");       //A 等级
                }
                else
                {
                    Console.WriteLine("B 等级");       //B 等级
                }
            }
            else
            {
                Console.WriteLine("C 等级");;          //C 等级
            }
        }
        else
        {
            if (Score >= 60)
            {
                Console.WriteLine("D 等级");           //D 等级
            }
            else
            {
                Console.WriteLine("E 等级");           //E 等级
            }
        }
    }
}
```

(3) 运行程序，单击"调试"菜单下的"开始执行(不调试)"或者按快捷键 Ctrl＋F5，输入 78，结果如图 3-10 所示。

图 3-10　成绩等级程序运行结果

4. else if 语句

else if 语句是 if 语句和 if…else 语句的组合，其一般形式如下：

```
if(表达式 1)
    语句 1;
else if(表达式 2)
    语句 2;
…
else if(表达式 n-1)
    语句 n-1;
else
    语句 n;
```

执行过程：当表达式 1 为 true 时，执行语句 1，然后跳过整个结构执行下一条语句；当表达式 1 为 false 时，将跳过语句 1 去判定表达式 2。若表达式 2 为 true，则执行语句 2，然后跳过整个结构去执行下一条语句，若表达式 2 为 false 则跳过语句 2 去判定表达式 3，以此类推，当表达式 1、表达式 2、……、表达式 n-1 全为假时，将执行语句 n，再转而执行下一条语句。

例 3-7 检查输入字符是否为大写字符、小写字符或数字，否则，该输入字符就不是数字字符。

具体实现步骤如下：

(1) 新建一个空白解决方案 Example3-7 和项目 Example3-7(项目模板：控制台应用程序)。
(2) 添加如下代码：

```
using System;
namespace Example3_7
{
    class Program
    {
        static void Main(string[] args)
        {
            Console.Write("Please input a character:");
            char c = (char)Console.Read();
            if (char.IsUpper(c))
                Console.WriteLine("This character is uppercase.");
            else if (char.IsLower(c))
                Console.WriteLine("This character is lowercase.");
            else if (char.IsDigit(c))
                Console.WriteLine("This character is number.");
            else
                Console.WriteLine("This character is not alphanumeric.");
        }
    }
}
```

(3) 运行程序，单击"调试"菜单下的"开始执行(不调试)"或者按快捷键 Ctrl+F5，输入 9，结果如图 3-11 所示。

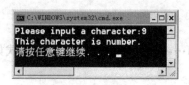

图 3-11 数字字符程序运行结果

3.2.2 switch 语句

当判定的条件有多个时,如果使用 else if 语句将会让程序变得难以阅读。而开关语句(switch 语句)提供一个更为简洁的语法,以便处理复杂的条件判定。

switch 语句的一般格式如下:

```
switch(表达式)
{
    case 常量表达式 1:
        语句 1;
        break;
    case 常量表达式 2:
        语句 2;
        break;
    …
    case 常量表达式 n:
        语句 n;
        break;
    [default:
        语句 n+1;
        break;]
}
```

执行过程如下:

(1) 首先计算 switch 后面的表达式的值。

(2) 如果表达式的值等于"case 常量表达式 1"中常量表达式 1 的值,则执行语句 1,然后通过 break 语句退出 switch 结构,执行位于整个 switch 结构后面的语句;如果表达式的值不等于"case 常量表达式 1"中常量表达式 1 的值,则判定表达式的值是否等于常量表达式 2 的值,依此类推,直到最后一个语句。

(3) 如果 switch 后的表达式与任何一个 case 后的常量表达式的值都不相等,若有 default 语句,则执行 default 语句后面的语句 n+1,执行完毕后退出 switch 结构,然后执行位于整个 switch 结构后面的语句;若无 default 语句则退出 switch 结构,执行位于整个 switch 结构后面的语句。

例 3-8 使用 switch 语句实现例 3-6 的功能,将学生成绩转换为等级输出。

具体实现步骤如下。

(1) 新建一个空白解决方案 Example3-8 和项目 Example3-8(项目模板:控制台应用程序)。

(2) 添加如下代码:

```
using System;
class ChangeScore
{
    static void Main()
    {
        int Score;
        Console.WriteLine("请输入百分制分数: ");
        Score = Convert.ToInt32(Console.ReadLine());
        int temp = Score/10;
        switch (temp)
        {
            case 10:
                Console.WriteLine("A 等级");
                break;
            case 9:
                Console.WriteLine("A 等级");
                break;
            case 8:
                Console.WriteLine("B 等级");
                break;
            case 7:
                Console.WriteLine("C 等级");
                break;
            case 6:
                Console.WriteLine("D 等级");
                break;
            default:
                Console.WriteLine("E 等级");
                break;
        }
    }
}
```

(3) 运行程序,单击"调试"菜单下的"开始执行(不调试)"或者按快捷键 Ctrl+F5,输入 98,结果如图 3-12 所示。

说明:对比例 3-6 和例 3-8 所示的程序,可以发现在多分支选择结构中使用 switch 语句具有结构清晰、可读性强等优点。

图 3-12 switch 语句的运行结果

另外,针对 C#中的 switch 语句说明以下几点:

(1) case 后面的常量表达式的类型必须与 switch 后面的表达式的类型相匹配,例如在上例中都是整数类型。

(2) 如果在同一个 switch 语句中有两个或多个 case 后面的常量表达式具有相同的值,将会出现编译错误。

(3) 在 switch 语句中,至多出现一个 default 语句。

(4) 在C#中,switch语句中的各个case语句及default语句的出现次序不是固定的,它们出现的次序不同不会对执行结果产生任何影响。

(5) 不允许遍历。在C#中,要求每个case语句后使用break语句或跳转语句goto,即不允许从一个case自动遍历到其他case,否则编译时将报错。

(6) 在C#中,多个case语句可以共用一组执行语句。

以上面的程序代码为例,将switch语句中的代码改为:

```
switch (temp)
{
    case 10:
    case 9:
        Console.WriteLine("A等级");
        break;
    case 8:
        Console.WriteLine("B等级");
        break;
    case 7:
        Console.WriteLine("C等级");
        break;
    case 6:
        Console.WriteLine("D等级");
        break;
    default:
        Console.WriteLine("E等级");
        break;
}
```

如此修改,使程序看起来更为简洁、明确。

3.3 循环结构

循环结构是在给定条件成立时,反复执行某程序段,直到条件不成立为止。给定的条件称为循环条件,反复执行的程序段称为循环体。

3.3.1 while 语句

while语句先计算表达式的值,值为true则执行循环体;反复执行上述操作,直到表达式的值为false为止。

语法如下:

```
while (表达式)
{
    循环体
}
```

执行while语句的步骤为:

(1) 执行while后面()中的表达式;

(2) 当表达式的运算结果为 true,则执行循环体,否则跳过步骤(3),直接执行步骤(4);

(3) 反复执行(1)、(2)步骤,直到表达式的运算结果为 false 时停止;

(4) 执行 while 语句块后面的代码。

while 语句的程序流程图如图 3-13 所示。

说明:

(1) while 语句中的表达式一般是关系表达式或逻辑表达式,只要表达式的值为 true 即可继续循环;

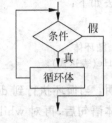

图 3-13 while 语句的程序流程图

(2) 应注意循环条件的选择以避免死循环。

例 3-9 使用 while 语句,计算 $1+2+3+\cdots+100$ 的和。

具体实现步骤如下:

(1) 新建一个空白解决方案 Example3-9 和项目 Example3-9(项目模板:控制台应用程序)。

(2) 添加如下代码:

```
using System;
namespace Example3_9
{
    class Program
    {
        static void Main(string[] args)
        {
            int i = 1, sum = 0;
            while ( i <= 100)
            {
                sum += i;
                i++;
            }
            Console.WriteLine("1 + 2 + 3 + … + 100 的和为: {0}", sum);
        }
    }
}
```

(3) 运行程序,单击"调试"菜单下的"开始执行(不调试)"或者按快捷键 Ctrl+F5,结果如图 3-14 所示。

图 3-14 1 到 100 的和的运行结果

3.3.2 do-while 语句

do-while 语句与 while 语句功能相似,但和 while 语句不同的是,do-while 语句的判定条件在后面,这和 while 语句不同。无论条件表达式的值是什么,do-while 循环都至少要执行一次。

语法如下:

```
do{
    循环体
}while(表达式);
```

说明:当循环执行到 do 语句后,先执行循环体语句;执行完循环体语句后,再对 while 语句括号中的条件表达式进行判定。若表达式的值为 true,则转向 do 语句继续执行循环体语句;若表达式的值为 false,则退出循环,执行程序的下一条语句。do-while 语句的程序流程图如图 3-15 所示。

例 3-10 使用 do-while 语句,计算 $1+2+3+\cdots+100$ 的值。

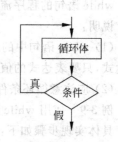

图 3-15 do-while 语句程序流程图

具体实现步骤如下:

(1) 新建一个空白解决方案 Example3-10 和项目 Example3-10(项目模板:控制台应用程序)。

(2) 添加如下代码:

```csharp
using System;
class Sum
{
    static void Main()
    {
        int i = 1, sum = 0;
        do
        {
            sum += i;
            i++;
        }while (i <= 100);
        Console.WriteLine("1+2+3+…+100 的和为:{0}", sum);
    }
}
```

(3) 运行程序,单击"调试"菜单下的"开始执行(不调试)"或者按快捷键 Ctrl+F5,结果如图 3-14 所示。

3.3.3 for 语句

for 语句和 while 语句一样,也是一种循环语句,用来重复执行一段代码,两个循环语句的区别就是使用方法不同。

for 语句的使用语法如下:

```
for (表达式 1; 表达式 2; 表达式 3)
{
    循环体
}
```

执行 for 语句的步骤为：

(1) 计算表达式 1 的值；

(2) 计算表达式 2 的值，若值为 true，则执行循环体一次，否则跳出循环；

(3) 计算表达式 3 的值，转回第(2)步重复执行。for 语句的程序流程图如图 3-16 所示。

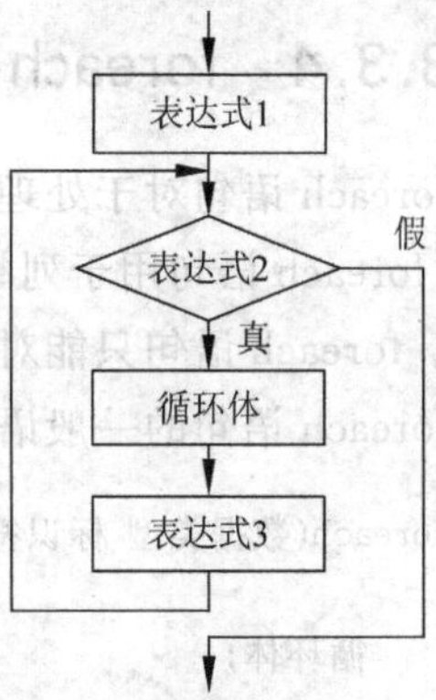

说明：

(1) 表达式 1 通常用来给循环变量赋初值，一般是赋值表达式。也允许在 for 语句外给循环变量赋初值，此时可以省略该表达式。

(2) 表达式 2 通常是循环条件，一般为关系表达式或逻辑表达式。

图 3-16　for 语句的程序流程图

(3) 表达式 3 通常可用来修改循环变量的值，一般是赋值语句。

(4) 这三个表达式都可以是逗号表达式，即每个表达式都可由多个表达式组成。三个表达式都是任选项，都可以省略，但分号间隔符不能少，如 for(；表达式；表达式)省去了表达式 1，for(表达式；；表达式)省去了表达式 2，for(表达式；表达式；)省去了表达式 3，for(；；)省去了全部表达式。

(5) 在整个 for 循环过程中，表达式 1 只计算一次，表达式 2 和表达式 3 则可能计算多次。循环体可能执行多次，也可能一次都不执行。

例 3-11　使用 for 语句，计算 $1+2+3+\cdots+100$ 的值。

具体实现步骤如下：

(1) 新建一个空白解决方案 Example3-11 和项目 Example3-11(项目模板：控制台应用程序)。

(2) 添加如下代码：

```
using System;
namespace Example3_11
{
    class Program
    {
        static void Main(string[] args)
        {
            int sum = 0;
            for (int i = 1; i <= 100; i++)
            {
                sum += i;
            }
            Console.WriteLine("1 + 2 + 3 + … + 100 的和为：{0}", sum);
        }
    }
}
```

(3) 运行程序，单击"调试"菜单下的"开始执行(不调试)"或者按快捷键 Ctrl+F5，结果如图 3-14 所示。

3.3.4 foreach 语句

foreach 语句对于处理数组及集合等数据类型特别简便（数组和集合将在第 5 章进行讲解）。foreach 语句用于列举集合中的每一个元素，并且通过执行循环体对每一个元素进行操作。foreach 语句只能对集合中的元素进行循环操作。

foreach 语句的一般语法格式如下：

foreach(数据类型 标识符 in 表达式)
{
    循环体;
}

说明：foreach 语句中的循环变量是由数据类型和标识符声明的，循环变量在整个 foreach 语句范围内有效；foreach 语句中的表达式必须是集合类型，若该集合的元素类型与循环变量类型不一致，必须有一个显式定义的从集合中元素类型到循环变量元素类型的显式转换。

在 foreach 语句执行过程中，循环变量就代表当前循环所执行的集合中的元素。每执行一次循环体，循环变量就依次将集合中的一个元素代入其中，直到把集合中的元素处理完毕，跳出 foreach 循环，转而执行程序的下一条语句。

例 3-12 利用 foreach 语句计算数组中的奇数和偶数的个数。

具体实现步骤如下：

（1）新建一个空白解决方案 Example3-12 和项目 Example3-12（项目模板：控制台应用程序）。

（2）添加如下代码：

```
using System;
namespace Example3_12
{
    class Program
    {
        static void Main(string[] args)
        {
            int EvenNum = 0,OddNum = 0;
            int[] arrNum = new int[] { 21,45,28,57,92 };     //定义并初始化一个一维数组
            foreach (int x in arrNum)                          //提取数组中的整数
            {
                if (x % 2 == 0)                                //判定是否为偶数
                    EvenNum++;
                else
                    OddNum++;
            }
            Console.WriteLine("偶数个数为：{0},奇数个数为：{1}",EvenNum,OddNum);
        }
    }
}
```

(3) 运行程序,单击"调试"菜单下的"开始执行(不调试)"或者按快捷键 Ctrl+F5,结果如图 3-17 所示。

图 3-17　foreach 语句的运行结果

说明:例 3-12 说明了使用 foreach 语句操作数组元素的用法。该程序在执行过程中,使用 foreach 语句遍历数组中的元素。

3.3.5　循环嵌套

在一个循环体内又完整地包含了另一个循环,称为循环嵌套或者多重循环。

例 3-13　输入 3 名学生 2 门课程的成绩,分别统计出每个学生的平均成绩。

具体实现步骤如下。

(1) 新建一个空白解决方案 Example3-13 和项目 Example3-13(项目模板:控制台应用程序)。

(2) 添加如下代码:

```
using System;
namespace Example3_13
{
    class Program
    {
        static void Main(string[] args)
        {
            const int N = 3, M = 2;
            int i, j;
            double g, sum, ave;
            for (i = 1; i <= N; i++)
            {
                sum = 0;
                for (j = 1; j <= M; j++)
                {
                    Console.WriteLine("请输入第{0}个学生的第{1}门成绩:", i, j);
                    g = Convert.ToDouble(Console.ReadLine());
                    sum = sum + g;
                }
                ave = sum/M;
                Console.WriteLine("第{0}个学生平均分为{1}:", i, ave);
            }
        }
    }
}
```

(3) 运行程序,单击"调试"菜单下的"开始执行(不调试)"或者按快捷键 Ctrl+F5,结果如图 3-18 所示。

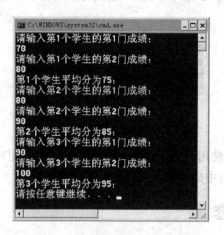

图 3-18 循环嵌套程序运行结果

3.3.6 跳转语句

在 C#中可以用跳转语句来改变程序的执行顺序。在程序中采用跳转语句,可以避免可能出现的死循环。

C#中的跳转语句有 break 语句、continue 语句、return 语句和 goto 语句等。

1. break 语句和 continue 语句

break 语句常用于 switch、while、do-while、for 或 foreach 等语句中。在 switch 语句中,break 用来使程序流程跳出 switch 语句,继续执行 switch 后面的语句;在循环语句中,break 用来从当前所在的循环内跳出。break 语句的一般语法格式如下:

```
break;
```

break 语句通常和 if 语句配合,以便实现某种条件满足时从循环体内跳出的目的。在多重循环中,则是跳出 break 所在的循环。

continue 语句用于 while、do-while、for 或 foreach 循环语句中。在循环语句的循环体中,当程序执行到 continue 语句时,将结束本次循环,即跳过循环体下面还没有执行的语句,并进行下一次表达式的计算与判定,以决定是否执行下一次循环。

continue 语句并不是跳出当前的循环,它只是终止一次循环,接着进行下一次循环是否执行的判定。continue 语句的一般语法格式如下:

```
continue;
```

例 3-14 利用 break 语句实现跳转。

具体实现步骤如下:

(1) 新建一个空白解决方案 Example3-14 和项目 Example3-14(项目模板:控制台应用程序)。

(2) 添加如下代码:

```
using System;
```

```
namespace Example3_14
{
    class Program
    {
        static void Main(string[] args)
        {
            for (int i = 1; i <= 10; i++)
            {
                if (i == 5) break;
                Console.WriteLine(i);
            }
        }
    }
}
```

(3) 运行程序,单击"调试"菜单下的"开始执行(不调试)"或者按快捷键 Ctrl+F5,结果如图 3-19 所示。

图 3-19　break 语句的运行结果

如图 3-19 所示,程序运行结果是仅显示从 1 到 4 的正整数。如果将上例的代码中的 break 语句改为 continue 语句,会有什么样的结果呢?请看下例。

例 3-15　利用 continue 语句实现跳转。

具体实现步骤如下。

(1) 新建一个空白解决方案 Example3-15 和项目 Example3-15(项目模板:控制台应用程序)。

(2) 添加如下代码:

```
using System;
namespace Example3_15
{
    class Program
    {
        static void Main(string[] args)
        {
            for (int i = 1; i <= 10; i++)
            {
                if (i == 5) continue;
                Console.WriteLine(i);
            }
        }
    }
}
```

(3) 运行程序,单击"调试"菜单下的"开始执行(不调试)"或者按快捷键 Ctrl+F5,结果如图 3-20 所示。

如图 3-20 所示,程序运行结果是显示除了 5 之外的 10 以内的正整数。从上面两例的对比中可以很清楚看出 continue 与 break 的用法。

2. return 语句

return 语句用来返回到当前函数被调用的地方。如果 return 语句放在循环体内,当满足条件时执行 return 语句返回,循环自动结束。

图 3-20 continue 语句的运行结果

return 语句的一般语法格式为:

return;

例 3-16 利用 return 语句实现函数的返回。

具体实现步骤如下:

(1) 新建一个空白解决方案 Example3-16 和项目 Example3-16(项目模板:控制台应用程序)。

(2) 添加如下代码:

```
using System;
namespace Example3_16
{
    class Program
    {
        public static void WhileReturn()
        {
            int i = 1;
            while (i > 0)
            {
                Console.WriteLine(i);
                i++;
                if (i == 10)
                    return;
            }
        }
        static void Main(string[] args)
        {
            WhileReturn();
            Console.WriteLine("函数调用结束!");
        }
    }
}
```

(3) 运行程序,单击"调试"菜单下的"开始执行(不调试)"或者按快捷键 Ctrl+F5,结果如图 3-21 所示。

图 3-21 return 语句的运行结果

说明：由图 3-21 可知，当循环变量等于 10 时，满足 if 条件，执行 return 语句，跳出当前函数，当前循环也就结束了。

3. goto 语句

goto 语句是无条件跳转语句。当程序流程遇到 goto 语句时，就跳到它指定的位置。操作时，goto 语句需要一个标签进行配合。标签在实际的程序代码中并不参与运算，只起到标记的作用。而且，标签必须和 goto 语句在同一个方法中。goto 语句的一般语法格式为：

goto 标签;

例 3-17 利用 goto 语句实现退出二重循环。

具体实现步骤如下：

（1）新建一个空白解决方案 Example3-17 和项目 Example3-17(项目模板：控制台应用程序)。

（2）添加如下代码：

```
using System;
namespace Example3_17
{
    class Program
    {
        static void Main(string[] args)
        {
            int i = 0, j = 0;
            for (; i < 10; i++)
            {
                for (; j < 10; j++)
                {
                    Console.WriteLine("i,j:" + i + " " + j);
                    if (j == 5)
                        goto end;
                }
            }
            end: Console.WriteLine("End! i,j:" + i + " " + j);
        }
    }
}
```

(3) 运行程序，单击"调试"菜单下的"开始执行(不调试)"或者按快捷键 Ctrl＋F5，结果如图 3-22 所示。

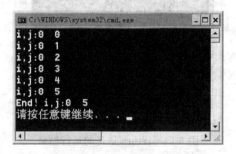

图 3-22　goto 语句的应用运行结果

说明：在例 3-17 中，与 goto 语句配合使用的标签是 end，当 j 的值为 5 时，就会通过 goto 语句跳出所有的 for 循环，执行 end 标签后面的语句。

3.4　程序流程控制的应用

例 3-18　关于百钱百鸡问题的程序。某人有 100 元钱，想买 100 只鸡，公鸡 5 元钱一只，母鸡 3 元钱一只，小鸡 1 元钱三只，问可以买到公鸡、母鸡和小鸡各为多少只。

程序分析：假设公鸡 I 只、母鸡 J 只、小鸡 K 只，则由题意可得三元一次不定方程组：

I＋J＋K＝100
5＊I＋3＊J＋K/3＝100

显然，解不唯一。只能把各种可能的结果都代入方程组试一试，把符合方程组的解挑选出来。其实这种方法称为穷举法或枚举法，是用计算机解题的一种常用方法。其基本思想是：一一枚举各种可能的情况，判定哪种可能符合要求(也称为"试根")。

用循环来处理枚举问题非常方便。考虑到公鸡数最多是 20，母鸡数最多为 33。

具体实现步骤如下：

(1) 新建一个空白解决方案 Example3-18 和项目 Example3-18(项目模板：控制台应用程序)。

(2) 添加如下代码：

```
using System;
class UseLoop
{
    static void Main()
    {
        int x, y, z;
        Console.WriteLine("公鸡\t母鸡\t小鸡\t");
        for (x = 0; x <= 20; x++)
        {
            for (y = 0; y <= 33; y++)
            {
```

```
            z = 100 - x - y;
            if (5 * x + 3 * y + z/3.0 == 100)
                Console.WriteLine("{0}\t{1}\t{2}",x,y,z);
        }
    }
}
```

(3) 运行程序，单击"调试"菜单下的"开始执行(不调试)"或者按快捷键 Ctrl＋F5，结果如图 3-23 所示。

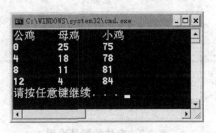

图 3-23　百钱百鸡程序运行结果

例 3-19　旅游景点的门票销售系统，具体如下：

到某旅游景点参观，首先要去售票窗口买票，由于不同人群所购买的票的数量是不同的（如团体票、个人票），同时，在不同的时节，针对客户的打折情况也不同，购票时候有多种打折情况发生，为此，本系统主要将购票类型分为三大类：成人票、儿童票和打折票。成人票执行正常票价 60.00 元人民币；儿童票执行成人票的半价，即 30.00 元人民币；打折票执行三种成人票的折扣标准：9 折、8 折和 6.5 折。针对每类门票情况，均允许购买团体票（即多张）或个人票（即一张）。与此同时，将所有原因的打折票均作"折扣票"处理。

程序分析：

按系统的要求，应具备如下基本功能。

(1) 门票类型选择：成人票、儿童票和打折票。当门票类型为打折票时，给出折扣选择：9 折、8 折和 6.5 折，默认是 9 折。

(2) 依据不同门票类型和折扣情况，自动给出相应的票价显示。

(3) 允许输入当前预购买的票的数量。

(4) 依据票的数量，自动计算应付款，并显示。

(5) 允许输入当前预付购票款(以元为单位)。

(6) 自动计算应该找给客户的零钱（当实际付款小于应付款的时候，给出提示重新付款）。

(7) 购票成功，给出友好提示。

具体实现步骤如下：

(1) 新建一个空白解决方案 Example3-19 和项目 Example3-19(项目模板：Windows 窗体应用程序)。程序设计界面如图 3-24 所示。

(2) 设置属性。窗体和各个控件的属性设置如表 3-7 所示。

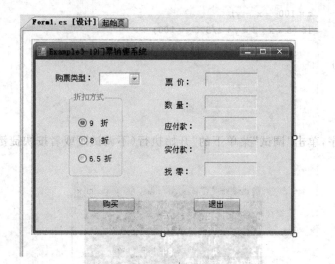

图 3-24 门票销售系统程序设计界面

表 3-7 窗体的属性设置

对象	属性名	属性值
Form1	Text	Example3-19 门票销售系统
label1	Text	购票类型：
label2	Text	票价：
label3	Text	数量：
label4	Text	应付款：
label5	Text	实付款：
label6	Text	找零：
textBox1	Name	txtPrice
	ReadOnly	True
textBox2	Name	txtTotalTicket
textBox3	Name	txtReceive
	ReadOnly	True
textBox4	Name	txtPayment
textBox5	Name	txtChange
	ReadOnly	True
button1	Name	btnPayment
	Text	购买
button2	Name	btnCancel
	Text	退出
comboBox1	Name	cmbTicketType
	Items	成人票 儿童票 折扣票
	Text	空白
groupBox1	Name	grpDiscount
	Text	折扣方式

续表

对象	属性名	属性值
radioButton1	Name	rdbNine
	Text	9 折
radioButton2	Name	rdbEight
	Text	8 折
radioButton3	Name	rdbSixFive
	Text	6.5 折

(3) 编写代码。

① 双击"退出"按钮 btnCancel，在光标处输入如下代码：

```
Application.Exit();
```

② 选中"9 折"单选按钮 rdbNine，在其属性窗口中选择事件类别（如图 3-25 所示），双击 CheckedChanged 事件，在光标处输入如下代码：

```
txtPrice.Text = string.Format("{0:f2}",commonPrice * 90/100);
```

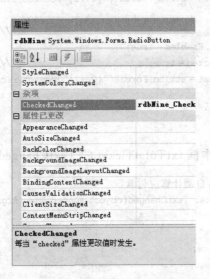

图 3-25　rdbNine 的事件列表

同样，依次给"8 折"、"6.5 折"单选按钮输入如下事件：

```
private void rdbEight_CheckedChanged(object sender,EventArgs e)
{
    txtPrice.Text = string.Format("{0:f2}",commonPrice * 80/100);
}

private void rdbSixFive_CheckedChanged(object sender,EventArgs e)
{
    txtPrice.Text = string.Format("{0:f2}",commonPrice * 65/100);
}
```

③ 同上操作，添加 cmbTicketType 的 SelectedIndexChanged 事件，代码如下：

```csharp
//售票类型选择
private void cmbTicketType_SelectedIndexChanged(object sender,EventArgs e)
{
    //清空"应收款"、"找零"显示内容
    txtReceive.Text = "";
    txtChange.Text = "";

    //置折扣设置不可用
    grpDiscount.Enabled = false;

    //判断当前选择的是哪种类型的票
    switch (cmbTicketType.SelectedIndex)
    {
        case 0:                                             //成人票
            txtPrice.Text = string.Format("{0:f2}",commonPrice);
            break;
        case 1:                                             //儿童票(半价)
            txtPrice.Text = string.Format("{0:f2}",commonPrice * 50/100);
            break;
        case 2:                                             //折扣票
            grpDiscount.Enabled = true;
            rdbNine.Checked = true;                         //默认选择 9 折情况
            txtPrice.Text = string.Format("{0:f2}",commonPrice * 90/100);  //修改默认票价
            break;
    }
}
```

④ 添加"购买数量"文本框 txtTotalTicket 的 TextChanged 事件代码如下：

```csharp
//当输入完"购买数量"后,自动计算应付款
private void txtTotalTicket_TextChanged(object sender,EventArgs e)
{
    int tickets;
    double receiving,price;
    try
    {
        txtReceive.Text = "";
        tickets = Int32.Parse(txtTotalTicket.Text);
        price = double.Parse(txtPrice.Text);
        //计算应收款并输出
        receiving = tickets * price;
        txtReceive.Text = string.Format("{0:f2}",receiving);
    }
    catch
    {
        MessageBox.Show("输入有错!请检查购票数量");
        return;
    }
}
```

⑤ 添加"购买"按钮 btnPayment 的 Click 事件代码如下：

```csharp
private void btnPayment_Click(object sender,EventArgs e)
{
    double payment,receiving,balance,price;
    int tickets;

    try
    {
        tickets = Int32.Parse(txtTotalTicket.Text);
        payment = double.Parse(txtPayment.Text);
        price = double.Parse(txtPrice.Text);

        //计算应收款并输出
        receiving = tickets * price;
        txtReceive.Text = string.Format("{0:f2}",receiving);
        //计算并输出找零
        balance = payment - receiving;
        txtChange.Text = string.Format("{0:f2}",balance);
        if (balance < 0)
        {
            MessageBox.Show("您的实付款不足,请重新付款!");
            txtPayment.Text = "";
            txtChange.Text = "";
            txtPayment.Focus();
        }
        else
        {
            MessageBox.Show("购票成功,请拿好您的票!\n\n 票价:" + txtPrice.Text
                + "元,票数:" + tickets + ",应付款:" + txtReceive.Text
                + "\n\n 实付款:" + txtPayment.Text + ",找零:" + txtChange.Text);
        }
    }
    catch
    {
        MessageBox.Show("输入有错!请检查购票类型、折扣、数量与应付款");
        return;
    }
}
```

（4）运行程序,单击"调试"菜单下的"启动调试"或者按快捷键 F5,系统启动时的初始界面如图 3-26 所示。"成人票"的售票界面如图 3-27 所示,图 3-28 和图 3-29 分别是购票类型切换为"儿童票"和"折扣票"时的工作界面。

例 3-20 学生成绩统计系统,具体如下：

每门课程考试之后,教师都要对考试结果进行汇总分析,成绩的汇总是分析的基础,主要涉及全班最高分、最低分、0～59 区间分数的总人数及其占比、60～69 区间分数的总人数及其占比、70～79 区间分数的总人数及其占比、80～89 区间分数的总人数及其占比、90～100 区间分数的总人数及其占比。

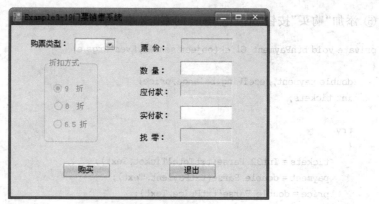

图 3-26　系统启动界面

图 3-27　"成人票"的售票界面

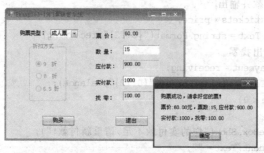

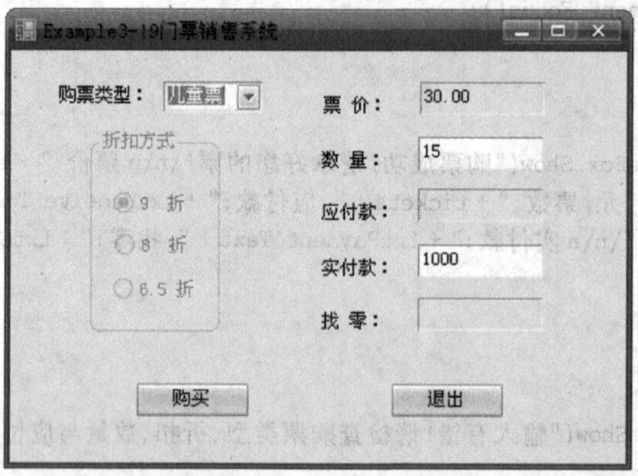

图 3-28　购票类型切换为"儿童票"时的工作界面

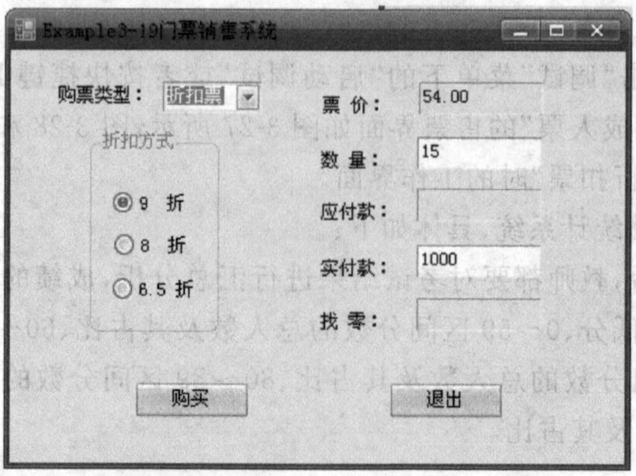

图 3-29　购票类型切换为"折扣票"时的工作界面

本系统采用控制台应用程序,能接收班级总人数,并依次接收每个同学的成绩,最后给出上述的汇总信息。

程序分析:

按系统的要求,应具备如下基本功能:

(1) 接收全班人数。

(2) 接收班级每个学生的成绩。

(3) 每接收一个成绩,依据要求进行统计汇总。

具体实现步骤如下:

(1) 新建一个空白解决方案 Example3-20 和项目 Example3-20(项目模板:控制台应用程序)。

(2) 添加如下代码:

```csharp
using System;
using System.Collections.Generic;
using System.Linq;
using System.Text;

namespace Example3_20
{
    class Program
    {
        static void Main(string[] args)
        {
            int studentNum;                                    //定义全班人数
            int tmp_score;                                     //定义临时变量,接收每次输入的成绩
            int max_score = 0, min_score = 0;
            int score0_59 = 0, score60_69 = 0, score70_79 = 0, score80_89 = 0;
            score90_100 = 0;

            //接收全班人数
            Console.Write("请输入班级人数: studentNum = ");
            studentNum = Int32.Parse(Console.ReadLine());

            //接收并处理成绩
            for (int i = 1; i <= studentNum; i++)
            {
                Console.WriteLine("请输入第{0:d}个成绩", i);
                tmp_score = Int32.Parse(Console.ReadLine());

                if (i == 1)
                {
                    min_score = tmp_score;
                    max_score = tmp_score;
                }
                else
                {
                    if (max_score < tmp_score)
                        max_score = tmp_score;
                    if (min_score > tmp_score)
                        min_score = tmp_score;
```

```
            if ((tmp_score >= 0) && (tmp_score <= 59))
                score0_59++;
            if ((tmp_score >= 60) && (tmp_score <= 69))
                score60_69++;
            if ((tmp_score >= 70) && (tmp_score <= 79))
                score70_79++;
            if ((tmp_score >= 80) && (tmp_score <= 89))
                score80_89++;
            if ((tmp_score >= 90) && (tmp_score <= 100))
                score90_100++;
        }
        Console.WriteLine("共{0:d}人,其中最大成绩{1:d},最小成绩{2:d}",studentNum, max_score,min_score);
        Console.WriteLine("成绩区间 0～59 的总人数有 {0:d}人,占比为{1:f2}%",score0_59,score0_59 * 100.0/studentNum);
        Console.WriteLine("成绩区间 60～69 的总人数有 {0:d}人,占比为{1:f2}%",score60_69,score60_69 * 100.0/studentNum);
        Console.WriteLine("成绩区间 70～79 的总人数有 {0:d}人,占比为{1:f2}%",score70_79,score70_79 * 100.0/studentNum);
        Console.WriteLine("成绩区间 80～89 的总人数有 {0:d}人,占比为{1:f2}%",score80_89,score80_89 * 100.0/studentNum);
        Console.WriteLine("成绩区间 90～100 的总人数有 {0:d}人,占比为{1:f2}%",score90_100,score90_100 * 100.0/studentNum);
        Console.Read();
    }
}
```

(3) 运行程序,单击"调试"菜单下的"开始执行(不调试)"或者按快捷键 Ctrl+F5,结果如图 3-30 所示。

图 3-30　学生成绩统计系统运行结果

本章小结

流程控制是任何语言不可缺少的语言元素,C#程序的流程控制是通过顺序结构、选择结构和循环结构以及转移语句实现的。本章介绍了C#的if语句、switch语句、while语句、do-while语句、for语句以及foreach语句等流程控制语句。其中for语句是所有循环语句中使用最频繁的语句。对于do-while循环语句来说,无论是否满足条件表达式,它的循环体都至少执行一次;但对于while循环来说,只有满足条件表达式,才能执行循环体。foreach语句是C#特有的循环语句,主要用于遍历数组和集合中的元素。

习题

1. 选择题

(1) if 语句后面的表达式应该是(   )。
    A. 逻辑表达式   B. 条件表达式   C. 算术表达式   D. 任意表达式

(2) while 语句和 do…while 语句的区别在于(   )。
    A. while 语句的执行效率较高
    B. do…while 语句编写程序较复杂
    C. 无论条件是否成立,while 语句都要执行一次循环体
    D. do…while 循环是先执行循环体,后判断条件表达式是否成立,而 while 语句是先判断条件表达式,再决定是否执行循环体

(3) 以下关于 for 循环的说法不正确的是(   )。
    A. for 循环只能用于循环次数已经确定的情况
    B. for 循环是先判定表达式,后执行循环体语句
    C. for 循环中,可以用 break 语句跳出循环体
    D. for 循环体语句中,可以包含多条语句,但要用花括号括起来

(4) 结构化的程序设计的三种基本结构是(   )。
    A. 顺序结构,if 结构,for 结构
    B. if 结构,if…else 结构,else if 结构
    C. while 结构,do…while 结构,foreach 结构
    D. 顺序结构,分支结构,循环结构

(5) 若 i 为整型变量,则以下循环

for(i=3; i==1;); Console.WriteLine(i--);

的执行次数是(   )次。
    A. 无限   B. 0   C. 1   D. 2

(6) 已知 int x=10,y=20,z=30;
则执行语句

```
if(x > y) z = x; x = y; y = z;
```

后,x、y、z 的值是(   )。

  A. x=10,y=20,z=30   B. x=20,y=30,z=30

  C. x=20,y=30,z=10   D. x=20,y=30,z=20

(7) 已知 a,b,c 的值分别是 4,5,6,执行程序段

```
if(c < b) n = a + b + c;
else if(a + b < c) n = c - a - b;
else n = a + b;
```

后,变量 n 的值为(   )。

  A. 3   B. −3   C. 9   D. 15

2. 程序设计题

(1) 设计一个控制台应用程序,输出 1～6 的平方值。项目名称为 xt3-1,程序的运行界面如图 3-31 所示。

图 3-31 计算 1～6 的平方值的程序界面

(2) 设计一个控制台应用程序,要求用户输入月份(输入范围:1～12),然后根据用户输入的月份,输出对应的天数。在程序中,对年份进行判定,判断该年份是否为闰年。项目名称为 xt3-2,程序的运行界面分别如图 3-32 和图 3-33 所示。

 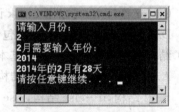

图 3-32 输入月份为 8 时的程序界面 图 3-33 输入月份为 2 时的程序界面

(3) 设计一个 Windows 窗体应用程序,可以显示具有指定文本和标题的消息框。要求:利用 Label 控件提示要输入的内容,利用 TextBox 控件输入文本和标题,利用 MessageBox 输出内容。项目名称为 xt3-3,程序的运行界面如图 3-34 所示。

(4) 设计一个 Windows 应用程序,输入三个整数,找出最小数和最大数。项目名称为 xt3-4,程序的运行界面如图 3-35 所示。

(5) 设计一个控制台应用程序,输出九九乘法表。项目名称为 xt3-5,程序的运行界面如图 3-36 所示。

图 3-34 消息框的应用　　　　图 3-35 求最小数和最大数的程序界面

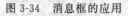

图 3-36 九九乘法表的程序界面

第 4 章 Windows窗体程序

Windows 窗体是以. NET Framework 为基础的一个新平台,主要用于开发 Windows 窗体应用程序。一个 Windows 窗体应用程序通常由窗体对象和控件对象构成,即使开发一个最简单的 Windows 应用程序,也必须了解窗体对象和控件对象的使用。

本章主要介绍 Windows 窗体的结构和常用属性、方法与事件,以及 C♯ 的各种控件和组件的使用。

4.1 窗体

Windows 窗体(Form)也称为窗口,是. NET 框架的智能客户端技术,使用窗体可以显示信息、请求用户输入,以及通过网络与远程计算机通信。. NET 框架类库的 System. Windows. Forms 命名空间中定义的 Form 类是所有窗体类的基类。窗体对象是 Visual C♯ 应用程序的基本构造模块,是运行应用程序时与用户交互操作的实际窗口。窗体有自己的属性、方法和事件,用于控制其外观和行为。

4.1.1 窗体的组成

窗体是包含所有组成程序的用户界面的其他控件的对象。在创建 Windows 应用程序项目时,Visual Studio 2008 会自动提供一个窗体,其组成结构如图 4-1 所示。

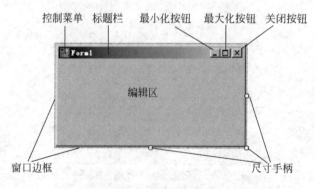

图 4-1 窗体的组成

窗体的组成与 Windows 的标准窗口一样,包括控制菜单、标题栏、控制按钮、编辑区和窗口边框。

在程序运行时,单击窗体左上角的图标会显示控制菜单,一般包含还原、移动、大小、最小化、最大化、关闭等菜单项。标题栏用来显示窗体的标题,一般为应用程序的名称,创建 Windows 应用程序时,标题栏默认设置为 Form1,用户可以通过窗体的 Text 属性进行修改。窗体的编辑区是容纳控件对象的区域,在程序的设计模式下,可以编辑控件对象;在程序运行时,可以操作控件对象与程序进行交互。窗体的边框用来控制窗体的大小,在设计模式下当鼠标指向尺寸手柄时,鼠标会变为双向箭头,拖动鼠标可以改变窗体大小,即程序运行时默认的窗体大小。当然,在程序运行时用户也可以再用鼠标拖动边框改变窗体的大小。

在创建 Windows 应用程序时,Visual Studio 2008 会将窗体文件命名为 Form1.cs,建议编程人员将其改为能够描述程序用途的名称。

在"解决方案资源管理器"中选择 Form1.cs,在"属性"窗口中显示出相应文件属性,双击"文件名"属性框的右侧区域,输入新的文件名,如图 4-2 所示。也可以直接在"解

图 4-2 修改窗体文件名

决方案资源管理器"中右击 Form1.cs,在弹出的快捷菜单中选择"重命名",输入新的文件名即可。

4.1.2 窗体的属性

窗体有一些表现其特征的属性,可以通过设置这些属性控制窗体的外观。窗体的主要属性如表 4-1 所示。

表 4-1 窗体的主要属性

属　　性	说　　明
Backcolor	窗体的背景颜色
BackgroundImage	窗体的背景图片
ControlBox	指示是否显示窗体的控制菜单图标与控制按钮
Enabled	指示是否启用窗体
Font	窗体中控件的文本的默认字体
ForeColor	窗体中控件的文本的默认颜色
FormBorderStyle	窗体的边框和标题栏的外观与行为
Icon	窗体的图标
Location	窗体相对于屏幕左上角的位置
MaximizeBox	指示窗体右上角的标题栏是否具有"最大化"/"还原"按钮
MinimizeBox	指示窗体右上角的标题栏是否具有"最小化"按钮
Opacity	窗体的不透明度,默认值为 100%,表示完全不透明
ShowIcon	指示是否在窗体的标题栏中显示图标
ShowInTaskbar	指示窗体是否在任务栏中显示
Size	窗体的大小(宽度和高度)
StartPosition	窗体第一次出现时的位置
Text	窗体标题栏上显示的内容
TopMost	指示该窗体是否处于其他窗体之上
WindowsState	窗体的初始可视状态(正常、最大化、最小化)

属性值的设置有两种方式:一种是在设计程序时,通过属性窗口实现;一种是在运行程序时,通过代码实现。

通过代码设置属性的一般格式为:

对象名.属性名=属性值;

4.1.3 窗体的方法

窗体具有一些方法,调用这些方法可以实现特定的操作。窗体常用的方法如表4-2所示。

表4-2 窗体的常用方法

方 法	说 明
Close()	关闭窗体
Hide()	隐藏窗体
Show()	以非模式化的方式显示窗体
ShowDialog()	以模式化的方式显示窗体

关闭窗体与隐藏窗体的区别在于:关闭窗体是将窗体彻底销毁,之后无法对窗体进行任何操作;隐藏窗体只是使窗体不显示,可以使用 Show 或 ShowDialog 方法使窗体重新显示。

模式窗体与非模式窗体的区别在于:模式窗体,在其关闭或隐藏前无法切换到该应用程序的其他窗体;非模式窗体,则可以在窗体之间随意切换。

调用方法的一般格式为:"对象名.方法名(参数列表)"。如果要对调用语句所在的窗体调用方法,则用 this 关键字(表示当前类的对象)代替对象名,即:

this.方法名(参数列表);

在面向对象的程序设计中,还有一种特殊的方法叫作静态方法,这种类型的方法通过类名调用。调用的一般格式为:

类名.静态方法名(参数列表);

4.1.4 窗体的事件

窗体作为对象,能够执行方法并对事件做出响应。窗体的常用事件如表4-3所示。

表4-3 窗体的常用事件

事 件	说 明
Load	当用户加载窗体时发生
Click	在窗体的空白位置,按下再释放一个鼠标按钮时发生
Activated	当窗体被激活,变为活动窗体时发生
DeActivate	当窗体失去焦点,变为不活动窗体时发生
FormClosing	当用户关闭窗体时,在关闭前发生
FormClosed	当用户关闭窗体时,在关闭后发生

如果要为窗体对象添加事件处理程序,首先在设计器窗口选中窗体对象,然后在属性窗口的事件列表中找到相应的事件并双击它,即可在代码窗口看到该窗体的事件处理程序。以 Form1 的 Load 事件为例,其事件处理程序的格式为:

```
private void Form1_Load(object sender,EventArgs e)
{
    //程序代码
}
```

其中,Form1_Load 是事件处理程序的名称,所有对象的事件处理程序默认名称都是"对象名_事件名";所有对象的事件处理程序都具有 sender 和 e 两个参数,参数 sender 代表事件的源,参数 e 代表与事件相关的数据。

4.1.5 窗体的布局

通常情况下,窗体中包含一些控件(control),控件是显示数据或接收数据的相对用户界面元素。在 Windows 应用程序设计窗口的左侧工具箱中,有"Windows 窗体"控件组,可以从中选择控件放入窗体。

1. 添加控件

向窗体中添加控件的方法有如下三种:

(1) 先在"工具箱"中单击选择所需要的控件,然后将鼠标移到中间的窗体,放在窗体的适当位置,单击窗体并按住左键不放,拖动鼠标画出一个矩形后抬起,即出现所需的控件。

(2) 每个控件都有定义的默认大小,可以将"工具箱"中的控件拖动到窗体的合适位置,这时控件会按默认大小添加到窗体中。

(3) 双击"工具箱"中的控件,可以将控件按默认大小添加到窗体的左上角,然后可以将该控件移到窗体中的其他位置。

2. 选择控件

一个窗体上通常有多个控件,可以一次选择一个或多个控件。如果要选择一个控件,用鼠标在该控件上单击即可。如果要选择多个控件,常用的方法有两种。一种方法是先选择第一个控件,然后按住 Shift 键(或 Ctrl 键)不放,用鼠标依次单击要选择的其他控件,选择完毕后松开鼠标即可;另一种方法是在窗体的空白位置,单击窗体并按住左键不放,拖动鼠标画出一个矩形,然后松开鼠标,则该矩形区域内的控件都会被选中。

如果要撤销被选择的多个控件中的某个控件,只需按住 Shift 键(或 Ctrl 键)不放,用鼠标单击要撤销选择的被选择控件。如果要撤销所有选中的控件,只需单击窗体的空白处即可。

3. 调整控件的大小和位置

调整控件的大小和位置,可以通过设置控件的相应属性来实现。但在要求精确度不高的情况下,最简单的方法是在窗体设计器中直接用鼠标调整控件的大小和位置。

选中控件后,在控件周围的某个尺寸手柄上按住鼠标左键拖动,就可以在该方向上改变控件的大小。也可用 Shift＋方向键(按坐标网格)，调整选定控件的尺寸；或用 Shift＋Ctrl＋方向键(按像素)，调整选定控件的尺寸。

选中控件后，在控件周围的网点框上按住鼠标左键拖动可移动控件位置。也可以用方向键(按坐标网格)，改变选定控件的位置；或用 Ctrl＋方向键(按像素)，改变选定控件的位置。

4. 对控件进行布局

对控件进行布局，可以通过"格式"菜单或工具栏实现。如果"格式"工具栏没有显示，可以通过"视图"菜单下的"工具栏"→"布局"命令来显示"布局"工具栏。"布局"工具栏如图 4-3 所示。

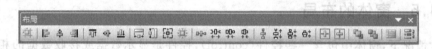

图 4-3 "布局"工具栏

布局的内容包括对齐、大小、间距、叠放次序等。当多个控件被同时选中时，控件的所有布局功能都可用；只有一个控件被选中时，只有少数布局功能可用。

5. 设置所有控件的 Tab 键顺序索引

Tab 键顺序是指当用户按下 Tab 键时，焦点在控件间移动的顺序。每个窗体都有自己的 Tab 键顺序，每个控件在窗体上也都有唯一的 Tab 键顺序索引。默认状态下，控件在窗体上的 Tab 键顺序索引与建立控件的顺序一致。如果要设置窗体上控件的 Tab 键顺序索引，可以分别对每个控件设置其 TabIndex 属性，也可以集中设置所有控件的 Tab 键顺序索引。

要集中设置所有控件的 Tab 键顺序索引，可以选择菜单"视图"→"Tab 键顺序"命令。如果需要改变多个控件的 Tab 键顺序索引，按照想设置的顺序依次单击各个控件。"Tab 键顺序"命令是一个切换命令，因此设置好所有控件的 Tab 键顺序索引之后，再次选择"Tab 键顺序"命令即可结束 Tab 键顺序索引的设置。

6. 锁定所有控件

可以把窗体及该窗体上的所有控件进行锁定，锁定之后，窗体的尺寸及控件的位置和尺寸就无法通过鼠标或键盘操作来改变。锁定控件可以防止已处于理想位置的控件因为不小心而被移动。

如果要进行锁定操作，在窗体编辑区的任意位置右击，从弹出的快捷菜单中选择"锁定控件"命令即可。本操作只锁定选定窗体上的全部控件，不影响其他窗体上的控件。

如果要调整锁定控件的位置和尺寸，可以在"属性"窗口中改变控件的 Location 和 Size 属性。"锁定控件"命令是一个切换命令，再次选择"锁定控件"命令即可解除锁定。

4.2 常用控件

System.Windows.Forms 命名空间定义了一系列的控件，并为这些控件预定义了一些通用的属性、事件和方法。设计简单应用程序时，开发人员只需要将工具箱中的控件添加到窗体中，再通过"属性"窗口设置控件的初始属性，最后使用流程控制语句编写响应系统事件或用户事件的代码，在程序运行时更改控件的属性值，从而实现程序设计目标。由此可见，控件是构成应用程序的重要组成部分，掌握常用控件所支持的属性、事件和方法是编写 Windows 应用程序的基础。

每种控件都有很多的属性，其中有些属性是用来设置控件的基本信息的，这些属性在各种控件中的名称和作用是相同的，多数控件都具有的常用属性如表 4-4 所示。

表 4-4 控件常用属性

属 性	说 明
Name	控件的名称，名称是控件的标识
Text	控件的标题文字
Width 和 Height	控件的大小
Left 和 Top	控件的位置
Visible	控件是否可见，取值为 true 或 false
Enabled	控件是否对响应交互，取值为 true 或 false
ForeColor	控件的前景色
BackColor	控件的背景色
Font	控件的字体
BorderStyle	控件的边框
AutoSize	控件是否自动调整大小，取值为 true 或 false
Anchor	控件的哪些边缘锚定到其容器边缘
Dock	控件依靠到父容器的哪一个边缘
TabIndex	控件的 Tab 键顺序
TextAlign	确定文本对齐方式
Cursor	鼠标移动到控件上时，被显示的鼠标指针的类型

通过 Name 属性可以对窗体和控件进行命名，改名后的控件在程序代码中使用起来更加方便。在为控件命名时，建议在控件名称前面加上控件的类型名称缩写作为前缀，例如窗体(frm)、标签(lbl)、按钮(btn)等。紧跟其后的是该控件的英文名称，第一个字母建议大写，其他的使用小写；若由多个单词组成对象名称，则建议每个单词的首字母都采用大写。例如，"求和"按钮的 Name 属性建议改为 btnSum，"确定"按钮的 Name 属性建议改为 btnOk。如表 4-5 所示列出了常用控件名的前缀约定。

表 4-5 常用控件名的前缀约定

控件	英文名	控件名称缩写
窗体	Form	frm
按钮	Button	btn
复选框	CheckBox	chk
组合框	ComboBox	cbo
分组框	GroupBox	grp
图像列表	ImageList	img
标签	Label	lbl
列表框	ListBox	lst
列表视图	ListView	lsv
面板	Panel	pnl
图片框	PictureBox	pic
多格式文本框	RichTextBox	rtf
单选按钮	RadioButton	rad
文本框	TextBox	txt
计时器	Timer	tmr
树视图	TreeView	tvm

4.2.1 基本控件

1. Label 控件

Label(标签)控件的主要作用是在页面中显示输出结果、输入提示等不能编辑的文本信息。标签的主要属性有 Text 属性和 Visible 属性。Text 属性用于设置或获取标签中显示的文本信息，Visible 属性用于设置标签控件是否可见。标签的其他常用属性如表 4-4 所示。

2. Button 控件

Button(命令按钮)控件是应用程序中使用最多的控件对象之一，常用来接收用户的操作信息，激发相应的事件。

按钮除了具有控件的一般属性外，还有一些自己特有的属性，如 BackgroundImage(背景图像)、FlatStyle(样式)等。

Text 属性可以用来设置按钮上显示的文本，同时也可以用来创建按钮的访问键快捷方式。要为按钮创建访问键快捷方式，只需在作为访问键的字母前添加一个"&"符号。例如，要为按钮的文本"OK"创建访问键"O"，应在字母"O"前添加连字符，即将按钮的 Text 属性设置为"&OK"。此时，字母"O"将带下划线，程序运行时按 Alt+O 键就相当于用鼠标单击 OK 按钮。

命令按钮控件最常用的事件是 Click 事件，即用户在程序运行时单击按钮触发的事件。在设计视图中，双击 Button 控件系统将自动切换到代码窗口并创建出 Click 事件过程头和过程尾，开发人员仅需要在其间编写响应该事件的代码即可。

3. TextBox 控件

TextBox(文本框)控件的主要作用是在页面中提供用户输入界面,接收用户的输入数据。文本框也具有输出数据的功能。

文本框控件的特殊属性有 ReadOnly 和 PasswordChar。ReadOnly 用于设置文本框中的文本是否可以被编辑,默认值为 False,即非只读文本框。PasswordChar 用于设置文本框被用作密码输入框时的密码替代字符。

TextBox 控件最常用的事件是 TextChanged 事件,该事件在文本框的内容发生变化(向文本框中录入或删除文本)时发生。

例 4-1 使用基本控件,编写一个输入密码的程序,程序设计界面如图 4-4 所示,单击"显示密码"按钮,可以将输入的密码明文显示在文本框中。

具体步骤如下:

(1) 添加控件。新建一个 C♯ 的 Windows 应用程序,项目名称设置为 Exp4_1。向窗体中添加 1 个标签控件、1 个文本框控件和 1 个命令按钮控件,并按图 4-4 所示调整位置和窗体大小。

(2) 设置属性。窗体和各个控件的属性设置如表 4-6 所示。

表 4-6 "显示密码"控件属性设置

对象	属性名	属性值
Form1	Text	显示密码
textBox1	Name	txtPasswd
	PasswordChar	*
	MaxLength	6
button1	Name	btnShow
	Text	显示密码(&s)

(3) 编写代码。双击按钮,打开代码视图,在按钮的 Click 事件处理程序中,填写如下代码:

```
private void btnShow _Click(object sender, EventArgs e)
    {
        txtPasswd.PasswordChar = '\0';
        //为 PasswordChar 属性赋值为空字符(转义字符)
    }
```

单击"启动调试"按钮或按 F5 键运行程序,也可以按 Alt+S 键运行程序,程序运行界面如图 4-4 和图 4-5 所示。

图 4-4 "显示密码"运行界面

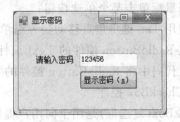

图 4-5 显示密码状态

4.2.2 选择类控件

1. RadioButton 控件和 CheckBox 控件

(1) RadioButton 控件

RadioButton(单选按钮)控件列出了可供用户选择的选项,通常以若干个独立控件组成一组的形式出现在窗体中,同一选项组中的多个选项是相互排斥的。RadioButton 控件主要用于从多个选项中选择一个选项的功能,是一种"多选一"的控件。单选按钮未选中时,其左侧是一个空心的小圆圈,选中后小圆圈中会出现一个黑点⊙。

若要在同一个窗体中创建多个单选按钮组,则需要使用容器控件(GroupBox、Panel 和 TabControl 等)将其分配在不同的"组"中。RadioButton 控件通常放置在 GroupBox 控件中。在窗体中添加 GroupBox 控件后,选中 GroupBox 控件,此时双击工具箱中的 RadioButton,单选按钮会自动添加到 GroupBox 控件中。容器类控件将在后面介绍。

RadioButton 控件的常用属性除了 Name、Enabled、Font、ForeColor、Text、Visible 等一般属性,还有一些自己特有的属性,如 AutoCheck(自动选择)、CheckAlign(选框位置)、Checked(是否选中)等。

AutoCheck 属性用于获取或设置单选按钮在单击时是否自动更改状态,默认值为 true。如果该属性值为 false,就必须在 Click 事件处理程序中手工检查单选按钮。

CheckAlign 属性用于获取或设置可选框(小圆圈)在单选按钮控件中的位置,默认值为 MiddleLeft,即水平靠左、垂直居中。

Checked 属性用于获取或设置单选按钮是否选中。默认值为 false,即未选中;选中时,值将变为 true。

RadioButton 控件的常用事件是 CheckedChanged 和 Click。

当单选按钮的 Checked 属性值改变时,也就是选择状态发生改变时,触发 CheckedChanged 事件;单击单选按钮时,触发 Click 事件。

每次单击单选按钮时,都会触发 Click 事件,这与 CheckedChanged 事件不同。连续单击一个之前未选中的单选按钮两次或多次,只改变 Checked 属性一次(由 false 变为 true),即触发 CheckedChanged 事件一次;而连续单击一个已经选中的单选按钮,却不会改变其 Checked 属性,即不会触发 CheckedChanged 事件。

如果被单击单选按钮的 AutoCheck 属性为 false,则该单选按钮根本不会被选中,即只会触发 Click 事件,不会触发 CheckedChanged 事件。

程序运行时选择单选按钮有如下多种方法:

① 用鼠标单击某个单选按钮;
② 使用 Tab 键将焦点移动到一组单选按钮后,再用方向键从组中选定一个按钮;
③ 在 RadioButton 控件的 Text 属性上创建快捷键后,同时按 Alt 键和相应的字符键;
④ 在代码中将 RadioButton 控件的 Checked 属性设置为 true。

(2) CheckBox 控件

CheckBox(复选框)是用于向用户提供多选输入数据的控件,用户根据需要可以从选项组中选择一项或多项,这是其与 RadioButton 的主要区别。复选框未选中时,其左侧是一个空心的小方框,选中后小方框中会出现一个对号"√"。

CheckBox 控件的创建方法,与 RadioButton 非常类似。创建 CheckBox 控件时,一般也是以组的形式存在,通常也是放置在 GroupBox 中作为一组。

CheckBox 控件的常用属性有 AutoCheck(自动选择)、CheckAlign(选框位置)、Checked(是否选中)、CheckState(选择状态)和 ThreeState(是否允许三种状态)。前三个属性与 RadioButton 控件类似,CheckState 和 ThreeState 是其特有的属性。

CheckState 属性用于获取或设置复选框的选择状态。单选按钮只有"未选中"和"选中"两种状态,复选框则有"未选中"、"选中"和"不确定"三种状态,即该属性有三个取值:Unchecked、Checked 和 Indeterminate。"不确定"状态的复选框,其左侧的可选框通常是灰色的,表示复选框的当前值无效。复选框的 CheckState 属性与 Checked 属性相关联,当设置 CheckState 属性的值为 Unchecked 时,Checked 属性的值自动变为 false;当设置 CheckState 属性的值为 Checked 或 Indeterminate 时,Checked 属性的值自动变为 true。

ThreeState 属性用于获取或设置复选框是否会允许三种选择状态,而不是两种状态。默认值为 false,即只支持"未选中"和"选中"两种状态;如果该属性取值为 true,则可以支持三种状态。如果该属性取值为 false,在设计模式下 CheckState 属性可以取值为 Indeterminate;但在运行模式下,用键盘或鼠标进行选择却不能再切换回"不确定"状态,不过仍然可以通过代码将 CheckState 属性值改为 Indeterminate 并将 ThreeState 属性值改为 true 来支持"不确定"状态。

与 RadioButton 控件一样,CheckBox 控件也有 CheckedChanged 和 Click 事件,但使用最多的是 CheckStateChanged 事件。

当复选框的 Checked 属性值改变后,触发 CheckedChanged 事件;当单击单选复选框时,触发 Click 事件;当复选框的 CheckState 属性值改变后,触发 CheckStateChanged 事件。每次单击复选框时,都会触发 CheckStateChanged 和 Click 事件,但不会每次都触发 CheckedChanged 事件。当复选框的状态在"选中"和"不确定"之间切换时,Checked 属性值不变(值为 true),此时不会触发 CheckedChanged 事件。当三个事件都被触发时,触发的次序为 CheckedChanged、CheckStateChanged、Click。

程序运行时选择复选框有多种方法,但与单选按钮有一定的区别:

① 用鼠标单击某个复选框;

② 使用 Tab 键将焦点移动到选项组之后,用方向键在各个复选框之间移动焦点,用空格键切换复选框的选择状态;

③ 在 CheckBox 控件的 Text 属性上创建快捷键后,同时按 Alt 键和相应的字符键;

④ 在代码中将 CheckBox 控件的 Checked 属性设置为 true,或者将 CheckState 属性设置为 Checked。

例 4-2 编写一个问卷调查的 Windows 应用程序,程序运行界面如图 4-6 所示,单击"提交"按钮显示用户的选择信息。

具体步骤如下。

(1) 添加控件。新建一个 C#的 Windows 应用程序,项目名称设置为 Exp4_2。向窗体中添加两个分组框控件,选中第一个分组框,添加四个复选框控件,再选中第二个分组框,添加两个单选按钮控件、一个命令按钮,并按图 4-6 所示调整其位置和窗体大小。

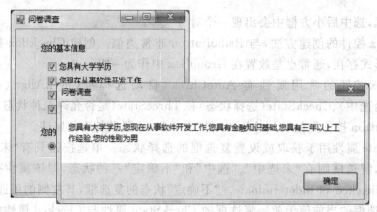

图4-6 "问卷调查"运行界面

(2) 设置属性。窗体和各个控件的属性设置如表4-7所示。

表4-7 "问卷调查"控件属性设置

对　　象	属 性 名	属 性 值
Form1	Text	问卷调查
groupBox1	Text	您的基本信息
groupBox2	Text	您的性别
button1	Text	确定
	Name	btnOK
checkBox1	Text	您具有大学学历
	Name	chkIsBachelor
checkBox2	Text	您现在从事软件开发工作
	Name	chkIsIT
checkBox3	Text	您具有金融知识基础
	Name	chkFinance
checkBox4	Text	您具有三年以上工作经验
	Name	chkHaveExp
radioButton1	Text	男
	Name	radMale
radioButton2	Text	女
	Name	radFemale

(3) 编写代码。双击按钮,打开代码视图,在按钮的Click事件处理程序中,填写如下代码:

```
private void btnOK _Click(object sender,EventArgs e)
{
    string str = "";
    if (chkIsBachelor.Checked)
        str += chkIsBachelor.Text + ",";
    if (chkIsIT.Checked)
        str += chkIsIT.Text + ",";
    if (chkFinance.Checked)
        str += chkFinance.Text + ",";
    if (chkHaveExp.Checked)
        str += chkHaveExp.Text + ",";
```

```
        if (radMale.Checked)
            str += groupBox2.Text + "为" + radMale.Text;
        else
            str += groupBox2.Text + "为" + radFemale.Text;
    MessageBox.Show(str,"问卷调查");
}
```

单击"启动调试"按钮或按 F5 键运行程序,界面如图 4-6 所示。

2. ListBox 控件、CheckedListBox 控件和 ComboBox 控件

列表框(ListBox)、复选列表框(CheckedListBox)和组合框(ComboBox)也是常用的选择控件,每个控件可以提供多个选项。列表框和复选列表框控件只能从提供的选项列表进行选择,可以同时选择多个选项;而组合框控件既可以从列表中进行选择,也可以进行键盘输入,但只能选择一个选项。

(1) ListBox 控件

ListBox(列表框)控件为用户提供了可选的项目列表,用户可以从列表中选择一个或多个项目。如果项目数目超过控件可显示的数目,控件上将自动出现滚动条。用户不能直接修改或删除这些项目,也不能添加其他项目,只能从列表中选择项目,因此这是一种规范输入的好工具。

ListBox 控件的常用属性除了 Name、BackColor、BorderStyle、Enabled、Font、ForeColor、Location、Locked、Visible 等一般属性,还有一些自己特有的属性,如表 4-8 所示。

表 4-8 ListBox 的特有属性

属性	说明
ColumnWidth	指示包含多个列的列表框中各列的宽度
Items	列表框中所有项目的集合,可以用来增加、修改和删除项目
MultiColumn	是否允许多列显示;默认值为 false,单列显示项目,如果项目数超过可显示的数目,会自动出现垂直滚动条;如果设为 true,可以多列显示项目,如果多列的宽度大于列表框的宽度,会自动出现水平滚动条
SelectedIndex	获取或设置列表框中当前选定项的索引(索引从 0 开始);如果未选定项目,其值为 −1;如果可以一次选择多个选项,其值是选定列表中的第一个选项的索引
SelectedIndices	获取列表框中当前选定项的索引的集合
SelectedItem	获取或设置列表框中的当前选定项,其值是 object 类型;如果列表框可以一次选择多个选项,其值是选定列表中的第一个选项;如果当前没有选定项,其值为 null
SelectedItems	获取列表框中当前选定的集合
SelectionMode	指示列表框是单项选择、多项选择还是不可选择,其值是 SelectionMode 枚举类型,共有 4 个枚举值:None,不能选择任何选项;One(默认值),一次只能选择一个选项;MultiSimple,可以选择多个选项,直接单击列表中的多个选项即可选中,再次单击选中的某项可取消对该项的选择;MultiExtended,可以选择多个选项,需要在按住 Ctrl 或 Shift 键的同时单击多个选项,或者在按住 Shift 键的同时用箭头键进行选择
Sorted	指示是否对列表排序;默认值为 false,不排序;如果设为 true,会按字母顺序对列表框中的所有项目排序
Text	获取或搜索列表框中当前选定项的文本;如果获取 Text 属性,返回列表中第一个选定项的文本;如果设置 Text 属性,它将搜索匹配该文本的选项,并选择该选项

属性 SelectedIndex、SelectedIndices、SelectedItem、SelectedItems 和 Text 在属性窗口中不存在,只能通过代码访问。

ListBox 控件的常用方法如表 4-9 所示。

表 4-9 ListBox 的常用方法

方 法 名	说 明
ClearSelected	取消选择列表框中的所有选项
FindString	查找列表框中指定字符串开头的第一个项
FindStringExact	查找列表框中第一个精确匹配指定字符串的项
GetSelected	返回一个值,该值指示是否选定了指定的项
SetSelected	对列表框中指定的项进行选择或取消选定
ToString	返回列表框的字符串表示形式,包括控件类型、项目数和第一项的值

ListBox 控件的常用事件有 Click、DoubleClick 和 SelectedIndexChanged。

单击列表框时,将触发 Click 事件;双击列表框时,将触发 DoubleClick 事件;SelectedIndex 属性值更改时,将触发 SelectedIndexChanged 事件。

DoubleClick 事件,通常是在 ListBox 结合 Button 控件一起实现应用程序的某种功能时使用,双击列表框中的项目与先选定项目然后单击按钮应该具有相同的效果。为此,应在列表框的 DoubleClick 事件处理程序中调用按钮的 Click 事件处理程序。例如:

```
private void listBox1_SelectedIndexChanged(object sender,EventArgs e)
{
    button1_Click(sender,e);
}
```

列表框中的项目列表是 Items 属性的值,设计时可以通过属性窗口设置 ListBox 控件的 Items 属性,来对列表中的项目进行添加、删除和修改操作。运行时可以利用 Items 属性访问列表的全部项目,还可以使用 Items 集合的一系列方法对列表框中的项目进行添加、删除和修改操作。运行时,对列表框的大多数操作都是通过 Items 属性进行的。

① 向列表中添加项目

可以使用 Add 或 AddRange 方法在列表的末尾追加一个或多个项目,使用 Insert 方法在指定索引处向列表中插入一个项目,其格式为:

```
列表框名.Items.Add(object item)
列表框名.Items.AddRange(object[] items)
列表框名.Items.Insert (int index,object item)
```

例如:

```
listBox1.Items.Add(8);
listBox1.Items.Add("A");
object[] obj = new object[4]{"B","C","D"};
listBox1.Items.AddRange(obj);
listBox1.Items.Insert(3,1);
listBox1.Items.Insert(4,"F");
```

进行上述操作后,listBox1 中的列表为 8,A,B,1,F,C,D。

② 从列表中删除项目

可以使用 Remove 方法从列表中删除指定值对应的项目，使用 RemoveAt 方法从列表框中删除指定索引处的项目，其格式为：

```
列表框名.Items.Remove(object value)
列表框名.Items.RemoveAt(int index)
```

例如：

```
listBox1.Items.Remove (1);
listBox1.Items.RemoveAt (0);
```

进行上述操作后，listBox1 中的列表为 A，B，F，C，D。

③ 从列表中清除全部项目

要移除集合中的所有项，应使用 Clear 方法，其格式为：

```
列表框名.Items.Clear();
```

例如：

```
listBox1.Items.Clear();
```

④ 获取列表中的项目数

要获取列表框中项目的数目，应使用 Count 属性，格式为：

```
列表框名.Items.Count
```

例如：

```
int j = listBox1.Items.Count;
```

⑤ 获取列表中当前选定项及其值

可以使用 ListBox 控件的 SelectedItem 属性来获取当前选定的第一个选项，可以使用 SelectedItems 属性来获取当前选定项的集合。

如果要获取当前选定的第一个选项的值，通常使用 ListBox 控件的 Text 属性，也可以通过对 SelectedItem 属性调用 ToString()方法实现；如果要获取所有选定项目的值，可以利用 foreach 循环结构对 SelectedItems 集合中的每个项目依次获取其值。例如：

```
string s = "";
foreach(object t in listBox1.SelectedItems)
    s += t.ToString() + " ";
s = "所选项有：" + s;
```

(2) CheckedListBox 控件

CheckedListBox(复选列表框)控件显示一个列表框，而且在每项的左边显示一个复选框。CheckedListBox 控件的功能与 ListBox 控件大致相同，只是在添加的项目中有"是否选定"这一项。CheckedListBox 控件的外观如图 4-7 所示。

由于 CheckedListBox 控件的功能与 ListBox 控件大致相同，所以 CheckedListBox 控件的常用属性、方法及事件与 ListBox 控件基本一致。但 CheckedListBox 控件列表中的项目左侧有复选

图 4-7 复选列表框

框,所以它还有两个特有的与复选框相关的属性——CheckOnClick 和 ThreeDCheckBoxes 属性。

CheckOnClick 属性用于指示复选框是否应在首次单击某项时切换选择状态。默认值为 false,即首次单击某项时先选定该项,再次单击该项才切换复选框的选择状态;如果设为true,则首次单击某项时,选定该项的同时切换复选框的选择状态。

ThreeDCheckBoxes 属性用于指示复选框是否是三维外观。默认值为 false,复选框是平面外观;如果设为 true,复选框是三维外观。

此外,CheckedListBox 控件的 SelectionMode 属性只能取值为 None 或 One(默认值),不支持同时选定多个项目,因为 CheckedListBox 控件多个项目的选定是由复选框决定的。

CheckedListBox 控件的常用操作也与 ListBox 控件大致相同,除了"向列表中添加项目"之外,其他几种操作与 ListBox 控件完全相同。此外,CheckedListBox 控件还有"设置项目中复选框的选择状态"和"获取项目中复选框的选择状态"两种常用操作。

① 向列表中添加项目

可以使用 Add 方法在列表的末尾追加一个项目,其格式为:

```
复选列表框名.Items.Add(object item)
复选列表框名.Items.Add(object item,bool isChecked)
复选列表框名.Items.Add(object item,CheckState check)
```

上述三种 Add 方法参数不同,第一种方法所追加项目的复选框未选中,第二种方法可以指定所追加项目的复选框的两种状态(选中、未选中),第三种方法可以指定所追加项目的复选框的三种状态(选中、未选中、不确定)。例如:

```
checkedListBox1.Items.Add(1);
checkedListBox1.Items.Add("a",true);
checkedListBox1.Items.Add(2,CheckState.Indeterminate);
```

可以使用 AddRange 方法在列表的末尾追加多个复选框未选中的项目,其格式为:

```
复选列表框名.Items.AddRange(object[] items)
```

例如:

```
object[] obj = new object[3]{"b",4,"d"};
checkedListBox1.Items.AddRange(obj);
```

可以使用 Insert 方法在指定索引处向列表中插入一个复选框未选中的项目,其格式为:

```
复选列表框名.Items.Insert(int index,object item);
```

例如:

```
checkedListBox1.Items.Insert(4,3);
checkedListBox1.Items.Insert(5,"c");
```

执行上述三次操作后,checkedListBox1 中的列表为 1,a,2,b,3,c,4,d。其中,a 左边的复选框是"选中"状态,2 左边的复选框是"不确定"状态,其他项目都是"未选中"状态。

② 设置项目中复选框的选择状态

可以使用 SetItemChecked 方法设置项目中复选框的"选中、未选中"两种状态,其格式为:

```
选列表框名.Items.SetItemChecked(int index,bool isChecked)
```

例如：

```
checkedListBox1.SetItemChecked(2,true);
```

可以使用 SetItemCheckState 方法设置项目中复选框的"选中、未选中、不确定"三种状态，其格式为：

复选列表框名.Items.SetItemCheckState(int index,CheckState check)

例如：

```
checkedListBox1.SetItemCheckState(3,CheckState.Indeterminate);
```

③ 获取项目中复选框的选择状态

可以使用 GetItemChecked 方法获取项目中复选框的"选中、未选中"两种状态，其格式为：

复选列表框名.Items.GetItemChecked(int index)

例如：

```
bool b = checkedListBox1.GetItemChecked(2);                          //方法返回值为 true
```

可以使用 GetItemCheckState 方法获取项目中复选框的"选中、未选中、不确定"三种状态，其格式为：

复选列表框名.Items.GetItemCheckState(int index)

例如：

```
CheckState cs = checkedListBox1.GetItemCheckState(2);                //方法返回值为 Checked
```

(3) ComboBox 控件

ComboBox(组合框)控件由一个文本框和一个列表框组成，为用户提供了可选的项目列表，用户可以从列表中选择一个项目输入，也可以直接在文本框中输入。

默认设置下，ComboBox 控件中的列表框是折叠起来的，展示给用户的是一个右侧带箭头按钮的可编辑文本框，这样可以减少控件所占面积，单击文本框右侧的箭头按钮时才会显示原本隐藏的下拉列表。

由于组合框相当于将文本框和列表框的功能结合在一起，所以组合框的常用属性、方法和事件都与这两个控件类似。除此以外，ComboBox 控件还有三个特有的属性，如表 4-10 所示。

表 4-10 ComboBox 的特有属性

属 性	说 明
DropDownStyle	获取或设置组合框的样式，其值是 ComboBoxStyle 枚举类型，共有三个枚举值：Simple(简单组合框)，由一个可编辑文本框和一个标准列表框组成，列表框始终可见；DropDown(下拉式组合框)，由一个可编辑文本框和一个下拉列表框组成，用户必须单击箭头按钮来显示列表框，这是默认样式；DropDownList 表示下拉列表式组合框，不允许用户输入文本，只能单击箭头按钮来从下拉列表中选择列表项
DropDownWidth	获取或设置组合框下拉列表的宽度(可以不同于控件的宽度)
MaxDropDownItems	获取或设置要在组合框的下拉列表中直接显示的最大项数(如果实际项目数大于该值，会自动出现滚动条)

ComboBox 控件的常用事件是 SelectedIndexChanged 事件,当组合框的 SelectedIndex 属性值更改时触发。

ComboBox 控件的常用操作与 ListBox 控件大致相同。

由于 ComboBox 控件只能选择一个项目输入,也可以从文本框输入,所以通常使用 ComboBox 控件的 Text 属性获取当前选定项目的值。

可以利用 ComboBox 控件的 SelectedItem 属性来获取当前选定项,如果未从列表中选择,该属性值为 null。所以,也可以利用 ComboBox 控件的 SelectedItem 属性来判断当前内容是从列表中选择的,还是从文本框中输入的。

例 4-3 设计一个简单的窗体程序,界面如图 4-8 所示,当用户选择不同系别时,专业列表框中显示该系的专业名。

图 4-8 ComboBox 的应用

具体步骤如下。

(1) 添加控件。新建一个 C# 的 Windows 应用程序,项目名称设置为 Exp4_3。向窗体中添加 2 个标签控件,1 个组合框控件和 1 个列表框控件,并按图 4-8 所示调整其位置和窗体大小。

(2) 设置属性。窗体和各个控件的属性设置如表 4-11 所示。

表 4-11 "问卷调查"控件属性设置

对象	属性名	属性值
Form1	Text	ComboBox 的应用
label1	Text	系别
label2	Text	专业
listBox1	Name	listBox1
comboBox1	Name	comboBox1
comboBox1	Items	金融系 会计系 计算机系
	DropDownStyle	DropDownList

(3) 编写代码。双击 ComboBox1,打开代码视图,在 ComboBox1 的 SelectedIndexChanged 事件处理程序中,添加如下代码:

```
private void comboBox1_SelectedIndexChanged(object sender, EventArgs e)
{
    switch (comboBox1.SelectedIndex)
    {
        case 0:
            listBox1.Items.Clear();
            listBox1.Items.Add("金融学");
            listBox1.Items.Add("国际经济与贸易");
            listBox1.Items.Add("信用管理");
            break;
        case 1:
            listBox1.Items.Clear();
```

```
            listBox1.Items.Add("会计学");
            listBox1.Items.Add("审计学");
            break;
        case 2:
            listBox1.Items.Clear();
            listBox1.Items.Add("计算机科学与技术");
            listBox1.Items.Add("电子商务");
            listBox1.Items.Add("信息管理与信息系统");
            break;
    }
}
```

单击"启动调试"按钮或按 F5 键运行程序,界面如图 4-8 所示。

4.2.3 PictureBox 控件和 ImageList 组件

在 Visual Studio.NET 中开发应用程序,总是离不开各种各样的软件组件,在.NET Framework 中组件是一种类。组件分为可视化组件和非可视化组件。前面介绍过的文本框、按钮、标签等,都是可视化组件,当它们被拖放到窗体上时,用户总可以在窗体上看到它们,除非设置其 Visible 属性为 False。非可视化组件则不能被拖放到窗体上,只能放在窗体下方的组件面板(组件区)上,它们往往在运行时完成某个功能,例如后面要介绍的图像列表框、计时器等。

组件存放的地方,并不是区分可视化组件与非可视化组件的标准,只是一种大致的分类。例如菜单(MenuStrip)控件被放在组件区,但却属于可视化组件。

PictureBox(图片框)控件和 ImageList(图片列表框)组件用于在窗体中显示图片,是最基本的图形图像控件。

1. PictureBox 控件

PictureBox(图片框)控件用于显示位图(.bmp)、GIF(.gif)、JPEG(.jpg)、图元文件(.mf)、图标(.ico)或增强型图元文件(.emf)等多种格式的图像文件。

PictureBox 具有标签的大多属性,如 Name(名称)、BackColor(背景色)、BorderStyle(边框)、Enabled(可用)、Image(图像)、Location(位置)、Locked(锁定)、Size(尺寸)、Visible(可见)等属性。

标签控件的 Image 属性也可以用来显示图片,但图片框显示图片的方法更加灵活,通过设置图片框特有的属性 SizeMode(尺寸模式)可以使图片的显示效果更好。SizeMode 属性值及说明如表 4-12 所示。

表 4-12 SizeMode 属性值及说明

属性值	说明
Normal	图片显示在控件左上角,若图片大于控件则超出部分被剪切掉
StretchImage	若图片与控件大小不等,则图片被拉伸或缩小以适应控件
AutoSize	控件调整自身大小,使图片能正好显示其中
CenterImage	若图片小于控件则图片居中;若图片大于控件则图片居中,超出控件的部分被剪切掉
Zoom	图片大小按其原有的大小比例被增加或减小,使图像的高度或宽度与控件相等

PictureBox 控件的 BorderStyle 属性可设置其边框样式：None 表示没有边框；FixedSingle 表示单线边框；Fixed3D 表示立体边框。

PictureBox 的众多属性中，与显示图片相关的属性主要有四个——Image、ImageLocation（图像位置）、SizeMode、BorderStyle。

PictureBox 最重要的属性是 Image，用于设置要显示的图像。为 PictureBox 控件加载图片，可以在设计时通过属性窗口实现，也可以在运行时通过代码窗口实现，还可以通过属性窗口和代码窗口结合实现。

设计时，在属性窗口中单击 Image 属性右侧的小按钮，在弹出的"选择资源"对话框中指定图像文件，就可将其加载到 PictureBox 控件中显示；也可以将 ImageLocation 属性设置为要在控件中显示的图像文件的路径或 URL，可以写绝对路径也可以写相对路径，如果写相对路径，则需要将图片存放在项目文件夹下的 bin\Debug 中，此时设计界面不显示图像，但运行时会显示。

运行时，在代码窗口，可通过 Image 类的静态方法 FromFile 获取图像文件，并将它赋值给 PictureBox 控件的 Image 属性以显示图片。其格式为：

图片框名.Image = Image.FromFile(@"文件路径");

例如：

PictureBox1.Image = Image.FromFile(@ "d:\pic\1.jpg");

@符号是转义符，对整个字符串中的所有特殊字符（此处是文件路径中的"\"）进行转义；\符号也是转义符，只对其后的单个字符转义。@ "d:\pic\1.jpg"等价于"d:\\pic\\1.jpg"，也可以通过创建一个 Bitmap 实例并将它赋值给 PictureBox 控件的 Image 属性来显示图片。其格式为：

图片框名.Image = new Bitmap(@"文件路径");

例如：

PictureBox1.Image = new Bitmap(@ "d:\pic\1.jpg");

下面通过示例，演示如何利用 PictureBox 控件显示图像。

例 4-4 使用 PictureBox 和 Button 控件，设计一个可以按原始比例展示多幅图片的程序。程序运行界面如图 4-9 所示。

具体步骤如下。

（1）添加控件。新建一个 C# 的 Windows 应用程序，项目名称设置为 Exp4_4。将图片文件夹 pic 存放到本项目文件夹下的 bin\Debug 中；向窗体中添加 1 个 PictureBox 控件和 4 个 Button 控件，并按图 4-9 所示调整其位置和窗体大小。

（2）设置属性。窗体和各个控件的属性设置如表 4-13 所示。

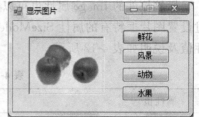

图 4-9 "显示图片"运行界面

表 4-13 "显示图片"控件属性设置

对象	属性名	属性值
Form1	Text	显示图片
pictureBox1	Image	选择 pic 文件夹下的"水果.jpg"文件
	Name	picShow
	SizeMode	Zoom
	BorderStyle	Fixed3D
	Size	120,90
button1	Text	鲜花
	Name	btnFlower
button2	Text	风景
	Name	btnView
button3	Text	动物
	Name	btnAnimal
button4	Text	水果
	Name	btnFruit

(3) 编写代码。依次双击 4 个按钮，打开代码视图，分别在 Click 事件处理程序中添加相应代码：

```
private void btnFlower _Click(object sender,EventArgs e)
{
    picShow.Image = Image.FromFile("pic\\鲜花.jpg");
}
private void btnView _Click(object sender,EventArgs e)
{
    picShow.Image = Image.FromFile(@"pic\风景.jpg");
}
private void btnAnimal _Click(object sender,EventArgs e)
{
    picShow.Image = new Bitmap ("pic\\动物.jpg");
}
private void btnFruit _Click(object sender,EventArgs e)
{
    picShow.Image = new Bitmap(@"pic\水果.jpg");
}
```

单击"启动调试"按钮或按 F5 键运行程序，单击各个按钮查看图片。

2. ImageList 组件

ImageList(图像列表)组件用于存储图像，这些图像随后可由控件显示。ImageList 组件不显示在窗体上，它只是一个图片容器，用于保存一些图片文件。这些图片文件和 ImageList 组件本身可被项目中的其他对象使用，如 Label、Button 等。

ImageList 组件的常用属性有 Name(名称)、Images(图像集合)、ImageSize(图像尺寸)等。其中最主要的属性是 Images，它是 ImageList 中所有图像组成的集合。

ImageSize 用于设置 ImageList 中每个图像的大小(高度和宽度)，有效值在 1～256。

ColorDepth 属性表示图片每个像素占用几个二进制位,当然位数越多图片质量越好,但占用的存储空间也越大。

ImageList 组件的 Images 属性包含关联的控件将要使用的图像,图像的数量可以通过 Images 集合的 Count 属性获取,每个单独的图像可以通过其索引值或键值来访问。

例如,要获取 imageList1 的第 3 个图像(假设文件名称为 003.jpg),可以使用 imageList1.Images[2] 或 imageList1.Images["pic3.jpg"];要获取其键值,可以使用 imageList1.Images.Keys[2];要获取其索引值,可以使用 imageList1.Images.IndexOfKey("pic3.jpg")。

ImageList 组件可以与任何具有 ImageList 属性的控件相关联,例如 Label、Button、CheckBox、RadioButton、PictureBox 等。一个 ImageList 组件可与多个控件相关联。

若要使一个控件与 ImageList 组件关联并显示关联的图像,首先将该控件的 ImageList 属性设置为 ImageList 组件的名称,然后将该控件的 ImageIndex(图像索引,即从 0 开始的整数)或 ImageKey(图像键,即图像文件名)属性设置为要显示的图像的索引值或键值。

例 4-5 使用 PictureBox、Label、Button 控件和 ImageList 组件,设计一个可以循环展示多幅图片的程序。程序设计界面如图 4-10 所示。

具体步骤如下。

(1) 添加控件。新建一个 C# 的 Windows 应用程序,项目名称设置为 Exp4_5。将图片文件夹 pic 存放到本项目文件夹下的 bin\Debug 中;向窗体中添加 1 个 PictureBox、1 个 Label、1 个 Button 控件和 1 个 ImageList 组件,并按图 4-10 所示调整其位置和窗体大小。

(2) 设置属性。窗体和各个控件的属性设置如表 4-14 所示。

图 4-10 "循环显示图片"设计界面

表 4-14 "循环显示图片"控件属性设置

对象	属性名	属性值
Form1	Text	循环显示图片
imageList1	Name	imageList1
	Images	添加 6 幅图片文件
	ColorDepth	Depth32Bit
	ImageSize	120,90
pictureBox1	Name	pictureBox1
	SizeMode	Zoom
	Size	120,90
label1	Name	label1
	Text	图片名称
button1	Name	button1
	Text	下一幅

(3) 编写代码。在 Form1 中声明变量,存储 imageList1 中图像的索引。为 Form1 添加 Load 事件处理程序,为按钮 button1 添加 Click 事件处理程序,代码如下所示:

```
int i = 0;        //imageList1 中图像的索引
private void Form1_Load(object sender,EventArgs e)
{
    pictureBox1.Image = imageList1.Images[i];
    label1.Text = imageList1.Images.Keys[i];
}
private void button1_Click(object sender,EventArgs e)
{
    i += 1;
    i = i > imageList1.Images.Count - 1 ? 0 : i;
    pictureBox1.Image = imageList1.Images[i];
    label1.Text = imageList1.Images.Keys[i];
}
```

单击"启动调试"按钮或按 F5 键运行程序,程序运行界面如图 4-11 所示。

图 4-11 "循环显示图片"运行界面

4.2.4 Timer 组件和 ProgressBar 控件

计时器组件可以产生一定的时间间隔,在每个时间间隔中都会触发一个特定的事件(Tick 事件),所以事件处理程序中的代码也会被重复执行。

进度条控件是一个水平条,其内部包含可滚动的分段块,用于直观地显示某个操作的当前进度,通常利用计时器来控制分段块的滚动。

1. Timer 组件

Timer(计时器,或称定时器)组件是一种无需用户干预、按一定时间间隔、周期性地自动触发事件的控件。Timer 组件通过检查系统时间来判断是否该执行某项任务,经常用于辅助其他控件刷新显示的时间,也可以用于后台处理。

Timer 组件的常用属性有 Name、Interval(间隔)和 Enabled。

Interval 属性指示事件发生的时间间隔,默认值为 100,以毫秒为基本单位。如果想让 Tick 事件每隔 1s 发生一次,Interval 属性需要设置为 1000。

Enabled 属性指示是否启动计时器,默认值为 false,即计时器处于"停止"状态。如果将该属性设置为 true,计时器将会被激活,处于"启动"状态。

Timer 组件的常用方法有 Start()和 Stop()。Start()方法用于启动计时器,相当于将 Enabled 属性设置为 true;Stop()方法用于停止计时器,相当于将 Enabled 属性设置为 false。

Timer 组件只有一个事件,即 Tick 事件。Tick 事件每当经过指定的时间间隔时发生,时间间隔由 Interval 属性指定。该事件由系统触发,用户无法直接触发。

例 4-6 用 Timer 组件设计一个简单的显示当前系统日期时间的程序,如图 4-12 所示,时间每秒钟变换一次。

具体步骤如下。

(1) 添加控件。新建一个 C# 的 Windows 应用程序,项目名称设置为 Exp4_6。向窗体中添加 2 个 Label 和 1 个 Timer 组件,并按图 4-12 所示调整其位置和窗体大小。

(2) 设置属性。窗体和各个控件的属性设置如表 4-15 所示。

图 4-12 "显示日期时间"运行界面

表 4-15 "显示日期时间"控件属性设置

对 象	属 性 名	属 性 值
Form1	Text	显示日期时间
label1	Text	
label2	Text	
timer1	Interval	1000

(3) 编写代码。为 Form1 添加 Load 事件处理程序,为按钮 timer1 添加 Tick 事件处理程序,代码如下所示:

```
private void Form1_Load(object sender,EventArgs e)
{
    label1.Text = DateTime.Now.ToLongDateString();
    label2.Text = DateTime.Now.ToLongTimeString();
    timer1.Enabled = true;
}
private void timer1_Tick(object sender,EventArgs e)
{
    label1.Text = DateTime.Now.ToLongDateString();
    label2.Text = DateTime.Now.ToLongTimeString();
}
```

单击"启动调试"按钮或按 F5 键运行程序,程序运行界面如图 4-12 所示。

2. ProgressBar 控件

ProgressBar(进度条)控件是个水平放置的指示器,其内部包含多个可滚动的分段块,用于直观地显示某个操作的当前进度。

进度条出现频率最多的地方是在软件的安装程序中,可以显示软件的安装进度,如果用户取消安装,则显示软件的回滚进度。

ProgressBar 控件的常用属性除了 Name、BackColor、ForeColor、Visible 等一般属性,还有一些自己特有的属性,如表 4-16 所示。

要使用 ProgressBar 控件,则必须首先确定 Value 属性攀升的界限。大多数情况下,Minimum 属性一般为 0,而 Maximum 属性要设置为已知的界限。这样就必须知道需要多少时间才能完成要进行的操作,然后将其作为 ProgressBar 控件的 Maximum 属性来设置。ProgressBar 控件显示某个操作的进展情况时,其 Value 属性将持续增长,直到达到了由 Maximum 属性定义的最大值。

表 4-16　ProgressBar 的特有属性

属　性	说　明
Maximum	指示控件使用的范围的上限,是非负整数,默认值为 100
Minimum	指示控件使用的范围的下限,是非负整数,默认值为 0
Step	当调用 PerformStep()方法时,控件当前值增加一个增量
Style	指示控件的样式,Blocks:通过在控件中增加分段块的数量来指示进度,为默认值;Continuous:通过在控件中增加平滑连续的条的大小来指示进度;Marquee:通过在控件中连续滚动一个块来指示进度
Value	控件的当前值,在由 Minimum 和 Maximum 属性指定的范围之内

ProgressBar 控件的常用方法有 PerformStep()和 Increment(int value)。PerformStep()方法是按照 Step 属性的数量来增加进度条的当前位置。Increment(int value)方法是按照指定的数量来增加进度条的当前位置。

ProgressBar 控件通常与 Timer 组件结合使用,用计时器来控制进度条分段块的滚动。

例 4-7　改写例 4-5 循环显示图片程序,利用 Timer 组件控制每幅图片展示 5s,双击图片暂停或继续展示。程序运行界面如图 4-13 所示。

具体步骤如下。

(1) 添加控件。新建一个 C♯的 Windows 应用程序,项目名称设置为 Exp4_7。将图片文件夹 pic 存放到本项目文件夹下的 bin\Debug 中;向窗体中添加 1 个 PictureBox、1 个 Label、1 个 ProgressBar、1 个 ImageList 组件和 1 个 Timer 组件,并按图 4-13 所示调整其位置和窗体大小。

图 4-13　"自动循环显示图片"运行界面

(2) 设置属性。窗体和各个控件的属性设置如表 4-17 所示。

表 4-17　"自动循环显示图片"控件属性设置

对　象	属 性 名	属 性 值
Form1	Text	自动循环显示图片
imageList1	Images	添加 6 幅图片文件
	ColorDepth	Depth32Bit
	ImageSize	120,90
pictureBox1	SizeMode	Zoom
	Size	120,90
label1	Text	图片名称
progressBar1	Maximum	30
timer1	Enabled	True
	Interval	1000

(3) 编写代码。在 Form1 中声明变量,存储 imageList1 中图像的索引。为 Form1 添加 Load 事件处理程序,为 timer1 添加 Tick 事件处理程序,为 pictureBox1 添加 DoubleClick 事件处理程序,代码如下所示:

```
int i = 0;     //imageList1 中图像的索引
```

```csharp
private void Form1_Load(object sender,EventArgs e)
{
    pictureBox1.Image = imageList1.Images[i];
    label1.Text = imageList1.Images.Keys[i];
}
private void timer1_Tick(object sender,EventArgs e)
{
    int j = progressBar1.Value + 1;
    if (j <= progressBar1.Maximum)
    {
        progressBar1.Value += 1;
        switch (j)
        {
            case 5:
            case 10:
            case 15:
            case 20:
            case 25:
                i += 1;
                pictureBox1.Image = imageList1.Images[i];
                label1.Text = imageList1.Images.Keys[i];
                break;
        }
    }
    else
    {
        i = 0;
        progressBar1.Value = 0;
        pictureBox1.Image = imageList1.Images[i];
        label1.Text = imageList1.Images.Keys[i];
    }
}
private void pictureBox1_DoubleClick(object sender,EventArgs e)
{
    timer1.Enabled = !timer1.Enabled;
}
```

单击"启动调试"按钮或按 F5 键运行程序,程序运行界面如图 4-13 所示。

4.3 容器控件

4.3.1 GroupBox 控件

前面介绍过,RadioButton 和 CheckBox 控件通常放置在 GroupBox(分组框)控件中。GroupBox 控件用于为其他控件提供可识别的分组,把其他控件用框架框起来,可以提供视觉上的区分和总体的激活或屏蔽特性。

大多数情况下，只需使用 GroupBox 控件将功能类似或关系紧密的控件分成可标识的控件组，而不必响应 GroupBox 控件的事件。

通常需要设置的只是 GroupBox 控件的 Text、Font 或 ForeColor 属性，用来说明框内控件的功能或作用，而且对窗体有一定的修饰美化作用。

4.3.2 Panel 控件

Panel（面板）控件类似于 GroupBox 控件，二者主要的区别是只有 GroupBox 控件可以显示标题，只有 Panel 控件可以有滚动条；GroupBox 控件必须有边框，但 Panel 控件可以没有边框。

如果要 Panel 控件显示滚动条，只需将 AutoScroll 属性设置为 true，当 Panel 控件的内容大于它的可见区域时就会自动显示滚动条。

Panel 控件默认没有边框，可以通过设置 BorderStyle 属性设置其边框效果。

还可以通过设置 BackColor、BackgroundImage 等属性来美化面板的外观。

4.3.3 TabControl 控件

TabControl（选项卡）控件用于显示多个选项卡页，每个选项卡页中可以放置其他控件（包括 GroupBox、Panel 等容器控件）。

可以利用 TabControl 控件来生成多页对话框，这种对话框在 Windows 操作系统和常用软件中都可以找到，如控制面板的"显示"属性、Word 的"页面设置"对话框。

选项卡由一个选项卡条和多个选项卡页组成，其中选项卡条是选项卡页标签的集合。设计模式下，单击选项卡条可以选中 TabControl 对象，也可以切换显示各个选项卡页的内容；单击选项卡条下方的选项卡页，才可以选中 TabPage 对象。

TabControl 控件的常用属性除了 Name、Enabled、Font、ImageList、Location、Locked、Visible 等一般属性，还有一些自己特有的属性，如表 4-18 所示。

表 4-18 TabControl 的特有属性

属 性	说 明
Alignment	控制选项卡条在控件中的显示位置，可取值 Top、Bottom、Left、Right，默认值为 Top
Appearance	控制选项卡条的显示方式，可取值 Normal、Buttons、FlatButtons，默认值为 Normal
HotTrack	指示当鼠标指针移过控件的选项卡条时，选项卡是否会发生外观变化，默认值为 false
Multiline	指示是否允许多行显示选项卡条，默认值为 false（如果选项卡页超出了选项卡条的可见区域，会在选项卡条的右侧出现左右箭头）
RowCount	获取控件的选项卡条中当前显示的行数（如果 Multiline 为 false，该属性值始终为 1）
SelectedIndex	获取或设置当前选定的选项卡页的索引
SelectedTab	获取或设置当前选定的选项卡页
TabCount	获取控件中选项卡页的数目
TabPages	获取控件中选项卡页的集合，使用这个集合可以添加和删除 TabPage 对象，默认包含 2 个 TabPage 对象

TabControl 控件最常用的事件是 SelectedIndexChanged,该事件当 SelectedIndex 属性值更改时触发,也就是当切换选项卡页时触发。

TabControl 对象由多个选项卡页组成,每个选项卡页都是一个 TabPage 对象,单击选项卡页时将触发 TabPage 对象的 Click 事件。TabPage 对象除了 Name、Font、ForeColor、Locked、Text 等一般属性,还有几个特有属性,如表 4-19 所示。

表 4-19 TabPage 的特有属性

属　　性	说　　明
ImageIndex	指示选项卡页的标签上显示的图像的索引
ImageKey	指示选项卡页的标签上显示的图像的键(图像文件名)
ToolTipText	指示当鼠标悬停在此选项卡页的标签上时显示的文本

例 4-8　设计一个简单的选项卡使用程序,界面如图 4-14 所示。用户通过输入页数、单击"选取"按钮,来选取相应的选项卡,同时弹出消息框,显示用户选择的选项卡页数。如果用户输入的页数超出选项卡的总页数,则弹出错误提示信息。单击"关闭"按钮,退出程序。

图 4-14 "选项卡的使用"运行界面

具体步骤如下。

(1) 添加控件。新建一个 C# 的 Windows 应用程序,项目名称设置为 Exp4_9。向窗体中添加 1 个 TabControl 控件,包含 3 个页面,为每个页面添加 1 个 Label 控件,再向窗体中添加 1 个 Label、1 个 TextBox 和 2 个 Button 控件,并按图 4-14 所示调整其位置和窗体大小。

(2) 设置属性。窗体和各个控件的属性设置如表 4-20 所示。

表 4-20 "选项卡的使用"控件属性设置

对　　象	属 性 名	属 性 值
Form1	Text	选项卡的使用
tabControl1	TabPages	添加 3 个 tabPage 成员
tabPage1	Text	第一页
tabPage2	Text	第二页

续表

对　　象	属　性　名	属　性　值
tabPage3	Text	第三页
label1	Text	这是第一页
label2	Text	这是第二页
label3	Text	这是第三页
label4	Text	页号
button1	Text	选取
	Name	btnOK
button2	Text	关闭
	Name	btnClose

（3）编写代码。为 button1 和 button2 添加 Click 事件处理程序，为 tabControl1 添加 SelectedIndexChanged 事件处理程序，代码如下所示：

```
private void btnOK_Click(object sender,EventArgs e)
{
    int page = Int32.Parse(textBox1.Text);
    //判断用户输入的页数是否超出选项卡的总页数,超出则报错
    if (page < 1 || page > 3)    //判断用户输入的页数是否超出选项卡的总页数
    {
        MessageBox.Show("请输入 1－3 之间的整数","选项卡的使用");
        textBox1.Focus();
        return;
    }
    tabControl1.SelectedIndex = page－1;
}
private void btnClose_Click(object sender,EventArgs e)
{
    this.Close();
}
private void tabControl1_SelectedIndexChanged(object sender,EventArgs e)
{
    int n = this.tabControl1.SelectedIndex + 1;
    //用消息框显示用户选择的选项卡页数
    MessageBox.Show("您选中的是第" + n + "张选项卡","选项卡的使用");
}
```

单击"启动调试"按钮或按 F5 键运行程序，输入页号，然后单击"选取"按钮，查看选项卡及消息框的输出结果。

本章小结

本章主要介绍了 Windows 窗体应用程序的创建方法。首先，介绍了窗体的组成，窗体的属性、事件和方法以及窗体的布局；然后，介绍了各种常用的控件、组件及相关的属性、方法和事件，开发人员可以使用这些控件编写复杂的应用程序。

习题

1. 选择题

(1) .NET 中的大多数控件都派生于(　　)类。
　　A. System.IO　　　　　　　　　　B. System.Data
　　C. System.Windows.Forms.Control　　D. System.Data.Odbc

(2) TextBox 控件的常用属性中,(　　)控件用来获取或设置字符,该字符用于屏蔽单行 TextBox 控件中的密码字符。
　　A. Name　　　　　　　　　　B. PasswordChar
　　C. SelectedText　　　　　　　D. Text

(3) 在 RadioButton 控件的事件中,(　　)事件当 Checked 属性的值更改时发生。
　　A. CheckState　　　　　　　B. ThreeState
　　C. CheckedChanged　　　　　D. Click

(4) 要使复选框里面有一个"√",应把它的(　　)属性设置为 true。
　　A. Checked　　　　　　　　B. RadioCheck
　　C. ShowShortcut　　　　　　D. Enabled

(5) VC#.Net 中,可以标识不同的对象的属性是(　　)。
　　A. Text　　B. Name　　C. Title　　D. Index

(6) 要使文本框控件能够显示多行而且能够自动换行,应设置它的(　　)属性。
　　A. MaxLength 和 MultiLine　　　　B. MultiLine 和 WordWrap
　　C. PassWordChar 和 MultiLine　　　D. MaxLength 和 WordWrap

(7) 要使当前 Form1 窗体标题栏显示"欢迎你",以下(　　)语句是正确的。
　　A. Form1.Text="欢迎你";
　　B. this.Text="欢迎你";
　　C. Form1.Name="欢迎你";
　　D. this.Name="欢迎你";

(8) 无论何种控件,共同具有的是(　　)属性。
　　A. Text　　B. Name　　C. ForeColor　　D. Caption

(9) 下列控件中没有 Text 属性的是(　　)。
　　A. GroupBox　　B. ComboBox　　C. CheckBox　　D. Timer

(10) abControl 控件的(　　)属性可以添加和删除选项卡。
　　A. TabCount　　B. RowCount　　C. Text　　D. TablePages

2. 判断题

(1) count 属性用于获取 ListBox 中项的数目。(　　)

(2) CheckBox 控件提供的选项中用户必须选择其中一个选项,而且各个选项之间是互斥的。(　　)

(3) 控件的 Visible 属性决定了控件是否可用。（ ）

3. 程序设计题

(1) 设计一个简单的计算器,使其可以进行加、减、乘、除计算,程序运行状态如图 4-15 所示。

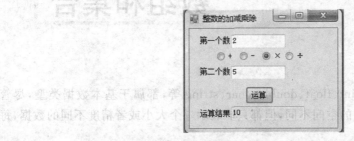

图 4-15　简单计算器

(2) 设计一个选购计算机配置的应用程序,如图 4-16 所示。当用户选定了基本配置并且单击"确定"按钮后,在右边的列表框中显示所选择的信息。

图 4-16　选购计算机配置

第5章 数组和集合

前面学到的数据类型,如 int、float、double、char、string 等,都属于基本数据类型,尽管这些类型的数据在内存中占用的空间不同,但都只能表示一个大小或者精度不同的数据,每一个数据都是不能分解的。

在实际的编程中,经常遇到要处理相同类型的成批相关数据的情况。例如,要处理 100 个学生的某课程的考试成绩,若采用 100 个简单变量来处理显然是一件十分困难的事,因此,C#语言提供了一种更有效的类型——数组。

.NET Framework 提供了几个用于收集元素的类,即集合(collection)类,它们与数组相似,但其收集元素的方式不同于数组。

5.1 一维数组

5.1.1 一维数组的声明

将一组有序的、个数有限的、类型相同的数据组合起来作为一个整体,用一个统一的名字(数组名)来表示,这些有序数据的全体则称为数组。简单地说,数组是具有相同数据类型的元素的有序集合。

每个数组元素都可以看作不同的变量,可用变量在数组中的位置来引用它。数组必须先声明后使用。在 C#中,声明数组的形式为:

类型[] 数组名;

说明:

(1) "类型"是指构成数组的元素的数据类型,可以是任何的基本数据类型或自定义类型,如数值型、字符串型、结构等。

(2) 方括号([])必须放置在数组"类型"之后。

(3) "数组名"跟普通变量一样,必须遵循合法标识符规则,并且最好使用一个复数名称,如 numbers、times。

(4) 声明一个数组变量不可指定数组长度。

例如:

```
double[] Scores;            //声明 double 型数组引用
int[] arr1,arr2;            //声明 int 型数组 arr1,arr2
```

5.1.2 一维数组的初始化

当声明一个数组时,实际上没有创建该数组,由于数组是基于类的,所以在使用数组时与使用一个类相同,必须先创建数组对象,即给数组对象分配内存。使用 new 运算符来创建数组实例有以下三种方式。

(1) 声明数组,然后创建数组对象。

类型[ ] 数组名;
数组名 = new 类型[元素个数];

例如:

double[ ] Score;   //声明数组引用
Score = new double[10];   //创建具有 10 个元素的数组

(2) 声明数组的同时创建数组对象。

类型[ ] 数组名 = new 类型[元素个数];

(3) 使用 new 创建数组对象的同时,初始化数组所有元素。

类型[ ] 数组名 = new 类型[ ]{初值表};

或

类型[ ] 数组名 = {初值表};

例如:

int[ ] arr = new int[ ]{1,2,3,4};

或

Int[ ] arr = {1,2,3,4};

上例也可以分两步来创建数组并初始化。

说明:

(1) 上面使用 new 运算符初始化时,并不一定要给出"[ ]"内的元素个数,因为 C♯在初始化数组时,"[ ]"内的数字默认为初值表中元素的个数,从而创建了一个有 4 个元素的数组。

(2) 如果在声明数组时提供了初始值设定项,还可省略 new 语句。

(3) 对初值表中的每一个元素必须用同一数据类型,而且要和保存该数组的变量的数据类型一样。

(4) 在创建数组对象时如果没有对数组实行初始化,C♯会自动地为数组元素进行初始化赋值,默认状态下的赋值为类型默认值。数值型默认值为 0,字符串默认值为"\0",布尔型默认值为 false,对象默认值为 null。

例如:

int[ ] a = new int[6];

表示声明和创建含6个元素的int型一维数组,而且所有元素都被初始化为0。

5.1.3 访问一维数组中的元素

一个数组具有值时,就可以像使用其他变量一样,使用存放在数组元素中的值。一个变量(其一次只能保存一个值)和一个数组变量的不同在于引用数组中的每个元素只抽取在一个特定元素中包含的数据。数组的访问方式如下:为获取在一个数组中保存的一个值,必须提供数组名和元素的序号(序号称为索引或是下标),形式为:

数组名[下标];

如上面 arr 中的元素分别为 arr[0],arr[1],arr[2],arr[3]。

说明:

(1) 数组下标从零开始,最大下标为数组长度减1。

(2) 在程序中使用 Length 数据成员来测试数组长度,即长度为数组名.Length。

(3) 在编译时检查数组下标是否在边界之内,在上例中,若有 arr[5]将不能访问。

例 5-1 编写一个控制台应用程序,先输入要创建的数组的元素个数,然后输入每个元素的值,最后将数组输出,如图 5-1 所示。

图 5-1 程序运行结果

具体实现步骤如下。

(1) 新建一个空白解决方案 Example5-1 和项目 Example5-1(项目模板:控制台应用程序)。

(2) 添加如下代码:

```
static void Main(string[] args)
{
    int[] numbers;
    int size;
    string output = "";
    Console.WriteLine("请输入要创建的数组的元素的个数:");
    size = int.Parse(Console.ReadLine());
    numbers = new int[size];
```

```
        for (int i = 0; i < numbers.Length; i++)
        {
            Console.WriteLine("请输入数组的第" + (i + 1) + "个元素的值：");
            numbers[i] = int.Parse(Console.ReadLine());
        }
        for (int i = 0; i < numbers.Length; i++)
        {
            output += "numbers[" + i + "]" + " = " + numbers[i] + "\n";
        }
        Console.WriteLine(output);
    }
```

（3）运行程序结果如图 5-1 所示。

代码分析：

（1）例题中用到的数组的 Length 属性是为了获取一维数组的长度，也可以用数组名.GetLength(0)方法来获取。这是因为在 C♯中，数组实际上是对象。System.Array 是所有数组类型的抽象基类型，提供创建、操作、搜索和排序数组的方法，因而在公共语言运行库中用作所有数组的基类。因此所有数组都可以使用它的属性和方法，下面介绍一些常用属性和方法。

① Length 属性：用于返回数组的大小（如果是多维数组，则返回所有维数中元素个数的总数）；

② Rank 属性：用于返回数组的维数（如果是一维数组，则返回 1，如果是二维数组，则返回 2）；

③ Sort()方法：用于数组元素的排序方法；

④ Clear()方法：将数组中某一范围的元素设置为 0 或 null；

⑤ Clone()方法：将数组的内容复制到一个新数组的实体；

⑥ GetLength()方法：返回某一维数组的长度；

⑦ IndexOf()方法：返回数组值中符合指定的参数值，且是第一次出现。

（2）例题中对数组元素的遍历是在已知数组的长度情况下，使用循环变量 i 来访问每一个数组元素。而对于不知道长度的数组要对其进行遍历时，需要先求出数组的长度。这里如果使用 foreach 将不需要求出数组长度。使用形式：（详细讲解请参考第 3 章 3.3 节循环结构）。

```
foreach(数据类型 标识符 in 表达式)
{
    循环体;
}
```

使用 foreach 语句输出数组 numbers 每个元素的值，代码如下所示。

```
int j = 0;
foreach(int anumber in numbers)
{
    output += "numbers[" + j + "]" + " = " + anumber + "\n";
    j++;
}
Console.WriteLine (output);
```

使用 foreach 语句执行循环时,第一次循环 anumber 的值为 numbers[0],第二次循环 anumber 的值为 numbers[1],第三次循环 anumber 的值为 numbers[2],依此类推,直到 anumber 的值为 numbers[numbers.Length-1],即数组最后一个元素的值,使用该值执行完循环体语句后,循环结束,循环的次数为 numbers.Length。

例 5-2 已知数列{1,2,3,5,8,13,21,…},求前 10 项之和。

程序分析:该数列中的各项具有的特点是,第 1、2 项分别为 1 和 2,其他各项为其前面两项的和。即如果使用数组 n 来处理该数列,则有通式:$n[i]=n[i-1]+n[i-2]$($i \geq 2$)。

具体实现步骤如下。

(1) 新建一个空白解决方案 Example5-2 和项目 Example5-2(项目模板:Windows 窗体应用程序),程序设计界面如图 5-2 所示。

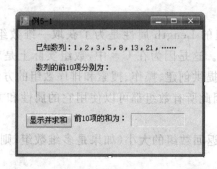

图 5-2 序列求和程序设计界面

(2) 设置界面对象属性,窗体和各控件的属性设置如表 5-1 所示。

表 5-1 序列求和各控件的属性设置

对象	属性名	属性值
Form1	Text	例 5-1
label1	Text	已知数列:1,2,3,5,8,13,21,……
label2	Text	数列的前 10 项分别为:
label3	Text	前 10 项的和为:
textBox1	Name	txtShow
	ReadOnly	True
textBox2	Name	txtResult
	ReadOnly	True
button1	Name	btnResult
	Text	显示并求和

(3) 编写"显示并求和"按钮的单击事件代码如下:

```
private void btnResult_Click(object sender, EventArgs e)
{
    int i;                          //定义循环变量
    long sum = 0;
    string strShow = "";            //strShow 用于记录数列的前 10 项
    long[] n;
    n = new long[10];
```

```
        n[0] = 1;
        n[1] = 2;
        sum += n[0] + n[1];
        //将数列的前两项用空格隔开并赋给字符串变量 strShow
        strShow = n[0].ToString() + " " + n[1].ToString() + " ";
        for (i = 2; i <= 9; i++)
        {
            n[i] = n[i - 1] + n[i - 2];    //给数组元素赋值
            sum += n[i];                    //累加
            //用空格隔开数列的各项
            strShow = strShow + n[i].ToString() + " ";
        }
        //去掉字符串 strShow 两边的空格,并追加到用于显示数列前 10 项的文本框中
        txtShow.Text = strShow.Trim();
        txtResult.Text = sum.ToString();
    }
```

(4) 运行程序,单击"显示并求和"按钮,运行结果如图 5-3 所示。

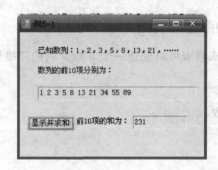

图 5-3　序列求和程序运行结果

5.2　二维数组

除一维数组之外,C#还支持多维数组。多维数组就是维数大于 1 的数组,它把相关的数据存储在一起。一维数组由排列在一行中的所有元素组成,它只有一个索引。从概念上讲,二维数组就像一个具有行和列的表格一样。考虑如下的考试成绩表,如表 5-2 所示,它有 5 行 3 列,5 行代表 5 个学生,3 列代表 3 门考试科目。

表 5-2　学生考试成绩表

学　生	考试科目 1	考试科目 2	考试科目 3
学生 1	89	78	86
学生 2	80	76	88
学生 3	90	87	79
学生 4	79	86	89
学生 5	92	88	78

我们可以用一个二维数组表示这个表。多维数组也必须先创建再使用。其声明、创建方式和一维数组类似。

5.2.1 二维数组的声明

声明形式为：

类型[,] 数组名;

C#数组的维数是用逗号的个数再加 1 来确定的，即一个逗号就是二维数组，两个逗号就是三维数组。依此类推，二维以上的多维数组声明形式为：

类型[,,…] 数组名;

例如，上面的学生考试成绩表可以声明成一个二维数组 Scores。

int[,] Scores;

二维（多维）数组同样可以在声明时创建也可以先声明后创建。

1. 声明时创建

类型[,] 数组名 = new 类型[表达式 1,表达式 2];

例如，上面的学生考试成绩表可以创建一个 5 行 3 列的二维数组 Scores。

int[,] Scores = new int[5,3];

其中 5 表示行数，3 表示列数。

2. 先声明后创建

类型[,] 数组名;
数组名 = new 类型[表达式 1,表达式 2];

例如：

int[,] Scores;
Scores = new int[5,3];

同理，二维以上的多维数组创建形式为：

类型[,,…] 数组名 = new 类型[表达式 1,表达式 2,…];

或者

类型[,,…] 数组名;
数组名 = new 类型[表达式 1,表达式 2,…];

例如：

int[,,]arr1 = new int[2,3,2];

或者

int[,,]arr1;
arr1 = new int[2,3,2];

5.2.2 二维数组的初始化

二维数组的初始化与一维数组类似,可用下列任意一种形式进行初始化。
(1) 声明时创建数组对象,同时进行初始化。

类型[,] 数组名 = new 类型[表达式 1,表达式 2]{初值表};

如果在声明数组时提供了初始值,可省略 new 语句:

类型[,] 数组名 = {初值表};

(2) 先声明,然后在创建对象时初始化。

类型[,] 数组名;
数组名 = new 类型[表达式 1,表达式 2]{初值表};

此时 new 语句不可省略。
例如,上面的学生考试成绩表的二维数组 Scores 就可以初始化为:

int[,] Scores = new int[5,3]{{89,78,86},{80,76,88},{90,87,79},{79,86,89},{92,88,78}};

或者

int[,] Scores;
Scores = new int[5,3] {{89,78,86},{80,76,88},{90,87,79},{79,86,89},{92,88,78}};

同理,二维以上的多维数组初始化形式为:

类型[,,…] 数组名 = new 类型[表达式 1,表达式 2,…]{初值表};

或者

类型[,,…] 数组名;
数组名 = new 类型[表达式 1,表达式 2,…]{初值表};

5.2.3 访问二维数组中的元素

访问二维数组的形式为:

数组名[下标 1,下标 2];

二维数组有两个索引(索引号从 0 开始),其中一个表示行、一个表示列,例如我们要将第 1 行第 2 列的元素赋值为 78,表示为:

Scores[0,1] = 78;

Scores[0,1]表示学生 1 的考试科目 2 的成绩,Scores[0,0]表示学生 1 的考试科目 1 的成绩。

显然,若访问的是多维数组就为:

数组名[下标 1,下标 2,…];

例 5-3 创建一个控制台应用程序,演示二维数组的声明、创建、初始化和输出。
具体实现步骤如下。
(1) 新建一个空白解决方案 Example5-3 和项目 Example5-3(项目模板:控制台应用程序)。
(2) 添加如下代码:

```csharp
using System;
namespace Example5_3
{
    class Program
    {
        static void PrintArray(string name, int[,] w)
        {
            Console.WriteLine("数组" + name + ":\n");
            for (int i = 0; i < w.GetLength(0); i++)
            {
                for(int j = 0; j < w.GetLength(1); j++)
                    Console.Write("{0}({1},{2}) = {3}", name, i, j, w[i,j]);
                Console.WriteLine();
            }
        }
        static void Main(string[] args)
        {
            int[,] array1 = new int[,] {{1,2,3},{4,5,6},{7,8,9}};
            int[,] array2 = {{1,2,3},{4,1,6},{7,1,9}};
            int[,] array3;
            array3 = new int[,] {{1,2,3,4},{4,1,6,10},{7,1,9,8}};
            int[,] array4 = new int[3,2];
            for (int i = 0; i < 3; i++)
                for (int j = 0; j < 2; j++)
                    array4[i,j] = i + j;
            PrintArray("array1", array1);
            PrintArray("array2", array2);
            PrintArray("array3", array3);
            PrintArray("array4", array4);
        }
    }
}
```

(3) 运行程序,结果如图 5-4 所示。

图 5-4 二维数组的应用运行结果

例5-4 假定5个学生参加了三门课的考试,请统计出全部学生"所有科目"的最高分和最低分及每个学生的平均成绩,并输出。

具体实现步骤如下。

(1) 新建一个空白解决方案 Example5-4 和项目 Example5-4(项目模板:控制台应用程序)。

(2) 添加如下代码:

```
using System;
namespace Example5_4
{
    class Program
    {
        static string output = "";
        static void OutputArray(int[,] Scores)
        {
            output += " ";
            for (int i = 0; i < Scores.GetLength(1); i++)
                output += " 考试科目" + (i + 1);
            for (int m = 0; m < Scores.GetLength(0); m++)
            {
                output += "\n" + "学生" + (m + 1) + " ";
                for (int j = 0; j < Scores.GetLength(1); j++)
                    output += Scores[m, j] + " ";
            }
        }
        static int Minimum(int[,] Scores)
        {
            int low = 100;
            for(int i = 0; i < Scores.GetLength(0); i++)
                for(int j = 0; j < Scores.GetLength(1); j++)
                    if(Scores[i,j]< low)
                        low = Scores[i,j];
            return low;
        }
        static int Maximum(int[,] Scores)
        {
            int high = 0;
            for(int i = 0; i < Scores.GetLength(0); i++)
                for(int j = 0; j < Scores.GetLength(1); j++)
                    if(Scores[i,j]> high)
                        high = Scores[i,j];
            return high;
        }
        static double Average(int[,] Scores, int k)
        {
            double total = 0;;
            for(int i = 0; i < Scores.GetLength(1); i++)
                total += Scores[k,i];
            return (double)(total/Scores.GetLength(1));
```

```
        static void Main(string[] args)
        {
            int[,] Scores = {{89,78,86},{80,76,88},{90,87,79},{79,86,89},{92,88,78}};
            output = "成绩数组是:" + "\n";
            OutputArray(Scores);
            output += "\n\n" + "最低分:" + Minimum(Scores) + "\n"
                   + "最高分:" + Maximum(Scores) + "\n";
            for(int i = 0;i < Scores.GetLength(0);i++)
                output += "\n" + "学生" + (i + 1) + "的平均成绩为:" + Average(Scores,i);
            Console.Write(output);
        }
    }
}
```

(3) 运行程序,结果如图 5-5 所示。

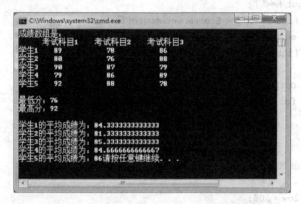

图 5-5　学生多科目平均成绩计算结果

5.3　集合

C#中的数组和 JavaScript、ActionScript 等脚本语言中的数组相比,具有很多的局限性,例如只能存储固定数量的元素,且每个元素的数据类型必须相同。

如果需要使用更复杂的对象管理功能,就往往需要编写复杂的数组重定义代码。由于数组的这些缺陷,在 C#中引入了集合这一功能。相比数组,集合的语法更加标准化,且可以实现更多复杂的功能。

集合是引自数学的一种概念,其本意是表示一组具有共同性质的数学元素的组合,典型的数学集合包括有理数集合等。在面向对象程序设计中,集合是一个将各种相同类型的对象组合起来的类型,是为保障数据的安全存储和访问而设计的。集合如同数组,用来存储和管理一组特定类型的数据对象,除了基本的数据处理功能,集合直接提供了各种数据结构及算法的实现,如队列、链表、排序等,可以轻易地完成复杂的数据操作。

Visual C# 2008 中的常用集合类有 ArrayList、HashTable、Queue、Stack 等,如表 5-3 所示列出的是一些常用的集合类。

表 5-3 常用的集合类

集 合 类	说 明
ArrayList	对数组中的元素进行各种处理
HashTable	哈希表(hash table)是给定的关键字到值的映射,用于数据分割,一个哈希表存储的是关键字/值的排序序列,可以被关键字访问
Queue	队列实现了先进先出的机制
SortedList	存储关键字/值对的排序序列,可以被关键字或索引访问
Stack	堆栈实现了后进先出的机制
StringCollection	字符串集合,使用时和数组类似

集合类的元素数据类型都是 object。因为集合类位于 System.Collections 命名空间中,因此在使用集合类之前必须先引入其命名空间,代码如下:

```
using System.Collections;
```

接下来简单地介绍一下 Visual C# 2008 中最常用的集合类 ArrayList 和 HashTable。

5.3.1 ArrayList 集合类

ArrayList 的元素数据类型为 object,可以用 Add 或 Insert 方法给集合插入元素,用 Remove 或 RemoveAt 方法删除元素,并且可以使用 foreach 语句遍历集合。

1. Add 方法

Add 方法的作用是在 ArrayList 的末尾添加一个元素,只需要给出要添加的元素值,ArrayList 会自动调整自身的大小,Add 方法的语法格式如下:

```
ArrayList 对象.Add(要添加的元素值)
```

例如:

```
ArrayList nums = new ArrayList();   //定义 ArrayList 类对象
nums.Add(3);                        //给 nums 集合尾部添加元素 3
```

2. Insert 方法

Insert 方法的作用是在 ArrayList 的指定索引处添加一个元素,需要给出添加到的位置和要添加的元素值,ArrayList 同样会自动调整自身的大小,Insert 方法的语法格式如下:

```
ArrayList 对象.Insert(添加到的位置,要添加的元素值)
```

例如:

```
ArrayList nums = new ArrayList();   //定义 ArrayList 类对象
//在 nums 集合的最前面添加一个元素 3,第一个元素的索引号为 0
nums.Insert(0,3);
```

3. Remove 方法

Remove 方法的作用是在 ArrayList 中删除一个指定值的元素,需要给出要删除的元素的值,如果 ArrayList 中有两个或两个以上指定的值,则只删除最先出现的那一个。ArrayList 同样会自动调整自身的大小,Remove 方法的语法格式如下:

ArrayList 对象.Remove(要删除的元素值)

例如:

```
ArrayList nums = new ArrayList();    //定义 ArrayList 类对象
nums.Remove(3);                       //删除 nums 集合中第一个值为 3 的元素
```

4. RemoveAt 方法

RemoveAt 方法的作用是在 ArrayList 中删除一个指定索引处的元素,只需要给出要删除元素的索引号,ArrayList 同样会自动调整自身的大小,RemoveAt 方法的语法格式如下:

ArrayList 对象.RemoveAt(要删除元素的索引号)

例如:

```
ArrayList nums = new ArrayList();    //定义 ArrayList 类对象
nums.RemoveAt(3);                     //删除 nums 集合中的第 4 个元素
```

注意:不可以在遍历集合类的 foreach 循环中使用 Remove 或 RemoveAt 方法,否则将弹出异常,如图 5-6 所示。

图 5-6 在 foreach 循环中使用删除元素的异常

5. Count 属性

ArrayList 类的 Count 属性用来返回一个 ArrayList 集合中有多少个元素,类似于数组的 Length 属性。访问 Count 属性的一般形式如下:

ArrayList 对象.Count

例如:

```
int n;
```

```
ArrayList nums = new ArrayList();    //定义 ArrayList 类对象
n = nums.Count;                       //整型变量 n 接收 nums 的元素个数
```

例 5-5 编写程序,创建一个 ArrayList 集合,然后执行下述操作,并给出每次操作后的结果。

(1) 使用 foreach 语句填充 ArrayList 的数据为 1、2、3、3、4、5、6、7、8、9、10。
(2) 在元素 6 和 7 之间使用 Insert 方法插入一个元素 6。
(3) 然后使用 Remove 方法删除第一个值为 3 的元素。
(4) 再使用 RemoveAt 方法删除集合中第一个值为 6 的元素。

具体实现步骤如下。

(1) 新建一个空白解决方案 Example5-5 和项目 Example5-5(项目模板:Windows 窗体应用程序),程序设计界面如图 5-7 所示。

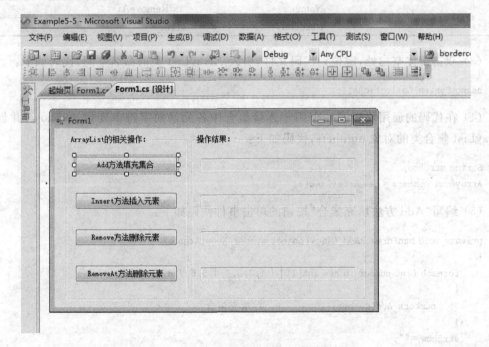

图 5-7 ArrayList 集合的应用设计界面

(2) 设置界面对象属性,窗体和各控件的属性设置如表 5-4 所示。

表 5-4 ArrayList 的应用各控件的属性设置

对　象	属　性　名	属　性　值
groupBox1	Text	ArrayList 的相关操作:
groupBox2	Text	操作结果:
button1	Name	btnForeachAdd
	Text	Add 方法填充集合
button2	Name	btnInsert
	Text	Insert 方法插入元素

续表

对　象	属　性　名	属　性　值
button3	Name	btnRemove
	Text	Remove 方法删除元素
button4	Name	btnRemoveAt
	Text	RemoveAt 方法删除元素
textBox1	Name	txtForeachAdd
	ReadOnly	True
textBox2	Name	txtInsert
	ReadOnly	True
textBox3	Name	txtRemove
	ReadOnly	True
textBox4	Name	txtRemoveAt
	ReadOnly	True

(3) 双击窗体空白处，定位到代码文件，引入 ArrayList 类的命名空间，代码如下：

```
using System.Collections;
```

(4) 在代码的通用块声明一个用于连接集合中各元素的字符串变量 strShow，并创建 ArrayList 集合类的对象 numbers，代码如下：

```
String strShow;
ArrayList numbers = new ArrayList();
```

(5) 编写"Add 方法填充集合"按钮的单击事件代码如下：

```
private void btnForeachAdd_Click(object sender,EventArgs e)
{
    foreach (int number in new int[11] { 1,2,3,3,4,5,6,7,8,9,10 })
    {
        numbers.Add(number);              //填充集合
    }
    strShow = "";
    foreach (int num in numbers)
    {
        strShow = strShow + num + " ";    //连接集合元素,用空格隔开
    }
    txtForeachAdd.Text = strShow.Trim();
}
```

运行程序，单击"Add 方法填充集合"按钮，结果如图 5-8 所示。

(6) 编写"Insert 方法插入元素"按钮的单击事件代码如下：

```
private void btnInsert_Click(object sender,EventArgs e)
{
    //插入元素 6,原来的元素 6 索引号为 6,所以新插入的元素 6 的索引号为 7
    numbers.Insert(7,6);
    strShow = "";
```

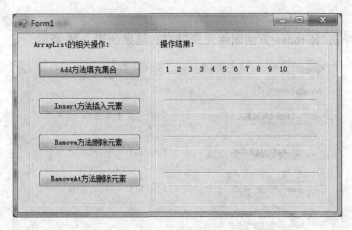

图 5-8　使用"Add 方法填充集合"结果

```
    foreach (int num in numbers)
    {
        strShow = strShow + num + " ";
    }
    txtInsert.Text = strShow.Trim();
}
```

运行程序，单击"Insert 方法插入元素"按钮，结果如图 5-9 所示。

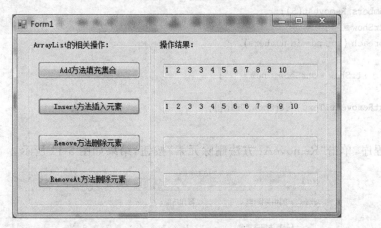

图 5-9　使用"Insert 方法插入元素"结果

（7）编写"Remove 方法删除元素"按钮的单击事件代码如下：

```
private void btnRemove_Click(object sender,EventArgs e)
{
    numbers.Remove(3);                    //删除第一个值为 3 的元素
    strShow = "";
    foreach (int num in numbers)
    {
        strShow = strShow + num + " ";
    }
    txtRemove.Text = strShow.Trim();
```

}

运行程序,单击"Remove 方法删除元素"按钮,结果如图 5-10 所示。

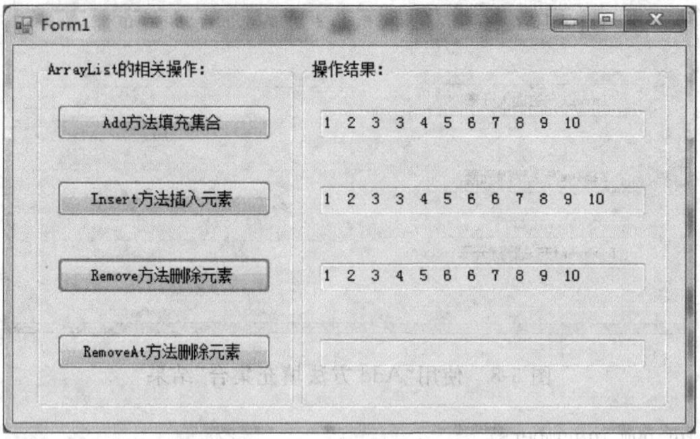

图 5-10 使用"Remove 方法删除元素"结果

(8) 编写"RemoveAt 方法删除元素"按钮的单击事件代码如下:

```
private void btnRemoveAt_Click(object sender, EventArgs e)
{
    //删除索引号为 5 的元素,即第一个值为 6 的元素
    numbers.RemoveAt(5);
    strShow = "";
    foreach (int num in numbers)
    {
        strShow = strShow + num + " ";
    }
    txtRemoveAt.Text = strShow.Trim();
}
```

运行程序,单击"RemoveAt 方法删除元素"按钮,结果如图 5-11 所示。

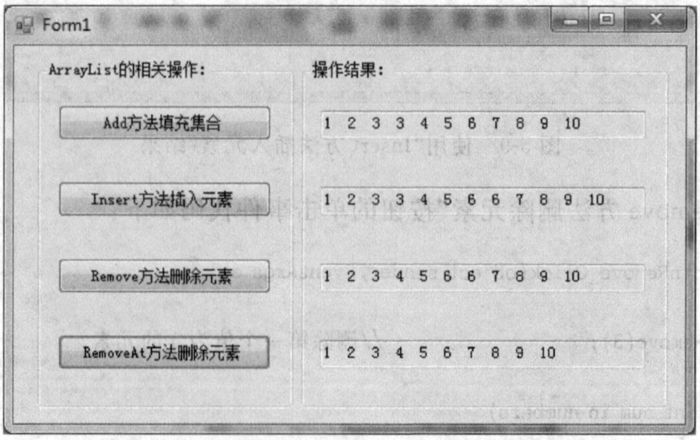

图 5-11 使用"RemoveAt 方法删除元素"结果

5.3.2　HashTable 集合

在.NET Framework 中，HashTable 是 System.Collections 命名空间提供的一个处理类似 key/value 的键值对的集合。每个元素（键值对）都存储在 DictionaryEntry 对象中，键不能为 null，但值可以。

原理是通过数学函数的运算，将集合中元素的键经过哈希函数转换成对应表格中的索引值，这类的表格称为哈希表，通过哈希函数的使用，键对应到一个称为哈希码的值，再通过这个哈希码形成的索引地址找到指定的对象元素，并以这种机制存储所要处理的信息。HashTable 集合类中的常用属性和方法如表 5-5 所示。

表 5-5　HashTable 集合类中的常用属性和方法

类中成员	说　　明
Count	获取包含在 HashTable 中的键/值对的数目
IsFixedSize	获取一个值，该值指示 HashTable 是否具有固定大小
IsReadOnly	获取一个值，该值指示 HashTable 是否为只读
Item	获取或设置与指定的键相关联的值
Keys	获取包含在 HashTable 中的键的 ICollection
Values	获取包含在 HashTable 中的值的 ICollection
Add()	将指定键/值元素添加到 HashTable 中
Clear()	从 HashTable 中移除所有元素
ContainsKey()	确定 HashTable 是否包含特定键
ContainsValue()	确定 HashTable 是否包含特定值
Remove()	从 HashTable 中移除带有指定键的元素

同样，HashTable 集合类的遍历可以采用 foreach 语句，例如：

```
foreach (System.Collections.DictionaryEntry objDE in objHasTab)
{
    Console.WriteLine(objDE.Key.ToString());      //输出键
    Console.WriteLine(objDE.Value.ToString());    //输出值
}
```

例 5-6　创建一个控制台应用程序，演示 HashTable 集合类的使用。

具体实现步骤如下。

（1）新建一个空白解决方案 Example5-6 和项目 Example5-6（项目模板：控制台应用程序）。

（2）添加如下代码：

```
using System;
using System.Collections;               //引入 HashTable 集合类所用的命名空间

namespace Example5_6
{
    class Program
```

```csharp
    {
        static void Main(string[] args)
        {
            //创建一个 HashTable
            Hashtable openWith = new Hashtable();

            //为 HashTable 添加元素,不能有重复的 key,但可以有重复的值
            openWith.Add("txt","notepad.exe");
            openWith.Add("bmp","paint.exe");
            openWith.Add("dib","paint.exe");
            openWith.Add("rtf","wordpad.exe");

            //添加重复的 key,会抛出异常
            try
            {
                openWith.Add("txt","winword.exe");
            }
            catch
            {
                Console.WriteLine("An element with Key = \"txt\" already exists.");
                //转义字符\"代表双引号
            }
            //通过 key 获得值
            Console.WriteLine("For key = \"rtf\",value = {0}.",openWith["rtf"]);

            //重新赋值
            openWith["rtf"] = "winword.exe";
            Console.WriteLine("For key = \"rtf\",value = {0}.",openWith["rtf"]);

            //以赋值的方式,创建一个新元素
            openWith["doc"] = "winword.exe";

            //判断是否包含特定的 key,如果不包含则添加
            if (!openWith.ContainsKey("ht"))
            {
                openWith.Add("ht","hypertrm.exe");
                Console.WriteLine("Value added for key = \"ht\": {0}",openWith["ht"]);
            }

            //遍历 HashTable
            Console.WriteLine();
            foreach (DictionaryEntry de in openWith)
            {
                Console.WriteLine("Key = {0},Value = {1}",de.Key,de.Value);
            }
        }
    }
```

(3) 运行程序,界面如图 5-12 所示。

图 5-12 HashTable 集合的应用运行结果

集合与数组的区别包括如下几点。

(1) 数组要声明元素的类型,集合类的元素类型是 object。

(2) 数组可读可写,但不能声明只读数组。集合类可以提供 ReadOnly 方法以只读方式使用集合。

(3) 数组一旦创建,则固定大小,不能伸缩。虽然使用 System.Array.Resize 泛型方法可以重置数组大小,但该方法是在内存中重新创建,使用原数组的元素值初始化,原数组被回收。集合在使用过程中是可变长的。

(4) 数组要有整数下标才能访问特定的元素,然而很多时候这样的下标并不是很有用。集合也是数据列表却不使用下标访问。

5.4 数组的应用

例 5-7 编写程序,随机生成 10 个互不相同的两位整数,用冒泡排序法从小到大排序并显示出来。

程序分析:首先利用前面介绍的 System.Random 类生成 10 个互不相同的两位整数,再使用冒泡排序法对其排序,冒泡排序法的基本思想如下。

设有 10 个数存放在数组 numbers 中,分别表示为 numbers[0],numbers[1],numbers[2],numbers[3],numbers[4],numbers[5],numbers[6],numbers[7],numbers[8],numbers[9]。

第 1 轮:先将 numbers[0] 和 numbers[1] 比较,如果 numbers[0]>numbers[1],则交换 numbers[0]、numbers[1] 的值;再将 numbers[1] 和 numbers[2] 比较,如果 numbers[1]>numbers[2],则交换 numbers[1]、numbers[2] 的值;……;当 numbers[8] 和 numbers[9] 比较并处理完后,则 numbers[9] 中存放的是这 10 个数中的最大值。这一轮共两两比较了 9 次。

第 2 轮:按照同样的方法将 numbers[0]~numbers[8] 处理后,则 numbers[8] 中存放的是这 10 个数中的次大者。——这一轮共两两比较了 8 次。

……

依此类推,比较 9 轮后,所有元素已按从小到大的顺序排列好了。可以看出冒泡排序法排序的轮数为 $n-1$(n 为数组元素的个数)。

具体实现步骤如下。

(1) 新建一个空白解决方案 Example5-7 和项目 Example5-7(项目模板：Windows 窗体应用程序)，程序设计界面如图 5-13 所示。

图 5-13　程序设计界面

(2) 设置界面对象属性，窗体和各控件的属性设置如表 5-6 所示。

表 5-6　窗体和各控件的属性设置

对　　象	属　性　名	属　性　值
Form1	Text	例 5-7
label1	Text	随机生成的 10 个整数为：
label2	Text	经过排序的 10 个整数为：
textBox1	Name	txtRandom
	ReadOnly	True
textBox2	Name	txtSorted
	ReadOnly	True
button1	Name	btnSorted
	Text	排序
Button2	Name	btnClose
	Text	关闭

(3) 编写代码。

① 考虑到在不同的方法(窗体载入时生成并显示 10 个随机数，单击"排序"按钮时进行排序)中都要使用到循环变量和数组，所以在代码通用段声明：

```
int i,j;
int[] numbers = new int[10];
```

② 随机生成并显示 10 个随机的两位整数由窗体 Form1 的 Load(载入)事件完成，其代码如下：

```
private void Form1_Load(object sender,EventArgs e)
{
    int n;
    bool flag;
    string str = "";
    Random r = new Random();
    for (i = 0; i <= 9; i++)
```

```
        {
            do
            {
                n = r.Next(10,99);
                flag = false;
                for (j = 0; j <= i - 1; j++)
                {
                    if (n == numbers[j])
                    {
                        flag = true;        //用来控制生成的随机数互不相同
                        break;
                    }
                }
            } while (flag == true);
            numbers[i] = n;
            str = str + (numbers[i].ToString() + " ");
        }
        txtRandom.Text = str.Trim();
}
```

③ 冒泡排序由"排序"按钮的单击事件完成，代码如下：

```
private void btnSorted_Click(object sender,EventArgs e)
{
    int tempNumber;
    string str = "";
    for (i = 0; i <= 8; i++)            //对10个随机数进行冒泡排序
    {
        for (j = 0; j <= 8 - i; j++)
        {
            if (numbers[j] > numbers[j + 1])
            {
                tempNumber = numbers[j];
                numbers[j] = numbers[j + 1];
                numbers[j + 1] = tempNumber;
            }
        }
    }
    for (i = 0; i <= 9; i++)
    {
        str = str + (numbers[i].ToString() + " ");
    }
    txtSorted.Text = str.Trim();
}
```

④ 编写"关闭"按钮的单击事件代码如下：

```
private void btnClose_Click(object sender,EventArgs e)
{
    Application.Exit();              //退出应用程序
}
```

(4) 运行程序,窗体载入后运行界面如图 5-14 所示。

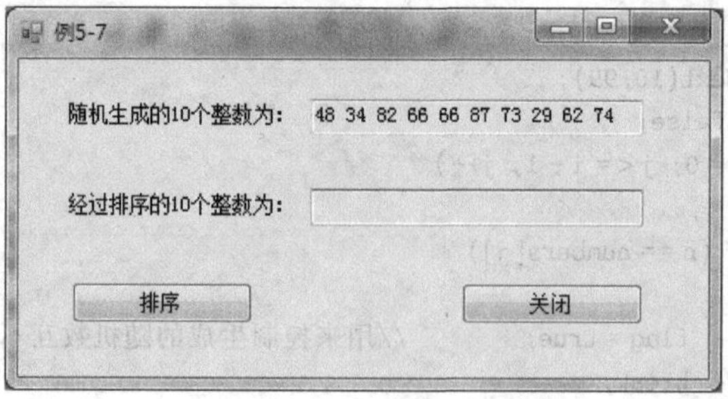

图 5-14 窗体载入后的界面

(5) 单击"排序"按钮后,排序结果如图 5-15 所示。

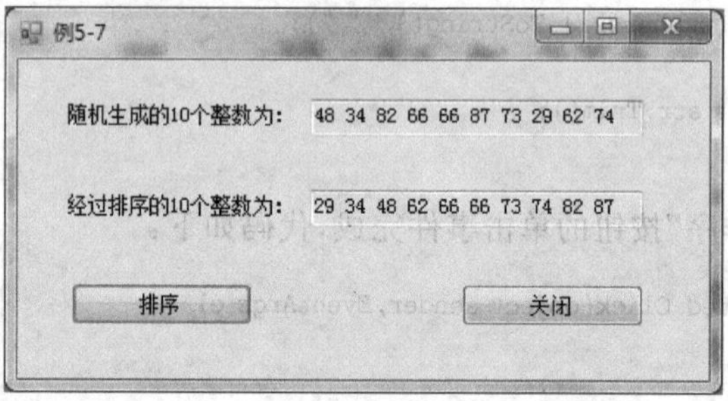

图 5-15 排序后的结果

(6) 单击"关闭"按钮,退出应用程序。

例 5-8 设有矩阵

$$\begin{bmatrix} 4 & 6 & 8 & 10 & 12 \\ 6 & 9 & 12 & 15 & 18 \\ 8 & 12 & 16 & 20 & 24 \\ 10 & 15 & 20 & 25 & 30 \\ 12 & 18 & 24 & 30 & 36 \end{bmatrix}$$

编写程序,计算并输出第 1 行元素之和、第 3 列元素之和、两对角线的元素之和以及所有元素的平均值。

程序分析:处理该矩阵时,假设使用二维数组 numbers 来表示,则各元素的值可以由通式"$numbers[i,j]=(i+2)*(j+2)$"得到。

具体实现步骤如下。

(1) 新建一个空白解决方案 Example5-8 和项目 Example5-8(项目模板:Windows 窗体应用程序),程序设计界面如图 5-16 所示。

(2) 设置界面对象属性,窗体和各控件的属性设置如表 5-7 所示。

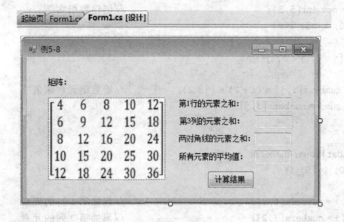

图 5-16 程序设计界面

表 5-7 窗体和各控件的属性设置

对 象	属 性 名	属 性 值
Form1	Text	例 5-8
label1	Text	矩阵：
label2	Text	第 1 行的元素之和：
label3	Text	第 3 列的元素之和：
label4	Text	两对角线的元素之和：
label5	Text	所有元素的平均值：
pictureBox1	Image	如图所示的矩阵图片
	SizeMode	StretchImage
button1	Name	btnCount
	Text	计算结果
textBox1	Name	txtResult1
	ReadOnly	True
textBox2	Name	txtResult2
	ReadOnly	True
textBox3	Name	txtResult3
	ReadOnly	True
textBox4	Name	txtResult4
	ReadOnly	True

（3）编写代码，"计算结果"按钮代码如下：

```
private void btnCount_Click(object sender,EventArgs e)
{
    int i,j,sum1,sum2,sum3,sum;
    sum1 = 0;
    sum2 = 0;
    sum3 = 0;
    sum = 0;
    float ave;
    int[,] numbers;
```

```
        numbers = new int[5,5];                        //创建数组实例
        for (i = 0; i < 5; i++)
        {
            for (j = 0; j < 5; j++)
            {
                numbers[i,j] = (i + 2) * (j + 2);      //给数组元素赋值
                sum += numbers[i,j];
            }
        }
        ave = (float)(sum/numbers.Length);
        for (i = 0; i < 5; i++)
        {
            sum1 += numbers[0,i];                      //累加第 1 行的元素
            sum2 += numbers[i,2];                      //累加第 3 列的元素
            sum3 += (numbers[i,i] + numbers[i,4 - i]); //累加两对角线的元素
        }
        sum3 -= numbers[2,2];                          //减去重加的元素
        txtResult1.Text = sum1.ToString();
        txtResult2.Text = sum2.ToString();
        txtResult3.Text = sum3.ToString();
        txtResult4.Text = ave.ToString();
    }
```

(4) 运行程序,单击"计算结果"按钮,运行界面如图 5-17 所示。

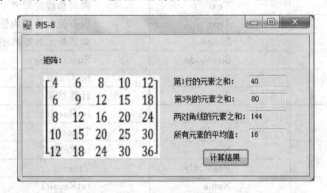

图 5-17 程序运行结果

本章小结

　　本章首先讨论了一维数组和二维数组的声明、创建和初始化以及各自的应用。接着介绍了集合的概念,并通过实例详细讲述了 ArrayList 和 HashTable 集合类数据的访问方法。重点掌握一维数组和二维数组的声明、创建和初始化的方法以及访问单个数组元素和遍历数组的方法;集合类的概念以及 ArrayList 和 HashTable 集合类的数据访问方法;foreach 语句在数组和集合中的应用。

习题

1. 选择题

(1) 在 C♯ 中声明一个数组,正确的代码为(   )。
   A. int arraya=new int[5];   B. int[] arraya=new int[5];
   C. int arraya=new int[];   D. int[5] arraya=new int;

(2) 下列的数组定义语句,正确的是(   )。
   A. int a[]=new int[5]{1,2,3,4,5}   B. int[,] a=new int[3][4]
   C. int[][] a=new int[3][];   D. int[] a={1,2,3,4};

(3) 正确定义一维数组 a 的方法是(   )。
   A. int a[10];   B. int a(10);
   C. int[] a;   D. int [10]a;

(4) 正确定义二维数组 a 的方法是(   )。
   A. int a[3][4];   B. int a(3,4);
   C. int[,] a;   D. int[3,4] a;

(5) 假定 int 类型变量占用两个字节,若有定义 int[] x=new int[10]{0,1,2,3,4,5,6,7,8,9};则数组 x 在内存中所占字节数是(   )。
   A. 6   B. 20   C. 40   D. 80

(6) 有定义语句 int[,]a=new int[5,6];,则下列正确的数组元素的引用是(   )。
   A. a(3,4)   B. a(3)(4)   C. a[3][4]   D. a[3,4]

2. 填空题

(1) C♯ 中数组要先(   )再使用。
(2) 数组允许通过同一名字引用一系列变量,使用(   )加以区分。
(3) 已知 arr 是数组名,arr.Length 表示(   )。
(4) 创建一个能存放 10 个整型数的数组的语句是(   )。

3. 程序设计题

(1) 用 10、23、56、78、90 初始化数组,输出数组各元素并反序输出。项目名称为 xt5-1,程序的运行界面如图 5-18 所示。

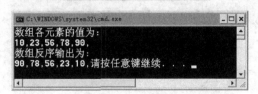

图 5-18 数组反序输出界面

(2) 定义一个数组,用来存储输入的 10 个学生的考试成绩,计算并输出平均成绩、最高成绩和最低成绩及其对应的数组下标。项目名称为 xt5-2,程序的运行界面如图 5-19 所示。

图 5-19 学生平均成绩、最高成绩和最低成绩界面

(3) 定义一个数组,用来存储输入的 5 个学生的考试成绩,实现按成绩的降序输出。项目名称为 xt5-3,程序的运行界面如图 5-20 所示。

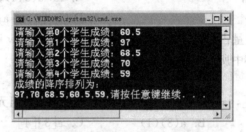

图 5-20 学生成绩降序输出界面

(4) 定义一个 4×5 的二维数组,使元素值为行、列号之积,然后输出此矩阵并计算每一列的平均值。项目名称为 xt5-4,程序的运行界面如图 5-21 所示。

图 5-21 计算矩阵每列平均值的界面

第6章 面向对象程序设计基础

本书前面介绍了C#语法和编程的相关基础知识,现在我们已经可以编写出控制台应用程序和Windows窗体应用程序了。但是C#是一种完全面向对象的语言,要想了解C#的强大功能还需要使用面向对象编程技术。本章介绍了面向对象编程的相关知识,主要介绍面向对象的规则。

6.1 面向对象编程

6.1.1 面向对象编程简介

面向对象技术是一种新的软件技术,其概念来源于程序设计,20世纪60年代提出面向对象的概念,到现在它已经发展成为一种比较成熟的编程思想,并且逐步成为目前软件开发领域的主流技术。

在面向对象程序设计(Object Oriented Programming,OOP)方法出现之前,程序员用面向过程的方法开发程序。那么面向过程的程序设计方法与面向对象的程序设计方法有什么不同呢?

首先,在面向过程的语言中,问题被看作一系列需要完成的任务,函数用于完成这些任务,解决问题的焦点集中于函数。面向对象是把构成问题的事物分解成各个对象,建立对象的目的不是为了完成一个步骤,而是为了描叙某个事物在整个解决问题的步骤中的行为。

其次,面向过程的方法以功能为中心,把密切相关、相互依赖的数据和对数据的操作相互分离,这种实质上的依赖与形式上的分离使得大型程序不但难于编写,而且难于调试和修改。在多人合作中,程序员之间很难读懂对方的代码,更谈不上代码的重用。面向对象以数据为中心而不是以功能为中心来描述系统,数据相对于功能而言具有更强的稳定性。它将数据和对数据的操作封装在一起,作为一个整体来处理,将这个整体抽象成一种新的数据类型——类,并且考虑不同类之间的联系和类的重用性。

第三方面,面向过程程序的控制流程由程序中的预定顺序来决定;面向对象程序的控制流程由运行时各种事件的实际发生来触发,而不再由预定顺序来决定,更符合实际。

最后,面向对象程序设计方法可以利用已有的组件,例如框架产品(如.net框架)进行编程。通过对象使用,当你要开发新系统时,若目前已存在的对象尚可使用时,则不需要从头做起,只要将原来的对象找出来直接应用,这提高了代码的重用,也大大提高了工作效率。

举例来说,如果实现一个学生的管理系统,用面向过程程序设计方法来描述,输出学生信息是一个事件,修改学生信息是另一个事件,在编程序的时候我们关心的是某一个事件,而不是学生,我们要分别对输出信息和修改信息编写程序。而用面向对象技术来解决这个问题时,重点应该放在学生上,要描述学生的主要属性,要对学生做些什么操作(输出、修改)等,并且把它们作为一个整体来对待,形成一个类,称为学生类。作为其实例,可以建立许多具体的学生,而每一个具体的学生就是学生类的一个对象。学生类中的数据和操作可以提供给相应的应用程序共享,还可以在学生类的基础上派生出小学生类、中学生类、大学生类等,实现代码的高度重用。

6.1.2 面向对象编程语言的特点

面向对象编程语言最主要的特点是封装、继承、多态。

1. 封装

封装(Encapsulation)是指将方法与数据同放于一对象中,以使对数据的存取只通过该对象本身的方法。封装有两个含义:一是把对象的全部属性和行为结合在一起,形成一个不可分割的独立单位。对象的属性值(除了公有的属性值)只能由这个对象的行为来读取和修改;二是尽可能隐蔽对象的内部细节,对外形成一道屏障,与外部的联系只能通过外部接口实现。

封装的信息隐蔽作用反映了事物的相对独立性,可以只关心它对外所提供的接口,即能做什么,而不注意其内部细节,即怎么提供这些服务。例如,用陶瓷封装起来的一块集成电路芯片,其内部电路是不可见的,而且使用者也不关心它的内部结构,只关心芯片引脚的个数、引脚的电气参数及引脚提供的功能,利用这些引脚,使用者将各种不同的芯片连接起来,就能组装成具有一定功能的模块。

封装的结果使对象以外的部分不能随意存取对象的内部属性,从而有效地避免了外部错误对它的影响,大大减小了查错和排错的难度。另一方面,当对象内部进行修改时,由于它只通过少量的外部接口对外提供服务,因此同样减小了内部的修改对外部的影响。同时,如果一味地强调封装,则对象的任何属性都不允许外部直接存取,要增加许多没有其他意义,只负责读或写的行为。这为编程工作增加了负担,增加了运行开销,并且使得程序显得臃肿。为了避免这一点,在语言的具体实现过程中应使对象有不同程度的可见性,进而与客观世界的具体情况相符合。

封装机制将对象的使用者与设计者分开,使用者不必知道对象行为实现的细节,只需要用设计者提供的外部接口让对象去做。封装的结果实际上隐蔽了复杂性,并提高了代码重用性,从而降低了软件开发的难度。

2. 继承

考虑一下这样的例子。轿车是一种交通工具,它具有特定的属性,包括容量、重量、排量等;有特定的行为,包括启动、刹车等。公交车也是一种交通工具,但它具有不同的特征。公交车的容量有别于轿车,两者的重量、排量都不同。无论是公交车还是轿车都是不同于轮船和飞机。虽然这些都属于"交通工具"类别,但它们都有不同的特征。

面向对象的继承(Inherit)允许在这些相似但又不同的事物之间建立"属于"(is a)关系。我们可以合理地认为公交车和轿车都"属于"交通工具。为上面提到的每种交通工具都建立一个类,就可以得到一个类层次结构,它由一系"属于"关系构成。例如,可以将基类型(所有交通工具都由它派生)定义成为 Vehicle(交通工具),公交车、轿车、轮船、直升机、民航客机都属于 Vehicle。但是,直升机和民航客机不必直接从 Vehicle 派生,它们可以从 Plane(飞机)中派生。可以用一幅 UML(Unified Modeling Language,统一建模语言)风格的类关系图来看类层次结构,如图 6-1 所示。

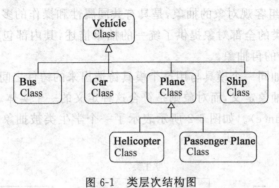

图 6-1　类层次结构图

3. 多态

多态(polymorphism)从字面意思来理解是"多种形态",在面向对象编程中,多态是指同一方法或类型可以具有多种形式的实现。例如某一个媒体播放器,有一个 Play()方法,用这个方法可以播放各种类型的视频文件或音频文件,但实际上不同类型的文件的播放方法是不同的,因此,针对不同类型的文件,执行的 Play()方法也是不同的。而媒体播放器只是简单地调用了每一种类型的 Play()方法,就实现了这样的功能,这就被称为多态,在后面章节的学习中我们就能够了解多态具体如何实现。由于有了多态的特性,一个类型能够因为在运行中指向不同的类型而实现不同的代码,而这些不同类型所调用的方法签名都是一样的。

6.2　类和对象

对象(Object)是整个面向对象程序设计的核心。那么什么是对象？在日常生活中,我们每天接触的每个具体的事物就是对象,例如,你的同学张某,走到路上看到的一辆白色 jeep 越野车,校园里那只流浪的小狗,你的手机等一切。在计算机中我们如何来描述这些对象呢？例如描述白色 jeep 越野车,我们可以描述这种车的静态特征,例如品牌、颜色、价格、车重、油耗、动力等,这些静态特征被称为属性,只描述属性并不足以描述一个生动的、漂亮的白色 jeep 越野车,我们还可以描述这辆车的动态特性,例如车的启动、刹车、鸣笛等,这样的动态特性被称为行为或方法。当我们为属性赋予具体数值、定义具体的方法的时候,一个对象就被创造出来了。

对象是所有数据及可对这些数据施加的操作结合在一起所构成的独立单位的总称,是拥有具体数据和行为的独立个体。对象(Object)由属性(Attribute)和行为(Action)两部分组成。对象只有在具有属性和行为的情况下才有意义,属性是用来描述对象静态特征的一个数据项,行为是用来描述对象动态特征的一个操作。对象是包含客观事物特征的实体,是属性和行为的封装体。

那么在赋值之前的那个状态的事物被称为什么呢?我们来看这个状态的特点,它可以描述出某一类型的事物,换言之,这个状态描述的是一个模型,是抽象的、非具体的,它被称为类。

类(Class)是对一组客观对象的抽象,是具有共同属性和操作的多个对象的相似特性的统一体。它为属于该类的全部对象提供了统一的抽象描述,其内部包括属性和行为两个主要部分,类是对象集合的再抽象。

类与对象的关系如同一个模具与用这个模具铸造出来的铸件之间的关系。类给出了属于该类的全部对象的抽象定义,而对象则是符合这种定义的一个实体。所以,一个对象又称作类的一个实例(Instance)。如图 6-2 所示表示了一个学生类被抽象的过程以及若干个学生对象被创建的过程。

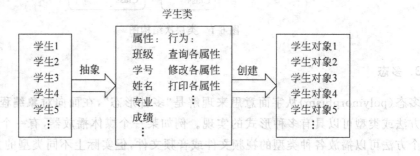

图 6-2 学生类

6.2.1 定义一个类

在 C#语言中,使用关键字 class 来定义一个类,格式如下:

```
class 类名
{
    //类成员
}
```

例 6-1 定义一个 Person 类。

```
class Person
{
}
```

例 6-2 定义一个 Point 类,它的作用是标明一个二维坐标。

```
class Point()
{
}
```

定义好一个新类后,就可以在项目中能访问该定义的其他地方对该类进行实例化。在默认情况下,类声明为内部的,即只有当前项目中的代码才能访问它。可以用 internal 访问修饰符关键字显式指定它,如下所示(但这是不必要的,因为 internal 是默认修饰符):

```
internal class Person
{
}
```

另外,还可以指定类是公共的,公共的类可以被其他项目中的代码访问。如果定义的是公共类,就必须要用关键字 public 修饰。

```
public class Person
{
}
```

除了这两个访问修饰符之外,还可以对类进行一些其他的指定,例如抽象的(不能实例化,只能继承)或密封的(不能继承),这将在下一章进行介绍。

6.2.2 对象的创建

我们定义类的最终目的就是用类来创建对象,对象才是我们编程的核心。当我们定义好一个类之后,可以用它来定义变量,也可以用它来创建对象(也被称为实例化一个对象),创建对象使用关键字 new,一般格式如下:

类名 对象名 = new 类名( );

或者,我们将声明和实例化分为两行代码:

类名 对象名;
对象名 = new 类名( );

注意:关键字 new 后面的类名( )实际应该是构造函数名,目前为止,我们只知道是类名就可以了,因为构造函数与类同名。

例 6-3 为上一节中定义的 Person 类创建两个对象,名为 s1 和 s2。

```
class Program
{
    static void Main()
    {
        Person s1 = new Person();      //声明并实例化一个对象
        Person s2;                     //声明一个变量
        s2 = new Person();             //将声明的变量实例化为一个对象
    }
}

public class Person
{
}
```

当我们使用 new 关键字来实例化一个对象的时候,这意味着什么呢? 当我们只是声明一个变量的时候,内存中并没有为这个变量分配相应的存储空间,只有当使用 new 关键字来实例化它时,内存中才为这个对象分配对应大小的存储空间,在每个对象的存储空间中,根据类的定义中所包含的成员,它们都有一份自己独立的数据,根据构造函数为对象中的各实例数据成员赋值,并返回一个对实例的引用,存储空间大小由对象的成员个数及类型来决定。这个阶段称为对象的**构造阶段**,初始化过程由构造函数完成。在应用程序结束之前的某个时候,对象最后一次被调用之后将被删除,这个阶段称为**析构阶段**,此时常常需要执行一些清理工作,例如,释放内存,系统的"运行时"会在最后一次访问对象之后,自动调用析构函数完成。这个析构过程是.NET 系统的垃圾自动回收机制。从构造阶段到析构阶段被称为**对象的生命周期**。

在这个例子中,没有数据或方法与 Person 类关联,所以相当于实例化了一个完全没用的对象。但一般的情况是当我们描述一个对象时,需要使用一些数据和动作来表示对象特征,它们被称为类的成员。

6.2.3 类的成员简介

类的成员包括字段、方法、属性、索引器等,在后面的学习中我们将一一具体介绍。这些类的成员又都有实例成员和静态成员之分。实例成员,从名字上可以看出,这种成员属于类的实例(即对象)所有,每个对象都有一份独立的数据清单,这些清单来自于定义类时的实例成员。举个例子来说,每个同学都有姓名、年龄这样的属性,但每个人的姓名、年龄都是相互独立的,和其他同学没有关系,所以我们在定义类的时候要把像姓名、年龄这样的属性定义为实例成员。实例成员只能被对象引用。而另外一种成员又有不同,例如人数,如果我们想知道当前的人数,必须有一个变量作为累加器用来记录已经实例化几个对象,执行一次实例化操作时,就对这个累加器加 1,而这个累加器不属于任何一个对象所有,静态成员从属于类,它被所有对象所共享,在定义类时,这样的成员应该被定义为静态成员。静态成员只能被类引用。静态成员在定义时要有关键字 static,我们已经看到,Main()方法就是静态的,这是因为如果 Main()方法是实例方法的话,就需要一个对象来引用它,但是 Main()方法是程序执行的入口点,没有其他代码来实例化它所在的类,因此只能将 Main()方法定义为静态方法。

面向对象程序设计的优点之一就是数据的安全性,安全性通过访问限制修饰符得到了保证,访问限制修饰符规定了类的每个成员的访问级别,它们有:

public:成员可以由任何代码访问。
private:成员只能由类中的代码访问(默认关键字)。
internal:成员只能被项目内部的代码访问。
protected:成员只能由本类或派生类中的代码访问。

internal 和 protected 两个关键字可以合并使用,所以也有 protected internal 成员,这样的成员只能由本类及项目中派生类的代码来访问。除了这些修饰符,还有上面提过的关键字 static,static 和这些关键字是可以根据需要并列使用的。

原则上,我们将类的数据(即字段)定义为私有的,只能在类中的代码对其访问,防止类外代码改变重要数据造成错误;一些成员(例如方法)定义为公有的,能保证类外的代码对类正常访问和使用;一些成员定义为受保护的,使得派生类能够访问,其他类不能访问。

6.3 字段

在 C#语言中,字段(field)的定义、作用以及使用方法类似于面向过程语言(例如 C 语言)里面的变量,定义的时候也需要指定存储的数据类型,除此之外,由于它是类的成员,还需要指定访问级别,因此字段定义格式如下:

> 访问限制修饰符 数据类型 字段名;

在使用类的实例成员时,如果在类的内部,直接使用字段的名字,如果是在类的外部,要通过对象来使用,格式为**对象名.成员名**。可以和变量一样用"="为字段赋值,也可以读取字段的值。在使用类的静态成员时,如果在类的外部,要通过类名来使用,格式为类名.成员名。

例 6-4 为 Person 类添加年龄、姓名字段,为 s1 对象年龄字段赋值 21,为 s2 对象年龄字段赋值 22,并输出。

```
class Person
{
    public int age;
    public string name;
}
//在 Program 中为字段赋值并读取字段的值
class Program
{
    static void Main()
    {
        Person s1 = new Person();
        Person s2;
        s2 = new Person();
        s1.name = "John";            //为 s1 的 name 字段赋值为 John
        s1.age = 21;                 //为 s1 的 age 字段赋值为 21
        s2.name = "Tom";             //为 s2 的 name 字段赋值为 Tom
        s2.age = 22;                 //为 s2 的 age 字段赋值为 21
        Console.WriteLine("{0}的年龄为{1},{2}的年龄为{3}.",s1.name,s1.age,s2.name,s2.age);
    }
}
```

运行结果如图 6-3 所示。

图 6-3 程序运行结果

在例 6-4 中,代码中的 Person 类增加了两个成员——两个字段 age 和 name,类型分别是整型和字符串型,访问控制为 public;同时,在类的外部代码中,只要实例化了该类的一个对象,我们就能访问这个对象的公共字段,可以修改它们的值(例如语句 s1.age=21;),

也可以读取它们的值(例如语句 Console.WriteLine("{0}的年龄为{1},{2}的年龄为{3}.",s1.name,s1.age,s2.name,s2.age);)。

下面我们再来定义一个 Point 类,来表示平面坐标上的一个点。

例 6-5 为 Point 类添加 x、y 字段表示坐标值,为坐标赋值并输出。

```
class Point
{
    public double x,y;
}
class Program
{
    static void Main()
    {
        Point p = new Point();
        p.x = 5.6;                  //为 p 的 x 字段赋值为 5.6
        p.y = - 5.6;                //为 p 的 y 字段赋值为 - 5.6
        Console.WriteLine("p 的横坐标为{0},纵坐标为{1}",p.x,p.y);
    }
}
```

运行结果如图 6-4 所示。

图 6-4 程序运行结果

在 Point 类中,定义了两个公有字段 x 和 y,代表点的横坐标和纵坐标。由于是公有的,所以在类的外部也可以访问。语句 p.x=5.6;和 p.y=-5.6;为点赋值,这样在平面上就确定了唯一的一个点,最后把坐标输出。

在例 6-5 中,代码中的 Point 类增加了两个成员——两个字段 x 和 y,类型为双精度型,访问控制为 public。这意味着:首先,在用 new 实例化类的对象时,每个对象的存储空间中都有这两个成员存在,而且我们可以计算出每个实例化的对象在内存中所占的空间大小,它们等于这两个字段所占空间大小(这里比较特殊的是 string 类型,string 类型是一个没有上限的变量类型),对象 p 在内存中所占大小为 16 字节(两个 double 变量的大小)。

6.4 方法

书中前面介绍的代码都是以单个代码块的形式出现的,如果这种代码块中的一部分需要被反复使用,我们就要在多个地方重复写出代码。这样就带来了一些问题。首先,代码变得很长,而且重复率较高;其实,一旦出现需要更改的情况,我们需要在多个地方修改,如果在修改的过程遗漏了某个地方,就会产生意想不到的影响,甚至会导致整个程序运行失败。解决办法就是将这样功能单一、又需要重复使用的代码组织成为方法(method)。方法又称为函数(function),是一种组合一系列语句以执行一个特定操作或计算一个特殊结果的方式。方法和面向过程中的函数有很多相似的地方,不同之处在于面向对象中的方法总是作为类的成员,而且要标明访问限制、是否是静态方法。

6.4.1 定义方法

方法的定义格式如下:

```
访问限制修饰符 返回值类型 方法名(参数类型 参数 1,参数类型 参数 2,…参数类型 参数 n)
{
    //方法体
    return 返回值;
}
```

其中,访问限制修饰符 返回值类型 方法名(参数类型 参数 1,参数类型 参数 2,…参数类型 参数 n)(包括参数的顺序)被称为方法的签名。

访问修饰符规定了方法被访问的级别;返回值类型表明调用并执行此方法后是否得到一个值,得到的值是什么类型;参数是调用者与方法之间交换数据的途径。我们可以看出,方法的签名唯一标识了某个类中的一个方法,在一个类中,不允许有相同签名的两个方法。

下面先通过一个简单的例子初步认识方法的定义。

例 6-6 为 Person 类添加一个输出个人信息的方法。

```
class Person
{
    public int age;
    public string name;
    public void PrintInfo()          //此方法用来输出对象的信息
    {
        Console.WriteLine("My name is {0},I'm {1}",name,age);
    }
}
//在 Program 中使用这个方法
class Program
{
    static void Main()
    {
        Person s1 = new Person();
        Person s2;
        s2 = new Person();
        s1.name = "John";
        s1.age = 21;
        s2.name = "Tom";
        s2.age = 22;
        s1.PrintInfo();              //调用 PrintInfo()函数
        s2.PrintInfo();
    }
}
```

运行结果如图 6-5 所示。

图 6-5　程序运行结果

我们看到在 Main() 函数中通过对象 s1 和 s2 调用了 PrintInfo() 函数。Main() 函数被称为调用者。由于方法总是和类联系在一起，"调用一个方法"概念上等价于"向一个类发送一条消息"。在上面的例子中，由于 PrintInfo 方法只是简单地输出对象的个人信息，方法既没有参数，也没有返回值（返回值类型标为 void）。

在这个小例子中，虽然同样是调用 PrintInfo() 函数，但运行结果却是不同的，s1 对象输出的是 s1 的信息：John，21 岁；s2 对象输出的是 s2 的信息：Tom，22 岁。思考一下这是为什么呢？在前面，我们交代过在使用 new 关键字的时候发生了什么，"只有当使用 new 关键字来实例化它时，才会在内存中为这个对象分配对应大小的存储空间，为对象中的各属性成员赋值，并返回一个对实例的引用，存储空间大小由对象的成员个数及类型来决定。"这段话意味着 s1 和 s2 对象在内存中有不同的存储空间，在每个对象的存储空间里两个变量 name 和 age，通过语句 s1.name="John"；s1.age=21；s2.name="Tom"；s2.age=22；使得每个对象中的字段存储了不同的内容，通过不同对象调用 PrintInfo() 函数来取出自己存储空间中的字段值时自然会不同。

6.4.2　方法的参数和返回值

1. 方法的参数

方法通过参数来接收或传出数据，当函数接收参数时，就必须指定下述内容。
（1）函数在其定义中指定接受的参数列表，以及这些参数的类型。
（2）在每个函数调用中匹配的参数列表。

在调用函数时，必须使参数与函数定义中指定的参数完全匹配，这意味着要匹配参数的类型、个数和顺序。

在下面的例子中，我们将为 Person 类添加一个能为每个对象的字段赋值的方法。

例 6-7　为 Person 类添加一个设置个人信息的方法。

```
class Person
{
    private int age;              //注意这里的访问限制修饰符已经变为 private
    private string name;

    public void PrintInfo()
    {
        Console.WriteLine("My name is {0},I'm {1}",name,age);
    }

    public void SetInfo(int inAge,string inName)    //通过参数设置个人信息的方法
```

```
        {
            name = inName;
            age = inAge;
        }
}
//在 Program 中使用这个方法
class Program
{
    static void Main()
    {
        Person s1 = new Person();
        Person s2;
        s2 = new Person();
        s1.SetInfo(21,"Tom");       //相当于前面代码中 s1.name = "John";和 s1.age = 21;
        s2.SetInfo(22,"John");      //age 和 name 已变为私有字段不能再直接使用
        s1.PrintInfo();
        s2.PrintInfo();
    }
}
```

程序运行结果如图 6-6 所示。

图 6-6 程序运行结果

在这个例子中,调用者 Main()通过参数向 s1 对象传递了数据(21,"Tom"),从方法的签名中可以看出来,这两个参数按顺序分别给了 age 字段和 name 字段。这里,是将两个常量传递给方法中的参数(称为形参),当然,参数的传递也可以是调用者中的一个变量(称为实参)传递给形参。例如,例 6.5 中的 s1.SetInfo(21,"Tom");也可以改成如下代码:

```
class Program
{
    static void Main()
    {
        Person s1 = new Person();
        Person s2;
        s2 = new Person();
        int myAge = 21;
        string myName = "Tom";
        s1.SetInfo(myAge,myName);
        s2.SetInfo(22,"John");
        s1.PrintInfo();
        s2.PrintInfo();
    }
}
```

方法的参数传递方向不仅可以从调用者传向方法,也可以反过来从方法传回给调用者。

也就是说参数的传递是双向的,根据传递方向分为**引用参数**、**值参数**和**输出参数**。

注意:面向对象编程的一个优点是数据的安全性,因此,一个好的程序,字段都应该是私有的,通过方法或属性来控制数据的读写。

2. 值参数

在前面的例子中,函数中使用的参数都是值参数。其含义是,在调用函数时将实参的值传递给方法中的形参,方法中对形参的任何修改都不影响实参的值。

例 6-8 定义一个方法,使传递过来的参数值加倍,并输出。

```
class Program
{
    static void ShowDouble(int val)
    {
        val = val * 2;
        Console.WriteLine("ShowDouble 函数中 val = {0}",val);
    }
    static void Main()
    {
        int myVal = 10;
        Console.WriteLine("调用前 myVal = {0}",myVal);
        ShowDouble(myVal);
        Console.WriteLine("调用后 myVal = {0}",myVal);
    }
}
```

运行结果如图 6-7 所示。

图 6-7 程序运行结果

注意:ShowDouble 与 Main()方法同在一个类,又由于 Main()是静态方法,静态方法所访问的本类中的成员必须是静态的,因此,ShowDouble 被定义为静态方法。

这说明在使用值参数时,方法中形参值的改变对实参并没有任何影响,它们传递的方向是从实参到形参,并且是单向的。这是因为,形参在函数未被调用时,并不占用存储单元,编译器在函数调用时,才为形参开辟存储单元,其值等于实参的值,而在调用结束后,形参的存储单元被回收,因此,形参的改变并不对实参产生影响。在这里形参只是实参的一个副本。

3. 引用参数

如果我们想通过调用方法来改变实参的值,值传递的参数传递方法就不能够达到目标。此时可以通过引用传递参数,即方法处理的形参与方法调用中使用的实参是同一个变量(当然,这是指当实参为变量时)即:此时,形参与实参指向内存中同一存储单元,而不仅仅是值相同的两个变量。为此,只需要使用 ref 关键字指定参数,同时,在调用函数时,实参也要用 ref 修饰。

例 6-9　定义一个方法,使传递过来的引用参数值加倍,并输出。

```
class Program
{
    static void ShowDouble(ref int val)
    {
        val = val * 2;
        Console.WriteLine("ShowDouble 函数中 val = {0}",val);
    }
    //在调用时实参前再次用 ref 关键字指定
    static void Main()
    {
        int myVal = 10;
        Console.WriteLine("调用前 myVal = {0}",myVal);
        ShowDouble(ref myVal);
        Console.WriteLine("调用后 myVal = {0}",myVal);
    }
}
```

运行结果如图 6-8 所示。

图 6-8　程序运行结果

这次,myVal 的值被 ShowDouble()方法修改了。

用作 ref 参数的变量有两个限制。首先,因为引用参数很有可能修改实参的值,所以用作引用参数的必须是变量,不能是常量。因此,下面的代码是错误的:

```
const int myVal = 10;
Console.WriteLine("调用前 myVal = {0}",myVal);
ShowDouble(ref myVal);
Console.WriteLine("调用后 myVal = {0}",myVal);
```

其次,引用参数在使用之前必须被初始化。C#不允许 ref 参数在使用它的方法中初始化,下面的代码是错误的:

```
int myVal;
ShowDouble(ref myVal);
Console.WriteLine("调用后 myVal = {0}",myVal);
```

4．输出参数

除了将参数单向传入一个方法(传值),或者同时将参数传入和传出一个方法(传引用)之外,还可以将数据从一个方法内部单向传出,此时,代码需要使用关键字 out 来修饰参数,这样的参数被称为输出参数。引用参数也可以将数据从方法内部传出,这和输出参数的区别在于以下两点。

(1) 把未赋值的变量用作 ref 参数是非法的,但可以把未赋值的变量用作 out 参数。
(2) 作为 out 参数的变量在使用时,可以在调用之前赋值,但是这种赋值是无意义的,因为在被用作 out 参数时,这个变量的值在方法执行时会丢失,即 out 参数的传递方向是单向的。

例 6-10　编写一个方法,方法的功能是求两个数中的最大值。

```
class Program
{
    static void MaxOfTwo(int val1,int val2,out int max)
    {
        max = val1 > val2?val1:val2;
    }
    //在调用实参前再次用 out 关键字指定
    static void Main()
    {
        int a,b,c;
        a = 100;
        b = 200;
        MaxOfTwo(a,b,out c);
        Console.WriteLine("最大值是：{0}.",c);
    }
}
```

运行结果如图 6-9 所示。

图 6-9　程序运行结果

5．参数数组

以上介绍的都是一个或几个变量用作参数,有时我们需要传递的数据量很庞大,需要用数组来传递。C#允许为方法指定一个(只能指定一个)数组作为特定的参数,这个参数必须是函数定义中的最后一个参数,称为参数数组。参数数组可以使用个数不定的参数调用函数,用 params 关键字来定义。

定义参数数组时,在方法的参数列表中的最后一个位置写 params 类型[ ]数组名；

<访问限制修饰符> 返回值类型 方法名(<参数类型 参数 1,> <参数类型 参数 2,>…**params 数组类型[ ] 数组名**)
{
　　//方法体
　　< return 返回值;>
}

调用该方法时需要写的代码是：

方法名(<参数 1,> <参数 2,>…值 1,值 2,…)

其中值 1,值 2 等都是类型与数组参数类型相同的值。这表明在调用含有参数数组的方法时,参数数组对应的实参个数方面没有限制,唯一的限制是它们都必须与形参中的参数数组类型一致,甚至可以根本不指定对应的参数。

例 6-11 设计一个方法,计算若干整数的和。

```
class Program
{
    static void SumVals(out int sum,params int[] vals)
    {
        sum = 0;
        foreach(int val in vals)
        {
            sum + = val;
        }
    }
    static void Main()
    {
        int s;
        SumVals(out s,1,2,5,8,9);
        Console.WriteLine("这些数的和是{0}.",s);
    }
}
```

运行结果如图 6-10 所示。

图 6-10 程序运行结果

在这个例子中,函数的最后一个参数是用 params 定义的参数数组,可以接受任意个 int 参数(或不接受任何参数)。函数对 vals 数组中的值进行迭代,把这些值加在一起,用 out 参数返回其结果。

在 Main()中,可以用 5 个整型参数调用这个函数,也可以用 0 个或多个整型参数调用这个函数,参数的个数没有限制。

6. 返回值

方法和调用者之间除了用参数来传递数据以外,还可以用方法的返回值传递数据。方法的返回值是指在执行完方法后,方法将计算出一个值返回给调用者。与变量一样,返回值也有类型,其类型必须在方法的签名中写明。

<访问限制修饰符> 返回值类型 方法名(<参数类型 参数 1,> <参数类型 参数 2,>…<参数类型 参数 n,>)
{
    //方法中其他语句
    return [表达式];
}

在前面的例子中,由于方法没有返回值,因此,返回值类型用 void 关键字来表明,如果方法有返回值，除了在此处用类型标识符标明方法返回值类型之外，还要在方法体中加入 return 关键字来表明返回值。

例 6-12　设计一个方法，计算若干整数的和，并用返回值返回。

```
class Program
{
    static int SumVals(params int[] vals)
    {
        int sum = 0;
        foreach(int val in vals)
        {
            sum + = val;
        }
        return sum;
    }
    static void Main()
    {
        int s;
        s = SumVals(1,2,5,8,9);
        Console.WriteLine("这些数的和是{0}.",s);
    }
}
```

运行结果如图 6-11 所示。

图 6-11　程序运行结果

与上一例题不同的地方在于结果的传递方式不再使用 out 参数，而是用返回值（通过 return sum 语句）传递给调用者 Main()。这里需要注意以下几点。

（1）return 后面的结果可以是常量、变量和表达式，而且必须要有确定的值。类型必须与方法签名中的返回值类型相同。

（2）如果方法没有返回值，即返回值类型为 void，也可以用 return 结束方法的执行，return 语句后面不能有值，此时 return 语句是可选的。

（3）return 表明方法的结束，在执行到 return 语句时，程序会立即返回调用代码，这个语句后面即使再有代码也不能得到执行。

当然，return 语句也可以使用在分支逻辑中，把 return 语句放在循环体中、选择语句中或其他结构中，会使该结构立即终止，方法也立即终止。

例 6-13　修改 Person 类添加一个设置个人信息的方法，如果年龄大于 100 或小于 0，返回错误。

```
class Person
{
    private int age;
```

```
    private string name;

    public void PrintInfo()
    {
        Console.WriteLine("My name is {0},I'm {1}",name,age);
    }

    public bool SetInfo(int inAge,string inName)
    {
        if(inAge < 0 || inAge > 100)    //如果年龄大于 100 或小于 0
            return false;               //返回错误
        name = inName;
        age = inAge;
        return true;                    //返回正确
    }
}
class Program
{
    static void Main()
    {
        Person p = new Person();
        p.SetInfo(101,"Tom");
    }
}
```

执行结果没有显示任何信息,因为 SetInfo 方法中规定 age 必须是 0 到 100 之间的数,而代码 p.SetInfo(101,"Tom");企图将 age 设置为 101,不符合方法中的检查条件,直接用 return 返回 Main 方法。

6.4.3 方法的重载

考虑这样一个问题,我们想计算不同类型数据的两数之和,但这样的功能通过调用同一个方法名来实现,可以实现吗?这意味着每次调用时参数和返回值都不同,但方法的名字相同,这样,方法的签名就会不同。签名不同,意味着有多个同名方法存在。实际上,C♯允许创建同名的多个方法,这些方法可使用不同的参数类型和返回值类型,这称为方法的重载。

1. 方法重载

一个类中的所有方法都必须有一个唯一的签名,C♯依据方法名、参数数据类型或者参数数量的不同来定义唯一性。但是,在所有这些依据中,并不包括方法的返回类型,假如两个方法只是返回数据类型不同,那么会造成编译错误。

截至目前,我们一直使用的 System.Console.WriteLine()方法就是一个方法重载的最好的例子。

例 6-14 定义一个做不同数据类型加法的类,并在 Main()中实例化这个类,求不同数据类型的数据的和。

```
class Program
{
```

```csharp
    static void Main()
    {
        Adder a = new Adder();
        Console.WriteLine("10 + 10 = {0}",a.add(10,10));
        Console.WriteLine("12.3456789 + 45.123456789 = {0}",a.add(12.123456789,45.123456789));
        Console.WriteLine("12.3456789f + 45.123456789f = {0}",a.add(12.123456789f,45.123456789f));
    }
}

class Adder
{
    public int add(int x, int y)
    {
        Console.WriteLine("Two integers");
        return x + y;
    }
    public double add(double x, double y)
    {
        Console.WriteLine("Two double numbers");
        return x + y;
    }
    public float add(float x, float y)
    {
        Console.WriteLine("Two float numbers");
        return x + y;
    }
}
```

运行结果如图 6-12 所示。

图 6-12　程序运行结果

从例 6-14 的代码中可以看出，同样是调用 add 方法，运行结果是不同的，编译器会根据不同的参数个数及类型寻找对应的执行方法。方法的重载给用户在使用方法时带来很大的方便，用户不必考虑数据类型，只需要使用统一的方法就能得到想要的结果。

2．操作符重载

C#中，除了可以对方法重载外，还可以对操作符重载。考虑这样一个问题，对于数学运算，"＋"的运算规则我们都十分熟悉，5＋8 的结果为 13；如果我们对平常不能相加的两个对象实施加法操作，其结果就是错误的，但如果我们增加了操作符"＋"用于某种特殊对象时的运算规则，为它赋予定义，那么，这两个对象的相加就有了实际的意义和结果。所以，操作符重载可以对 C#中已有的操作符赋予新的功能。操作符重载的格式为：

访问限制修饰符 返回类型 operator 符号(操作数 1,操作数 2…)

现在我们来做两个点相加的操作符重载,我们规定,如果两个点相加,得到的结果是一个新的点,新点的坐标为两个点对应的坐标之和。例如,已有两个点 p1(10,20)、p2(30,40),p=p1+p2 的结果是 p(40,60)。我们分析一下重载"+"符号的签名如何写。

访问限制修饰符:public,在类的外部也可以引用;

返回类型:Point,两个 Point 对象相加,得到结果仍然是 Point 类型的对象;

操作数:两个 Point 对象。

例 6-15 重载 Point 类的"+"操作符。

```
class Point
{
    private double x,y;
    public Point(double a,double b)
    {
        x = a;
        y = b;
    }
    public static Point operator + (Point p1,Point p2)
    {
        Point p = new Point(0,0);
        p.x = p1.x + p2.x;
        p.y = p1.y + p2.y;
        return p;
    }
    public void PrtInfo()
    {
        Console.WriteLine("Point.x = {0},Point.y = {1}",x,y);
    }
}
class Program
{
    static void Main()
    {
        Point a = new Point(10,20);
        Point b = new Point(30,40);
        Console.WriteLine("a 的坐标: ");
        a.PrtInfo();
        Console.WriteLine("b 的坐标: ");
        b.PrtInfo();
        a = a + b;
        Console.WriteLine("相加之后: ");
        a.PrtInfo();
    }
}
```

运行结果如图 6-13 所示。

在这里需要注意的是,操作符的访问权限都是 public,而且必须是 public;操作符重载都是静态的,而且必须是静态的。操作符永远不具有多态性,因此不能使用 virtual、abstract、override 或者 sealed 修饰符。

图 6-13 程序运行结果

6.4.4 变量的作用域

我们发现,定义方法的目的之一是传递数据,即变量。为什么利用函数才能交换数据呢?因为 C# 中的变量仅能从代码的本地作用域访问,即变量有不同的作用域。例如,将变量定义在类中,称为字段;而方法中的变量只是变量,两者的区别在于它们的作用域不同。我们看下面的一个例子。

```
class A
{
    private int x = 10;
    private int y = 5;
    public int F1()
    {
        int x = 0;
        int y = 0;
        return x + y;
    }
    public int F2()
    {
        return x + y;
    }
}
class Program
{
    static void Main()
    {
        A a = new A();
        Console.WriteLine("F1:{0},F2:{1}.",a.F1(),a.F2());
    }
}
```

运行结果如图 6-14 所示。

图 6-14 程序运行结果

在 A 类中,有字段 x 和 y,在它的方法 F1 中也有一个变量 x 和变量 y,F1 方法中计算的是在它的方法体内定义的变量 x 和 y 的和;F2 方法中计算的是字段 x 和 y 的和。为什么会这样呢？原因仍然是它们的作用域不同。对于一个变量来说，它的作用域或生命周期是从它定义的位置开始，到它所在程序块结束为止，即大括号决定了它们的作用域。除了字段和方法的局部变量之外，还有一种变量是方法的形式参数，我们通过一个例子，看看形参的作用域。

```
class A
{
    private int x = 10;
    private int y = 5;
    public int F1()
    {
        return x + y;
    }
    public int F2(int x, int y)
    {
        return x + y;    //程序中引用同名变量时，以作用域小的变量优先
    }
}
class Program
{
    static void Main()
    {
        A a = new A();
        Console.WriteLine("F1:{0},F2:{1}.",a.F1(),a.F2(5,5));
    }
}
```

运行结果如图 6-15 所示。

图 6-15　程序运行结果

运行结果表明形参的作用域是方法内部，当方法被调用时，形参才被分配空间，当方法执行结束时，形参生命周期结束。所谓变量的生命周期结束，在内存中，意味着空间被收回，因此，变量不再有效。

C#中没有定义全局变量的语法。可以用定义静态变量的方法代替全局变量，在学习静态成员时，我们将理解它的用法。

6.5　this 关键字

我们知道，在面向对象语言中，任何一个成员被引用时都是作为对象的成员（实例成员）或者类的成员（静态成员）被引用的，形式上来看是对象名.成员名或类名.成员名。但是在本类的代码中，我们却可以直接使用实例成员名字来引用实例成员，这好像是违背了成员引

用的规则,实际上并不是这样的,例如下面的代码:

```
class Point()
{
    double x;
    double y;
    public void SetInfo(double a, double b)
    {
        x = a;
        y = b;
    }
}
```

在 SetInfo 方法中,在表面上,我们直接使用了字段 x、字段 y,而没有写它们所属于的对象,实际上这段代码中隐藏了一个关键字 this,完整的代码形式如下:

```
public void SetInfo(double a, double b)
{
    this.x = a;
    this.y = b;
}
```

this 是一个指针,它是传给实例方法(而不是静态方法)的一个隐式参数,指向类的当前实例。所谓当前实例,是指调用语句的那个对象。在类的实例方法中引用本类成员时,this 可以省略,也可以显式地写出来,但无论形式如何,this 都是真实存在于实例方法中的(而且只存在于实例方法中,静态方法中没有 this 变量)。

例 6-16　this 指针的使用。

```
class Point
{
    double x;
    double y;
    public void SetInfo(double x, double y)
    {
        this.x = x;                    //此时 this 可以避免重名的误会
        this.y = y;
    }
    public double GetX()
    {
        return x;
    }
    public double GetY()
    {
        return y;
    }
    public void PrtInfo()
    {
        Console.WriteLine("x:{0},y:{1}", this.GetX(), this.GetY());    //可以省略 this
    }
}
```

```
}
class Program
{
    public static void Main()
    {
        Point p1 = new Point();
        Point p2 = new Point();
        p1.SetInfo(5,10);
        p2.SetInfo(10,5);
        p1.PrtInfo();
        p2.PrtInfo();
    }
}
```

运行结果如图 6-16 所示。

图 6-16　程序运行结果

在执行语句 p1.SetInfo(5,10);时,p1 就是所谓的当前实例,this 代表的就是实例 p1;同样的,当程序语句执行 p2.SetInfo(5,10);时,p2 就是所谓的当前实例,this 代表的就是实例 p2。不仅是字段成员这样,当我们在类的内部调用类的其他成员,例如方法、属性等,可以用 this.成员名的形式调用,也可以直接使用这些成员,但其实都有 this 这个指针存在。需要注意的是,this 只是代表一个类的当前实例,所以只能对实例成员使用 this 指针,静态成员不能使用 this 指针。

6.6　构造函数和析构函数

6.6.1　构造函数

在字段那一节,我们已经学习了如何为一个类添加数据,在用 new 实例化一个对象后,对字段进行初始化后才得到一个有效的对象,这就要求我们一旦实例化一个对象,就要立刻对对象的字段进行初始化,如果忘记了初始化,编译器也不会出警告。结果就是最终得到一个含有无效内容的对象。

为了避免这个问题的发生,需要提供一种方式,在创建对象的同时指定所需的数据。在面向对象的语言中,这是用**构造函数**(constructor)来实现的(有的书中也称为构造器)。

1. 定义构造函数

构造函数是一种特殊的成员函数,它主要用于为对象分配空间,完成初始化的工作。构造函数有如下几个特点。

(1) 构造函数的名字必须与类名相同；
(2) 构造函数可以带参数，但没有返回值；
(3) 构造函数只能在对象定义时，由 new 关键字自动调用，不能显示调用；
(4) 如果没有给类定义构造函数，编译系统会自动生成一个默认的构造函数，其形式如下：

```
public 类名():base(){ };
```

(5) 构造函数可以重载，但不能继承(后面的章节中我们将学到什么是继承)。

例 6-17 为 Person 类添加一个构造函数，在此构造函数中为姓名和年龄提供初始值。

```
class Person
{
    private int age;
    private string name;

    public Person(int inAge, string inName)         //有参构造函数
    {
        name = inName;
        age = inAge;
    }

    public void PrintInfo()
    {
        Console.WriteLine("My name is {0},I'm {1}",name,age);
    }

    public void SetInfo(int inAge, string inName)   //通过参数设置个人信息的方法
    {
        name = inName;
        age = inAge;
    }
}
//在 Program 中使用这个有参构造方法为对象 s1 和 s2 初始化
class Program
{
    static void Main()
    {
        Person s1 = new Person(21,"Tom");
        Person s2 = new Person(22,"John");
        s1.PrintInfo();
        s2.PrintInfo();
    }
}
```

运行结果如图 6-17 所示。

在上面的代码中，我们可以看出在 Person 类中添加了一个有参构造函数，因此，执行 Person s1=new Person(21,"Tom");语句时调用这个构造函数为字段 name 和 age 初始化。值得注意的是，因为我们要在类之外的代码中创建类的对象，所以构造函数的访问限制

图 6-17 程序运行结果

修饰符一般情况下都为 public。现在,请思考一个问题,在前面我们的代码中并没有构造函数出现,为什么能使用 new 来实例化一个对象呢?

2. 默认构造函数

这是因为当我们没有在代码中显式地定义任何构造函数时,C#编译器在编译时会自动添加一个如下形式的构造函数:

```
public Person():base()
{
}
```

这个构造函数不获取参数,所以它被称为默认构造函数(default constructor)。必须注意的是,一旦为一个类显式地添加了一个构造函数,C#编译器不再提供默认构造函数。即一旦添加了一个有参的构造函数,在 Main()中实例化一个 Person 时,就必须指定名字和年龄,如果再像以前那样使用语句 Person s1=new Person();来实例化一个 Person,代码在编译的时候会产生错误,这是因为定义了 public Person(int inAge,string inName)之后,编译器不再添加默认构造函数 Person()。如果此时仍想使用语句 Person s1=new Person();来实例化一个 Person,需要手动添加这样的一个构造函数。

例 6-18 为 Person 类添加一个有参构造函数(在此构造函数中为姓名和年龄提供初始值)和一个无参构造函数。

```
class Person
{
    private int age;
    private string name;

    public Person(int inAge,string inName)         //有参构造函数
    {
        name = inName;
        age = inAge;
    }

    public Person()                                //无参构造函数
    {
    }

    public void PrintInfo()
    {
        Console.WriteLine("My name is {0},I'm {1}",name,age);
    }
```

```
        public void SetInfo(int inAge,string inName)       //通过参数设置个人信息的方法
        {
            name = inName;
            age = inAge;
        }
    }
    //在 Program 中使用这个有参构造方法为对象 s1 初始化
    class Program
    {
        static void Main()
        {
            Person s1 = new Person(21,"Tom");
            Person s2 = new Person();
            s2.SetInfo(22,"John");
            s1.PrintInfo();
            s2.PrintInfo();
        }
    }
```

运行结果如图 6-18 所示。

图 6-18　程序运行结果

综上可以看出来,语句 Person s1=new Person(21,"Tom"); 与 Person s1=new Person(); s1.SetInfo(21,"Tom");(或者 s1.age=21;s1.name="Tome";)对字段初始化的效果是一样的,只是初始化的时机不同。

3. 重载构造函数

这样一来,Person 类就有了两个构造函数,同样的,这两个构造函数名称相同、参数不同,称为构造函数的重载,下面我们通过对 Person 类添加不同的构造函数来理解构造函数的重载。

例 6-19　为 Person 类添加不同的构造函数,使得在实例化一个对象时可以对不同的字段进行初始化。

```
class Person
{
    public int age;
    private string name;

    public Person(int inAge,string inName)
    {
        name = inName;
        age = inAge;
    }
```

```csharp
    public Person(string inName)
    {
        name = inName;
    }

    public Person(int inAge)
    {
        age = inAge;
    }

    public Person()
    {
    }

    public void PrintInfo()
    {
        Console.WriteLine("My name is {0},I'm {1}",name,age);
    }

    public void SetInfo(int inAge,string inName)      //通过参数设置个人信息的方法
    {
        name = inName;
        age = inAge;
    }
}
//在 Program 中使用这个有参构造方法为对象 s1 初始化
class Program
{
    static void Main()
    {
        Person s1 = new Person(21,"Tom");
        Person s2 = new Person();
        s2.SetInfo(22,"John");
        Person s3 = new Person("Mary");
        s3.age = 23;
        s1.PrintInfo();
        s2.PrintInfo();
        s3.PrintInfo();
    }
}
```

运行结果如图 6-19 所示。

图 6-19　程序运行结果

在例题 6-19 中，构造函数有 4 种不同的形式，分别是无参数构造函数、只初始化 name 字段的构造函数、只初始化 age 字段的构造函数、初始化 name 和 age 字段的构造函数。我们在实例化一个对象时，编译器会根据不同个数和类型的参数来选择对应的构造函数。通过构造函数只初始化部分数据或者不初始化任何字段时，没有被初始化的字段没有值，或者可以保持在定义字段时的值。例如：

```
class Person
{
    public age = 20;
    private string name = "noname";
    ……
}
```

这样，没有被初始化的字段也会有一个值。另外，为了避免使用无参构造函数时，忘了给数据初始化，我们可以在无参构造函数中添加代码，给字段一个默认值，作为对象数据的初始值。

```
public Person()
{
    age = 20;
    name = "noname";
}
```

这样，当我们用无参构造函数实例化一个对象时，即使没有为字段赋初值，无参构造函数也赋给了字段默认值，虽然可能不是我们想要的，但毕竟不是没有意义的空值。

6.6.2 析构函数

当一个对象产生时，构造函数负责为对象分配空间，完成初始化的工作；当我们使用完一个对象时，析构函数负责释放对象空间。析构函数有如下几个特点。

(1) 析构函数的名字与类名相同的，在前面加一个"~"符号；
(2) 析构函数不能有参数，也不能有返回值，也没有访问限制修饰符；
(3) 当对象的生命周期结束时，自动调用析构函数；
(4) 一个类只有一个析构函数，不能重载析构函数。

由于 C# 自动回收垃圾的机制，因此，析构函数一般不需要我们显式地定义，由系统自动提供、自动调用。

例 6-20 为 Point 类添加析构函数。

```
class Point
{
    private double x, y;
    public Point(double a, double b)
    {
        x = a;
        y = b;
        Console.WriteLine("This is constructor");
    }
```

```
        ~Point()
        {
            Console.WriteLine("This is destructor");
        }
    }
    class Program
    {
        static void Main()
        {
            Point p = new Point(5,10);
            Console.WriteLine("running….");
        }
    }
```

运行结果如图 6-20 所示。

图 6-20　程序运行结果

运行结果中表明，在实例化 Point 的对象 p 时，首先调用了构造函数，退出程序之前，调用了类 Point 的析构函数。一般情况下，析构函数不需要我们显式写出来，由系统自动提供。

6.7　属性

1. 属性

类还有一种十分重要的成员是**属性**。属性本质上和字段作用类似，也是用来读写类中的数据的，读写的方式和字段一样。同时，由于属性拥有两个类似函数的块（一个用于获取属性的值，一个用于设置属性的值），在读写数据之前，属性还可以执行一些额外的操作，例如判断读写行为是否合法、最终决定是否执行数据的读写操作。因此，属性对数据具有更好的保护性。

再来说说这两个块。这两个块也称为访问器，分别用 get 和 set 关键字来定义，可以用来控制对属性的访问级别。可以忽略其中的一个块来创建只读或只写属性（忽略 get 块创建只写属性，忽略 set 块创建只读属性）。

属性的定义方式如下：

```
访问限制修饰符 返回值类型 属性名
{
    get
    {
        //……
    }
```

```
        set
        {
            //……
        }
    }
```

例 6-21 为 Point 类添加属性成员。

```
class Point
{
    private double x,y;
    public Point(double a,double b)
    {
        x = a;
        y = b;
    }
    public double XProp
    {
        get
        {
            return x;
        }
        set
        {
            x = value;
        }
    }
    public double YProp
    {
        get
        {
            return y;
        }
        set
        {
            y = value;
        }
    }
    public void Display()
    {
        Console.WriteLine("横坐标是{0},纵坐标是{1}",x,y);
    }
}
class Program
{
    static void Main()
    {
        Point p = new Point(5,10);
        p.Display();
        p.XProp = -5;                              //直接为属性赋值
        p.YProp = -10;
```

```
        p.Display();
        Console.WriteLine("属性 XProp 的值为{0},属性 YProp 的值为{1}",p.XProp,p.YProp);
                                            //直接像字段一样读取属性的值
    }
}
```

运行结果如图 6-21 所示。

图 6-21　程序运行结果

注意：

（1）定义属性的第一行与定义字段十分相似，区别是行末没有分号，而是一个包含 get 块和 set 块的代码块。

（2）get 块必须有一个与属性类型相同的返回值，简单的属性一般与私有字段相关联，用来控制对这个字段的访问。用关键字 return 来返回与属性相关联的字段值。

一般情况下，字段的访问级别是私有的，所以类外的代码不能直接访问私有字段。set 块以类似的方式把值赋给字段。这里，使用关键字 value 表示用户提供的属性值。value 是一个与属性类型相同的值，它好像一个形式参数，用来传递用户给字段赋的那个值。

如果只是这样使用属性，似乎与直接使用字段没有区别。在对操作进行更多的控制时，属性的真正作用才能发挥出来。在 Person 类中，前面的代码都用 age 字段表示一个人的年龄，但是年龄是一个变化的数据，字段的值又是不变的，把这个字段更改为出生日期，与现实更符合。有了出生日期，就可以计算出一个人当前的年龄，而计算和判断功能是字段不能做的，但可以用属性实现。

例 6-22　为 Person 类添加出生日期字段、属性和年龄属性。

```
class Person
{
    private DateTime birthDate;
    private string name;

    public Person(string n)
    {
        name = n;
    }

    public void PrintInfo()
    {
        Console.WriteLine("My name is {0},I'm {1}",name,Age);
    }

    public int Age
    {
```

```
            get
            {
                return DateTime.Now.Year - birthDate.Year + 1;
            }
        }
        public DateTime BirthDate
        {
            get
            {
                return birthDate;
            }
            set
            {
                birthDate = value;
            }
        }
    }

    class Program
    {
        static void Main()
        {
            Person s = new Person("Tom");
            s.BirthDate = DateTime.Parse("1990-5-25");
            s.PrintInfo();
        }
    }
```

运行结果如图 6-22 所示。

图 6-22 程序运行结果

在上面的代码中,出生日期使用了一个.NET 库中已有的类 DateTime,用它来表示日期时间,它表示时间的某一刻,通常以日期和当天的时间表示。语句 Person s＝new Person("Tom");实例化一个 Person 对象,为 name 字段赋值"Tom";语句 s.BirthDate = DateTime.Parse("1990-5-25");为属性 BirthDate 赋值,BirthDate 属性与 birthDate 字段相关连,将值赋给 birthDate 字段。需要注意的是,不能直接使用字符串为 DateTime 类型赋值,需要使用 Parse 方法将格式如 YYYY-MM-DD 的字符串转化为 DateTime 类型,也可以在后面加上时、分、秒、毫秒等。public int Age{…}代码块定义了一个属性 Age,它利用字段 birthDate 来计算一个 Person 对象的年龄,但 Age 属性没有 set 块,这个问题将在下一个小节中讲解。在 PrintInfo 方法中输出个人信息时,输出的是这个对象的年龄,意味着属性可以像字段一样使用。当用方法 PrintInfo 输出个人信息时,Age 属性已经通过 birthDate 计算出值。

2. 只读属性与只写属性

属性不仅能控制赋值范围,而且能控制数据是否可读写,还可以控制读写的访问范围。如果只有 set 块,就意味着只能给该属性赋值,该属性被称为**只写属性**;如果只有 get 块,就意味着该属性只能读取,不能修改值,被称为**只读属性**。

只读属性:

```
public int AgeProp
{
    get
    {
        return age;
    }
}
```

又如:

```
public int Age
{
    get
    {
        return birthDate.Year - DateTime.now.Year + 1;
    }
}
```

只写属性:

```
public int AgeProp
{
    set
    {
        if(value > 0 && value <= 100)
            age = value;
    }
}
```

3. 属性访问器的访问限制

属性的访问器也可以有自己的可访问性,例如:

```
public DateTime BirthDate
{
    get
    {
        return birthDate;
    }
    protected set
    {
        birthDate = value;
    }
}
```

上面的代码表示只有类或派生类中的代码才能使用 set 访问器。访问器只能选择可访问性不高于它的所有属性。

注意：属性也可以不与字段关联，只简单地有 get 块和 set 块，如：

```
public string ManagerName{get; set;}
```

在引用属性时可以写如下代码：

```
s1.ManagerName = "Kitty";
Console.WriteLine("{0}'s manager is {1}",s1.NameProp,s1.ManagerName);
```

6.8 类的静态成员

我们已经知道类的成员分为静态成员和实例成员，在前面我们所看的代码大部分都是实例成员，本节将完整地介绍静态成员。

1. 静态字段

考虑这样的例子：每个人的身份证号都是不重复的（在这里，我们只是模拟身份证号的一个 id 号），如果我们的程序能够根据实例化对象的顺序来自动为 id 号字段赋值，用户将减少很多工作。如果想实现这样的功能，我们只需要设一个字段用来记录已经实例化多少个对象即可。这个字段怎么来定义呢？如果作为实例字段，每实例化一个对象，字段的值都被重新赋值，不能跟踪已经实例化几个对象；如果我们把字段定义为静态字段，由于静态字段不属于任何一个实例，属于类所有，因此，可以在构造函数里执行对静态字段累加的操作。定义一个静态字段（static field），只需要加上 static 关键字即可。

例 6-23 为 Person 类添加自动生成学号的功能。

```
class Person
{
    private DateTime birthDate;
    private string name;
    private string id;
    public static int nextId;

    public Person(string n,DateTime dt)
    {
        name = n;
        birthDate = dt;
        nextId++;
        id = nextId.ToString();
    }

    public void PrintInfo()
    {
        Console.WriteLine("My name is {0},I'm {1},my ID is {2}.",name,Age,id);
    }
```

```csharp
    public int Age
    {
        get
        {
            return DateTime.Now.Year - birthDate.Year + 1;
        }
    }
}

class Program
{
    static void Main()
    {
        Person s1 = new Person("Tom",DateTime.Parse("1993-1-1"));
        Person s2 = new Person("John",DateTime.Parse("1994-1-1"));
        s1.PrintInfo();
        s2.PrintInfo();
        Console.WriteLine("The total number of person is {0}",Person.nextId);
    }
}
```

运行结果如图 6-23 所示。

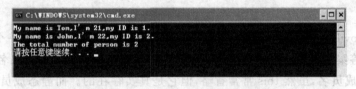

图 6-23　程序运行结果

在这个例子中，NextId 字段声明包含 static 修饰符，所以是静态字段。和实例字段 id 不同，Person 的所有实例都共享一个 NextId 的存储位置，在 Person 构造函数内部，我们先对 NextId 进行递增，再将 NextId 的值赋给新的 Person 对象的 id，这样，每次创建一个对象时，NextId 都在上个数值的基础上加 1，使得不同对象自动获得不同 id 值。

如果不对静态字段进行初始化，静态字段将自动地获得默认值（0、null、false 等）。实例字段针对它们从属于的每一个对象，都有一个新值。静态字段不是从属于实例，而是从属于类本身。因此，从类的外部访问静态字段时，需要使用类名。

2．静态方法

静态方法的定义与使用同静态字段一样，在声明方法的时候使用关键字 static，在类的外部，通过类名访问。同样的，静态方法不属于任何一个类的实例，即访问这种方法时，不需要有一个实例，例如我们最熟悉的 Main()方法、控制台读写方法。为什么要使用静态方法呢？因为静态方法使用起来方便，不需要实例化对象就可以直接用类名来引用了，所以将一些经常使用的、而不因对象不同而数据有差异的功能定义为静态方法。在静态方法这一小节中，我们还要解决如下两个问题。

(1) 如何调用静态方法；
(2) 静态方法中如何调用其他方法。

回答第一个问题并不难，通过前面的学习，我们已经知道，静态成员的引用方式是类名.静态成员名，所以，调用静态方法的方法是**类名.静态方法名**。而静态方法中如何调用其他方法则需要费一些力气来理解了。在 6.4 节方法中，我们在例题中定义了一些静态方法，现在我们来重新解读这些代码。

```
class Program
{
    static void ShowDouble(int val)
    {
        val = val * 2;
        Console.WritLine("ShowDouble 函数中 val = {0}",val);
    }
    static void Main()
    {
        int myVal = 10;
        Console.WritLine("调用前 myVal = {0}",myVal);
        ShowDouble(myVal);
        Console.WritLine("调用后 myVal = {0}",myVal);
    }
}
```

为什么 ShowDouble 是一个静态方法呢？如果把 ShowDouble 改成一个实例方法，结果是如何呢？答案是编译不能通过！这是因为实例成员的引用必须是对象名.成员名，在类的内部是 this.成员名，虽然 this 常常省略，但它是真实存在的。而静态成员中没有 this 指针，所以编译不能通过。是不是在静态方法中不能引用实例成员呢？答案是否定的，只要符合实例成员的引用规则，即对象名.实例成员名，引用就是合法的。我们可以将其改为：

```
class Program
{
    void ShowDouble(int val)
    {
        val = val * 2;
        Console.WritLine("ShowDouble 函数中 val = {0}",val);
    }
    static void Main()
    {
        int myVal = 10;
        Program a = new Program();          //实例化 Program
        Console.WritLine("调用前 myVal = {0}",myVal);
        a.ShowDouble(myVal);                //通过对象引用
        Console.WritLine("调用后 myVal = {0}",myVal);
    }
}
```

但是这样的麻烦，对于这道例题的功能来说实在没有必要。

3. 静态构造函数

C#还支持静态构造方法(static constructor)。静态构造函数用来对类进行初始化,静态构造函数也是自动调用的,不支持显式调用;它的访问时机是而且只是首次访问类的时候,而无论这次访问是不是在实例化一个类,或者只是访问类的一个静态字段或方法。我们通常使用静态构造函数将类中的静态数据初始化成一个特定的值,尤其是在我们想要的值不是系统默认的值的时候。

例 6-24 将 Person 类中的静态字段的初始值改为随机产生的一个数。

```
class Person
{
    private DateTime birthDate;
    private string name;
    private string id;
    public static int nextId;

    static Person()
    {
        Random r = new Random();
        nextId = r.Next(101,999);
    }

    public Person(string n,DateTime dt)
    {
        name = n;
        birthDate = dt;
        nextId++;
        id = nextId.ToString();
    }

    public void PrintInfo()
    {
        Console.WriteLine("My name is {0},I'm {1},my ID is {2}.",name,Age,id);
    }
    public int Age
    {
        get
        {
            return DateTime.Now.Year - birthDate.Year + 1;
        }
    }
}

class Program
{
    static void Main()
    {
        Person s1 = new Person("Tom",DateTime.Parse("1993-3-4"));
        Person s2 = new Person("John",DateTime.Parse("1992-4-3"));
```

```
        s1.PrintInfo();
        s2.PrintInfo();
    }
}
```

运行结果如图 6-24 所示。

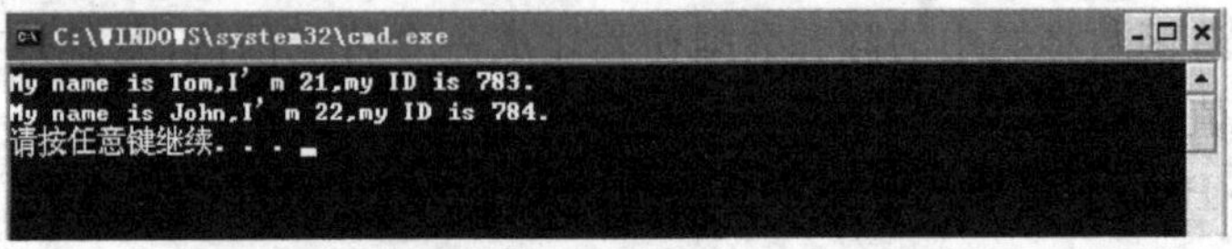

图 6-24 程序运行结果

在上面代码中,代码在第一次访问类的时候,静态构造函数被调用(即执行 Person s1= new Person("Tom",21);语句时),通过 Random 类的 Next 方法产生一个三位数作为 NextId 的初始值,以后将不再访问静态构造函数,NextId++语句将在这个初始值上进行。需要注意的是,静态构造函数不能声明为公有的,一定是私有的,而且不能被继承。没有静态析构函数。

4. 静态属性

还可以根据需要将属性声明为 static。

例 6-25 将 Person 类中的静态字段封装成一个静态属性。

```
class Person
{
    private DateTime birthDate;
    private string name;
    private string id;
    private static int nextId;
    public Person(string n, DateTime dt)
    {
        name = n;
        birthDate = dt;
        nextId++;
        id = nextId.ToString();
    }
    public int Age
    {
        get
        {
            return DateTime.Now.Year - birthDate.Year + 1;
        }
    }

    public static int NextId
    {
        get
        {
```

```
            return nextId;
        }
        set
        {
            nextId = value;
        }
    }
    public void PrintInfo()
    {
        Console.WriteLine("My name is {0},I'm {1},my ID is {2}.",name,Age,id);
    }
}

class Program
{
    static void Main()
    {
        Person s1 = new Person("Tom",DateTime.Parse("1993-3-4"));
        Person.NextId = 42;
        Person s2 = new Person("John",DateTime.Parse("1992-4-3"));
        s1.PrintInfo();
        s2.PrintInfo();
    }
}
```

运行结果如图 6-25 所示。

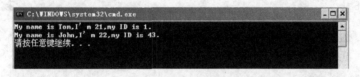

图 6-25　程序运行结果

在这里，我们定义了一个静态属性 NextId，和其他静态成员一样，静态属性必须通过类名来引用。在实例化 s1 时，静态属性 NextId 由默认值 0 增加到 1；而后，语句 Person.NextId=42;使NextId 的值变为了 42，因此再实例化 s2 时，NextId 的值在 42 的基础上变为 43。使用静态属性一定比使用公共静态字段要好，因为属性提供了一定程度的封装。

现在，我们已经学习了类的几个主要成员，让我们定义一个完整的 Person 类。

例 6-26　综合实例，定义一个完整的 Person 类。

```
enum typeGender
{
    male,
    female
}

class Person
{
    protected DateTime birthDate;
```

```csharp
        protected string name;
        protected typeGender gender;
        protected string id;
        protected static int nextID;

        public Person()
        {
            SetInfo(DateTime.Parse("1993-1-1"),"noname",typeGender.male);
        }
        public Person(DateTime birth)
        {
            SetInfo(birth,"noname",typeGender.male);
        }

        public Person(DateTime birth, string n)
        {
            SetInfo(birth,n,typeGender.male);
        }

        public Person(DateTime birth, string n, typeGender g)
        {
            SetInfo(birth,n,g);
        }
        public int Age
        {
            get
            {
                return DateTime.now.Year - birthDate.Year + 1;
            }
        }
        public DateTime BirthDate
        {
            get
            {
                return birthDate;
            }
            set
            {
                birthDate = value;
            }
        }
        public typeGender Gender
        {
            get
            {
                return gender;
            }
            set
            {
                if(value == typeGender.male || value == typeGender.female)
```

```csharp
                gender = value;
            }
        }
        public string Name
        {
            set
            {
                name = value;
            }
        }
        public string Id
        {
            get
            {
                return id;
            }
        }
        public void PrintInfo()
        {
            if(gender == typeGender.male)
                Console.WriteLine("My name is {0},I'm {1},I 'm a boy,my ID is {2}.",name,Age,id);
            else
                Console.WriteLine("My name is {0},I'm {1},I 'm a girl,my ID is {2}..",name,Age,id);
        }
        protected void SetInfo(DateTime birth,string n,typeGender g)
        {
            nextID++;
            name = n;
            birthDate = birth;
            gender = g;
            id = nextID.ToString();
        }
    }
    class Program
    {
        static void Main()
        {
            Person s1 = new Person();
            s1.Name = "Tom";
            s1.Gender = typeGender.male;
            s1.BirthDate = DateTime.Parse("1992 - 1 - 1");
            Person s2 = new Person(DateTime.Parse("1991 - 1 - 1"),"Kate",typeGender.female);
            s1.PrintInfo();
            s2.PrintInfo();
        }
    }
```

运行结果如图 6-26 所示。

在这个例子中,我们定义了枚举结构 typeGender,用来表示 Person 的性别。代码中定

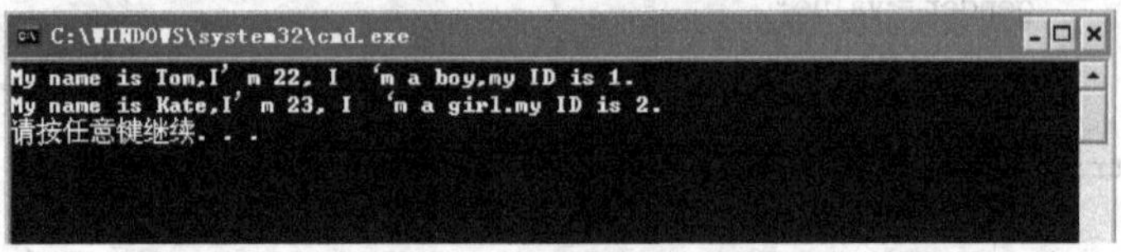

![程序运行结果](cmd output showing:
My name is Tom,I'm 22, I'm a boy,my ID is 1.
My name is Kate,I'm 23, I'm a girl,my ID is 2.
请按任意键继续...)

图 6-26　程序运行结果

义了 5 个字段，其中 nextID 是静态字段，是所有实例共用的字段；定义了 4 个构造函数，给用户足够多的方式来实例化 Person 类。在每一个构造函数里，都调用 SetInfo 方法来初始化字段的值，这样节省了代码，修改代码也比较集中，不容易出错。在每一次新构造一个对象时，静态字段 nextID 都增加，使得客户端实例化一个对象时，nextID 都能增加 1，得到正确的值。代码中定义了 5 个属性，其中 Name 属性是只写的，Id 属性是只读的。Age 属性与 birthDate 字段相关连，也有对应的 BirthDate 属性。这说明字段与属性之间并非一一对应的关系。PrintInfo 方法在输出个人信息时，判断了对象的性别，分不同情况输出信息。

本章小结

本章介绍了 C# 语言面向对象程序设计中的基础部分，通过这一章的学习，我们应该能够掌握如何定义一个完整的类。

首先，我们介绍了面向对象程序设计的一些相关概念，例如面向对象语言中，什么是类、对象、成员；接下来，我们介绍了类的定义和实例化方法，详细讨论了类的一些成员的作用、定义方法及使用方法，例如字段、方法、属性、构造函数和析构函数。

同时，我们也讨论了成员的分类——是在每个实例上都存储一份数据，还是为一个类型的所有实例统一存储一份数据，这就是静态成员和实例成员的区别。

本章还介绍了方法和数据的访问修饰符，探讨了一部分封装的问题，介绍了面向对象程序设计是如何做到封装数据的。

在下一章，我们将学习面向对象程序设计中的更多技术，并且介绍对象之间的关系。

习题

1. 选择题

(1) 下列关于类的描述中，错误的是(　　)。
　　A. 类就是 C 语言中的结构类型
　　B. 类是创建对象的模板
　　C. 类是抽象数据类型的实现
　　D. 类是具有共同行为的若干对象的统一描述体

(2) 下列关于面向对象的程序设计的说法中，不正确的是(　　)。
　　A. "对象"是现实世界的实体或概念在计算机逻辑中的抽象表示
　　B. 在面向对象程序设计方法中，其程序结构是一个类的集合和各类之间以继承关

系联系起来的结构
　　C. 对象是面向对象技术的核心所在,在面向对象程序设计中,对象是类的抽象
　　D. 对象是拥有具体数据和行为的独立个体
(3) 下面有关函数重载的说法中,完全正确的是(　　)。
　　A. 重载函数的参数个数必须不同
　　B. 重载函数必须具有不同的形参列表
　　C. 重载函数必须具有不同的返回值类型
　　D. 重载函数的参数类型必须不同
(4) 下面有关类和对象的说法中,不正确的是(　　)。
　　A. 类是一种系统提供的数据类型
　　B. 对象是类的实例
　　C. 类和对象的关系是抽象和具体的关系
　　D. 任何对象只能属于一个具体的类
(5) 下面有关构造函数的说法中,不正确的是(　　)。
　　A. 构造函数中,不可以包含 return 语句
　　B. 一个类中只能有一个构造函数
　　C. 实例构造函数在生成类实例时被自动调用
　　D. 用户可以定义无参构造函数
(6) 在类的外部可以被访问的成员是(　　)。
　　A. public 成员　　　　　　　　B. private 成员
　　C. protected 成员　　　　　　D. protected internal 成员
(7) 下面有关析构函数的说法中,不正确的是(　　)。
　　A. 析构函数中不能有 return 语句　　B. 一个类中只能有一个析构函数
　　C. 用户可定义有参析构函数　　　　　D. 析构函数在对象被撤销时,自动调用
(8) 下面有关静态方法的描述中,错误的是(　　)。
　　A. 静态方法属于类,不属于实例
　　B. 静态方法可以直接用类名调用
　　C. 静态方法中,可以定义非静态的局部变量
　　D. 静态方法中,可以访问实例方法
(9) 已知:

int a = 100;
void Func(ref int b) { }

则以下函数调用正确的是(　　)。
　　A. Func(ref(10 * a))　　　　B. Func(ref 10)
　　C. Func(a)　　　　　　　　　D. Func(ref a)
(10) 若有两个函数:

void f1(int a, int b)
{

```
            int temp = a;
            a = b;
            b = temp;
        }
        void f2(ref int a,ref int b)
        {
            int temp = a;
            a = b;
            b = temp;
        }
```

则有关这两个函数的描述中,正确的是( )。

A. 函数 f1 和 f2 均能实现交换两个实参值的功能
B. 函数 f1 和 f2 都不能实现交换两个实参值的功能
C. 函数 f1 能实现交换两个实参值的功能,函数 f2 不能实现交换两个实参值的功能
D. 函数 f1 不能实现交换两个实参值的功能,函数 f2 能实现交换两个实参值的功能

2. 判断题

(1) 属性必须要有 set 和 get 访问器。   (   )
(2) C♯中,可以对运算符重载,例如,重载 Point 类的"＋＋"运算符。

```
public Point operator++(Point p){p.x++;p.y++;return p;}                (    )
```

(3) 若派生类中隐藏了基类的成员,则在派生类中不能通过 base 引用基类的成员。
                                                              (   )
(4) C♯中,析构函数并非是必须的。   (   )
(5) 运算符重载函数的参数必须是值参数。   (   )
(6) 对象的 this 引用是对该对象本身的引用。   (   )
(7) static 方法可以通过类的实例引用。   (   )
(8) 在类的静态方法中,不能使用 this 关键字。   (   )
(9) 如果在静态类中没有声明构造函数,系统会添加一个默认的构造函数。(   )
(10) 类的 const 数据成员,必须在声明时或在类的构造函数中初始化。(   )

3. 程序设计题

(1) 编写控制台应用程序,模拟简单的计算器。定义名为 Cal 的类,其中包含两个私有字段 n1 和 n2。编写构造方法,为两个字段初始化。再为该类定义加(Addition)、减(Substraction)、乘(Multiplication)、除(Division) 4 个公有成员方法,分别对其中两个成员变量执行加、减、乘、除的运算。在 Main()方法中创建 Cal 类的对象,调用各个方法,并显示计算结果。(思考:利用窗体程序如何实现?)

(2) 猜数字游戏:请定义一个类,在此类中定义一个成员变量 num,它的初值为 100。再定义一个类 B,对 A 类的成员变量 num 进行猜测。如果猜测的数值大于 num,用消息框提示"大了";如果猜测小了,则用消息框提示"小了";如果相同,则用消息框提示"猜测

成功"。

（3）请定义一个交通工具 Vehicle 类，其中包含的属性有速度（Speed）（只读）、体积（Size）（可读写）等；方法有移动 Move()、设置速度 SetSpeed(int speed)、加速 SpeedUp()、减速 SpeedDown()等。最后，在 Main()方法中实例化一个交通工具对象，初始化 Size 的值，通过方法给它初始化 Speed，并且通过输出方法打印出来。另外，调用加速、减速的方法对速度进行改变。

（4）自己实现一个时间类，命名为 MyTime。其中有三个整型字段：时 hour，分 minute，秒 second，为了保证数据的安全性，这三个成员变量应声明为私有。为 MyTime 类定义构造方法，以方便创建对象时初始化成员变量。再定义 Display 方法，用于将时间信息打印出来。为 MyTime 类添加方法 AdjustSecond(int sec)，AdjustMinute(int min)，AdjustHour(int hou)分别对时、分、秒进行加减运算。

（5）创建一个名称为 StaticDemo 的类，并声明一个静态字段，对应地定义一个静态属性，用来计算 StaticDemo 类已经被实例化的个数，同时声明一个实例字段，并定义一个实例属性。在 Main()方法中实例化多个 StaticDemo 类，每次都输出已经实例化的个数，并输出每个对象的实例属性值，观察实例成员和静态成员的区别。

第 7 章 面向对象技术

第 6 章我们讨论了类的定义及使用,在这一章里,我们将学习面向对象的基本技术。继承/派生:在已有类的基础上创建新类,新类拥有已有类的成员,而且可以重新定义或加进新的成员;多态:不同对象收到相同的消息,产生不同动作;接口:把公共方法和属性组合起来,以封装成特定功能的一个集合;委托和事件。最后,我们利用这些技术编写一个综合性的实例。

7.1 继承

7.1.1 继承的实现

如果所有的类都从头写起,那么现在的应用程序肯定没有这么丰富。面向对象技术最大的优点之一是可以继承,继承使得我们能对现有的类型进行扩展,以便添加更多的功能。上一章,我们已经定义了一个 Person 类,如果我们想再定义一个 Student 类,那么就可以在 Person 类的基础上进行扩展。我们可以分析一下,Student 类除了有 Person 类的特性以外,还需要哪些自己的特性呢?我们可以再为 Student 类添加 Phone、Email、Score 等属性。此时,我们称 Person 类为父类(基类),Student 类为子类(派生类)。子类拥有父类的可继承成员。

定义派生类格式如下:

class 子类名:父类名
{
    //……
}

为了清楚地说明继承,我们简化 Person 类,以便代码看起来比较清晰。

例 7-1 定义一个 Student 类,从 Person 类中继承。

```
class Person
{
    pulbic string Name{ get; set;}
    public DateTime BirthDate{ get;set; }
}
class Student : Person
{
```

```
    public string Phone{ get; set; }
    public string Email{ get; set; }
    public int Score{ get; set; } //高考成绩
}
class Program
{
    static void Main()
    {
        Student s = new Student();
        s.Name = "Tom";
        s.BirthDate = DateTime.Parse("1990 - 1 - 1");
        s.Email = "tom@126.com";
        //……
    }
}
```

通过继承,虽然 Student 类没有直接定义 Name 属性,但 Student 的所有实例仍然可以访问来自 Student 类的 Name 属性,并把它作为 Student 的一部分来使用。这是因为在内存中,Student 的对象是由父类中的成员和自己类中新增加的成员组成的。

在例 7-1 中,基类中的所有成员都可由派生类使用,那是因为我们将基类所有的成员都定义为 public,如果访问修饰符是 private,派生类则不能访问该成员。除了 public 或 private 之外,还可以对成员进行更细致的封装。我们可以用 protected 定义只有派生类才能访问的成员。

例 7-2 为 Person 类定义三种不同访问级别的成员,在派生类 Student 中以及在其他类中利用派生类的对象对基类成员进行访问,试验三种成员的访问限制。

```
class Person
{
    private string name;
    protected DateTime birthDate;
    public string Name
    {
        get
        {
            return name;
        }
        set
        {
            name = value;
        }
    }
}
class Student : Person
{
    public string Phone{ get; set; }
    public string Email{ get; set; }
    public int Score{ get; set; }                    //高考成绩

    public Student()
```

```csharp
        {
            name = "noname";                          //错误!
        }
        public int Age
        {
            get
            {
                return DateTime.Now.Year - birthDate.Year + 1;
            }
        }
        public DateTime BirthDate
        {
            get
            {
                return birthDate;
            }
            set
            {
                birthDate = value;
            }
        }
    class Program
    {
        static void Main()
        {
            Student s = new Student();
            s.name = "Tom";                            //错误!name字段是私有(private)的!
            s.Name = "Tom";                            //正确!Name属性是公有(pulic)的!
            s.birthDate = DateTime.Parse("1990-1-1");
                                //错误!birthDate字段是protected,只有在本类和派生类内部能够被访问
            s.BirthDate = DateTime.Parse("1990-1-1");  //正确!
            s.Email = "tom@126.com";
            //……
        }
    }
```

在例 7-2 的代码中,斜体字是错误的代码。其中,name 字段作为父类的私有成员,不能在本类以外的代码中访问;birthDate 是父类中 protected 类型的成员,可以在派生类中被访问(属性 BirthDate 与父类的受保护字段 birthDate 关联),但在本类和派生类的外部被访问就会产生错误;public 成员在任何代码中都可以被访问。

C#语言类继承有如下特点。

(1) C#语言只允许单继承,即派生类只能有一个基类。

(2) C#语言继承是可以传递的,如果 C 从 B 派生,B 从 A 派生,那么 C 不但继承 B 的成员,还要继承 A 中的成员。

(3) 派生类可以添加新成员,但不能删除基类中的成员。

(4) 派生类不能继承基类的构造函数、析构函数和事件,但能继承基类的属性。

(5) 派生类可以覆盖基类的同名成员,如果在派生类中覆盖了基类同名成员,基类该成员在派生类中就不能被直接访问,只能通过 base.基类方法名访问。

(6) 派生类对象也属于其基类的对象,但基类对象却不属于其派生类的对象。例如,前面定义的学生类 Student 是 Person 类的派生类(也就是说,通过继承,我们建立了一个"is a"关系),所有学生属于人类,但很多人并不属于学生,可能是雇员、自由职业者、儿童等。因此 C#语言规定,基类的引用变量可以引用其派生类对象,但派生类的引用变量不可以引用其基类对象。

7.1.2 基类成员的隐藏

如果在派生类中声明一个与基类完全相同的成员,完全相同是指函数类型、函数名、参数类型和个数都相同,那么父类中的成员将被隐藏。换句话说,当派生类对象访问这个成员时,执行的代码是派生类中的代码,基类中的代码将得不到执行。

例 7-3 在派生类中定义 PrtInfo()方法,隐藏基类成员。

```
class Person
{
    private string name;
    protected DateTime birthDate;
    pulbic string Name
    {
        get
        {
            return name;
        }
        set
        {
            name = value;
        }
    }
    public int Age
    {
        get
        {
            return DateTime.Now.Year - birthDate.Year + 1;
        }
    }
    public DateTime BirthDate
    {
        get
        {
            return birthDate;
        }
        set
        {
            birthDate = value;
        }
    }
```

```
    public void PrtInfo()
    {
        Console.WriteLine("My name is {0},I'm {1}.",Name,Age);
    }
}

class Student : Person
{
    public string Phone{ get; set; }
    public string Email{ get; set; }

    public void PrtInfo()
    {
        Console.WriteLine("My phone number is {0},Email:{1}.",Phone,Email);
    }
}
class Program
{
    static void Main()
    {
        Student s = new Student();
        s.Name = "Tom";
        s.BirthDate = DateTime.Parse("1992 - 5 - 15");
        s.Email = "tom@126.com";
        s.PrtInfo();
    }
}
```

运行结果如图 7-1 所示。

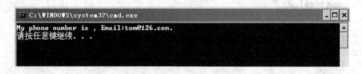

图 7-1　程序运行结果

派生类和基类中都有 PrtInfo()方法,当我们用 Student 实例访问 PrtInfo()方法时,基类 Person 中的 PrtInfo()方法被隐藏,因此运行结果中没有 name 和 age 信息。

派生类覆盖基类成员不算错误,但会导致编译器发出警告。如果增加 new 修饰符,表示认可覆盖,编译器不再发出警告。请注意,覆盖基类的同名成员,并不是移走基类成员,只是必须用如下格式访问基类中被派生类覆盖的方法：base. PrtInfo()。我们把 Student 类中的 PrtInfo()代码更改为如下代码：

```
class Student : Person
{
    //……

    public void new PrtInfo()
    {
```

```
        base.PrtInfo();
        Console.WriteLine("My phone number is {0},Email:{1}.",phone,email);
    }
}
```

运行结果如图 7-2 所示。

图 7-2 程序运行结果

在 PrtInfo()方法中,我们先调用了基类中被隐藏的方法,然后又在此方法的基础上增加了代码,因此,当输出学生对象的个人信息时,包含了 name、age、phone、email 信息。

base 关键字用于从派生类中访问基类成员,它有两种基本用法。

(1) 在定义派生类的构造函数中,指明要调用的基类构造函数,由于基类可能有多个构造函数,根据 base 后的参数类型和个数,指明要调用哪一个基类构造函数,base 参数的这个用法将在下一节中介绍。

(2) 在派生类的方法中调用基类中被派生类覆盖的方法。

7.1.3 派生类的构造函数

在 C#中,实例化一个派生类时,基类的构造函数首先被调用。根据这个原则,基类的构造函数又被调用,因此构造函数的调用顺序是先调用 System.Object,再按照层次结构由上向下进行,直到到达编译器要实例化的类为止。

例 7-4 构造函数和析构函数的调用顺序。

```
class A
{
    public A()
    {
        Console.WriteLine("This is class A's constructor.");
    }

    ~ A()
    {
        Console.WriteLine(" ========= A's destructor. ========= ");
    }
    //……
}
class B:A
{
    public B()
    {
        Console.WriteLine("This is class B's constructor.");
    }
```

```
            ~B()
            {
                Console.WriteLine(" ========= B's destructor. ========= ");
            }
            //……
        }
        class C:B
        {
            public C()
            {
                Console.WriteLine("This is class C's constructor.");
            }
            ~C()
            {
                Console.WriteLine(" ========= C's destructor. ========= ");
            }
            //……
        }
        class Program
        {
            public static void Main()
            {
                C c = new C();
            }
        }
```

运行结果如图 7-3 所示。

图 7-3　程序运行结果

从运行结果中,我们可以看出,实例化 C 的过程中,A 类的构造函数先被调用,然后是 B,最后才是 C。而析构的顺序与构造函数正相反,先析构最下层的 C,然后是中间的 B,最后是基类 A。

上例中只是最简单的代码,更正常的情况是基类中有可能存在几个不同的构造函数,在代码没有指明的情况下,基类的无参构造函数将被调用,我们如何在派生类的构造函数中明确指定调用基类的哪一个构造函数呢?这就需要使用上节中我们介绍的 base 关键字。基本格式是:

派生类构造函数(参数):base.基类构造函数(参数)

调用基类的哪个构造函数由基类构造函数参数的个数和顺序决定。基类构造函数参数的传递要通过派生类构造函数完成。

例 7-5 用 base 指定调用基类的关键字。

```
class Person
{
    private string name;
    protected int age;
    public Person(string name)
    {
        this.name = name;
    }
    public Person(string name, int age)
    {
        this.name = name;
        this.age = age;
    }
    //……
}
class Student : Person
{
    private string phone;
    private string email;
    public Student(string n):base(n)
    {
    }
    //……
}
class Program
{
    static void Main()
    {
        Student s = new Student("Tom");        //用"Tom"给 Person 类的 name 初始化
        //……
            }
}
```

在 Student 类中通过 public Student(string n):base(n)指定调用基类的 public Person(string name)构造函数；而 Student s = new Student("Tom")代码用"Tom"给 Person 类的 name 初始化，"Tom"通过 Student 的构造函数传递给基类 Person 的构造函数。

如果在这里，我们想指定调用基类的无参构造函数，将代码改成：

```
class Student : Person
{
    //……
    public Student(string n)       //或者加上:base(),效果是一样的
    {
        name = n;
    }
    //……
}
```

这时编译将出错。这是为什么呢？我们知道，一旦类中自己定义了构造函数，编译器就不再提供无参构造函数，所以编译出错。要更改这个错误很简单，只需要在基类中增加无参构造函数即可。

还要注意在这个过程中，每个构造函数都初始化它自己的类中的字段。这是它的一般工作方式，在开始添加自己的构造函数时，也应尽可能遵循这个规则。派生类的构造函数可以在执行过程中调用它可以访问的基类方法、属性和其他成员，因为基类已经构造出来了，其字段也初始化了。

7.2 多态

在面向对象的系统中，多态性是一个非常重要的概念。引用 Charlie Calverts 对多态的描述——"多态性是允许你将父对象设置成为和一个或更多的它的子对象相等的技术，赋值之后，父对象就可以根据当前赋值给它的子对象的特性以不同的方式运作。"

7.2.1 虚方法

想实现不同的对象调用相同的成员，得到的结果不同，必须通过在派生类中重写基类成员的方法，规定各个派生类的对象执行的操作代码。C#支持重写实例方法和属性，但不支持重写字段或者任何静态成员。为了简单起见，下面的讨论将主要集中于方法，但其规则也适用于属性。

并不是所有的方法都可以重写，如果想让派生类重写基类的方法，必须要将方法声明为虚方法。在类的方法声明前加上 virtual 修饰符，则被称为虚方法，反之为非虚方法。在派生类的函数重写基类的虚函数时，要使用 override 关键字显式声明。

注意，重写基类方法与隐藏基类方法是完全不同的两个方式，我们通过一个例子来看它们的区别。

例 7-6 虚方法与非虚方法的区别。

```
class A
{
    public void F()            //非虚方法
    {
        Console.Write(" A.F");
    }
    public virtual void G()    //虚方法
    {
        Console.Write(" A.G");
    }
}
class B:A
{
    new public void F()        //覆盖基类的同名非虚方法 F()，注意使用 new
    {
        Console.Write(" B.F");
```

```
        }
        public override void G()    //重写基类的同名虚方法 G(),注意使用 override
        {
            Console.Write(" B.G");
        }
    }
    class Test
    {
        static void Main()
        {
            B b = new B();
            A a1 = new A();
            A a2 = b;               //允许基类引用变量引用派生类对象,a2 引用派生类 B 对象 b
            a1.F();                 //调用基类 A 的非虚方法 F(),显示 A.F
            a2.F();                 //F()为非虚方法,调用基类 A 的 F(),显示 A.F
            b.F();                  //F()为非虚方法,调用派生类 B 的 F(),显示 B.F
            a1.G();                 //G()为虚方法,因 a1 引用基类 A 对象,调用基类 A 的 G(),显示 A.G
            a2.G();                 //G()为虚方法,因 a2 引用派生类 B 对象,调用派生类 B 的 G(),显示 B.G
        }
    }
```

运行结果如图 7-4 所示。

图 7-4 程序运行结果

注意例子中不同对象调用同名非虚方法 F()和同名方法 G()的区别。a2 虽然是基类引用变量,但它引用派生类对象 b。由于 G()是虚方法,因此 a2.G()调用派生类 B 的 G(),显示 G.F。但由于 F()是非虚方法,a2.F()仍然调用基类 A 的 F(),显示 A.F。或者说,如果将基类引用变量引用不同对象,或者是基类对象,或者是派生类对象,用这个基类引用变量分别调用同名虚方法,根据对象不同,会完成不同的操作。而非虚方法则不具备此功能。

在 Person 类中,公有方法 PrtInfo()用来显示个人信息。在派生类 Student 中,覆盖了基类的公有方法 PrtInfo(),以显示雇员新增加的信息。我们希望隐藏这些细节,希望无论基类还是派生类,都调用同一个显示方法,根据对象不同,自动显示不同的信息。可以用虚方法来实现,这是一个典型的多态性例子。

例 7-7 将 PrtInfo 改为虚方法。

```
    class Person
    {
        private String name;
        private DateTime birthDate;
        protected virtual void PrtInfo()     //类的虚方法
        {
            Console.WriteLine("My name is {0},I'm{1}.",name,Age);
        }
```

```csharp
        public Person(string name,int age)     //构造函数,函数名和类同名,无返回值
        {
            this.name = name;
            this.age = age;
        }
    }
    class Student:Person
    {
        private string phone;
        private string email;
        public Student(string n,int a,string p,string e):base(n,a)
        {
            phone = p;
            email = e;
        }
        protected override void PrtInfo()       //重载虚方法,注意用 override
        {
            base.PrtInfo();                     //访问基类同名方法
            Console.WriteLine("my phone number is {0} email is{1} ",phone,email);
        }

    }
    class Program
    {
        static void Main(string[] args)
        {
            Person onePerson = new Person("李四",30);
            onePerson.PrtInfo();                //显示基类数据
            Person oneStudent = new Student("王五",20,"13600008888","wangwu@126.com");
            oneStudent.PrtInfo();               //显示派生类数据
        }
    }
```

运行结果如图 7-5 所示。

图 7-5　程序运行结果

在上例中,父类 Person 中,语句 protected virtual void PrtInfo()中的 virtual 关键字定义了一个虚方法,在子类 Student 中,语句 protected override void PrtInfo()中用 override 关键字表明重写父类中的方法。在客户端的代码中,Person onePerson＝new Person("李四",30)实例化了一个父类的对象,语句 Person oneStudent＝new Student("王五",20,"13600008888","wang wu@126.com")用 Person 实例化一个对象,但调用的是子类的构造函数,这相当于将父类的对象转化为子类类型。现在,同样是 Person 类对象,执行 PrtInfo

方法却得不同的方法,这就称为多态。如果不使用关键字 virtual 和 override,只是简单地重写方法,父类的方法将被隐藏,运行结果如图 7-6 所示,达不到多态的效果。

图 7-6　程序运行结果

多态的作用很多,举例来说,多个子类继承一个父类,定义一个父类的对象,用来指向不同的子类,同样的执行语句,将得到十分不同的结果。有时,我们可以将子类对象作为实参,父类对象作为形参,在没有得到参数之前,语句并不知道自己将执行哪个子类的方法,只有运行时,通过用户的选择等情况决定执行哪一个方法。所以,多态是一种动态的运行方式。

7.2.2　抽象类和抽象方法

如果一个类表达的是一种抽象的概念,只定义了它的派生类中通用的方法和属性,本身实例化并没有任何的意义,只有作为一个基类,在从其派生的一系列数据类型之间共享默认的方法实现,它才显得有意义。这意味着这种类应该被设计为一个抽象类(abstract class),相对地,不抽象、可具体实例化的类称为具体类。抽象类不能实例化。

不可实例化只是抽象类的一个较次要特征,其主要特征在于它包含**抽象成员**。抽象成员是不具有实现的一个方法或属性。抽象成员没有执行代码,必须在非抽象的派生类中重写来提供具体的实现。显然,抽象成员是需要被重写的,因此也是虚拟的(但也不需要提供 virtual 关键字,实际上,如果提供了该关键字,就会产生一个语法错误)。如果类包含抽象成员,该类将也是抽象的,必须声明为抽象的。定义抽象类的方法是用关键字 abstract。

例 7-8　定义一个抽象类。

```
abstract class Figure                    //抽象类定义
{
    protected double x,y;
    public Figure(double a,double b)
    {
        x = a;
        y = b;
    }
    public abstract void Area();          //抽象方法,无实现代码
}
class Square:Figure                       ///类 Square 定义
{
    public Square(double a,double b):base(a,b)
    {
    }
    public override void Area()           //不能使用 new,必须用 override
    {
        Console.WriteLine("矩形面积是：{0}",x*y);
```

        }
    }
    class Circle:Figure   ///类Circle定义
    {
        public Circle(double a):base(a,a)
        {
        }
        public override void Area()
        {
            Console.WriteLine("圆面积是：{0}",3.14*x*y);
        }
    }
    class Program
    {
        static void Main(string[] args)
        {
            Square s = new Square(20,30);
            Circle c = new Circle(10);
            s.Area();
            c.Area();
        }
    }

运行结果如图 7-7 所示。

图 7-7　程序运行结果

抽象类 Figure 中用语句 public abstract void Area();提供了一个抽象方法 Area()，并没有实现它；类 Square 和 Circle 从抽象类 Figure 中继承方法 Area()（实现时，要用 override 关键字），分别具体实现计算矩形和圆的面积。

抽象类中可以包含抽象成员，也可以包含具体成员，但具体类却不能包含抽象成员。需要注意的是，抽象成员不能是 private 的，否则派生类看不到它们，也就无法实现它们。

7.2.3　密封类和密封方法

有时候，我们并不希望自己编写的类被继承。或者有的类已经没有再被继承的必要。C# 提出了一个密封类(sealed class)的概念，帮助开发人员解决这一问题。

密封类在声明中使用 sealed 修饰符，这样就可以防止该类被其他类继承。如果试图将一个密封类作为其他类的基类，C# 编译器将提示出错。理所当然，密封类不能同时又是抽象类，因为抽象总是希望被继承的。

例 7-9　定义一个密封类。

    class BaseClass

```
    {
        //……
    }
sealed class FinalClass: BaseClass
{
    //……
}
class DerivedClass : FinalClass            //错误!
{
    //……
}
```

在上面的代码中，FinalClass 是一个密封类，它可以从其他类继承，但不能被继承，DerivedClass 企图继承 FinalClass，将会产生编译错误。

C#还提出了密封方法（sealed method）的概念。方法使用 sealed 修饰符，称该方法是一个密封方法。在派生类中，不能覆盖基类中的密封方法。把方法声明为 sealed 也可以实现不能再被重写的目的，但很少这么做。

例 7-10 定义一个密封方法。

```
class MyClass
{
    public sealed override void FinalMethod()
    {
        //……
    }
}
class DerivedClass : MyClass
{
    public override void FinalMethod()    //错误!FinalMethod是密封方法,不能被继承
    {
    }
}
```

在把类或方法标记为 sealed 时，最可能的情形是对库、类或自己编写的其他类进行操作，重写某些功能时会导致错误。也可以因商业原因把类或方法标记为 sealed，以防第三方以违反注册协议的方式扩展该类。但一般情况下，在把类或方法标记为 sealed 时要小心，因为这么做会严重限制它的使用。即使不希望它能继承一个类或重写类的某个成员，仍有可能在将来的某个时刻，有人会遇到我们没有预料到的情形。.NET 基类库大量使用了密封类，使希望从这些类中派生出自己的类的第三方开发人员无法访问这些类，例如 string 就是一个密封类。

7.3 接口

在 C#中，还有一种类型是接口（Interface），接口是把公共方法和属性组合起来，以封装成特定功能的一个集合。接口和抽象类有些类似，也定义了一系列没有实现的成员，而且不能实例化，但和抽象类不同的是，接口不能包含任何实现，实现过程必须在实现接口的类

中实现。

为什么需要接口呢？我们来做个比喻。电器的插头就像是接口，安装在电器上，它就是被实现的。插头的设计必须是符合规范的，这样才能顺利地插入电源插座，类似地，接口定义了一个规范，类必须履行这个规范，才能获得接口提供的能力。至于每个电器利用电力来干什么，不同的电器也是不同的，这类似于多态。因此，接口是另一种实现多态的形式。

7.3.1 接口的声明

声明一个接口用关键字 interface，声明格式如下：

属性 修饰符 interface 接口名：基接口
{
    //……
}

其中，关键字 interface、接口名和接口体是必须的，其他项是可选的。修饰符可以是 new、public、protected、internal 和 private。接口的命名遵循 Pascal 大小写规范，并带有一个 I 前缀。

例 7-11　定义形状接口，其中包含类型属性、周长方法。

```
public interface IShape
{
    string Type
    {
        get;
    }
    double Perimeter();
}
```

接口成员的定义与类成员的定义相似，但有几个重要区别。
（1）不允许使用访问修饰符，所有的接口成员都是公共的；
（2）接口成员不能包含代码体；
（3）接口成员不能定义字段成员；
（4）接口成员不能用关键字 static、virtual、abstract 或 sealed 来定义；
（5）类型定义成员是禁止的。

接口之间是可以继承的，而且和类的继承不同的是，接口支持多重继承，多个基接口之间用逗号分隔。

例 7-12　接口的多重继承。

```
interface IControl
{
    void Paint();
}
interface ITextBox:IControl              //继承了接口 Icontrol 的方法 Paint()
{
    void SetText(string text);
}
```

```
interface IListBox:IControl              //继承了接口 Icontrol 的方法 Paint()
{
    void SetItems(string[] items);
}
interface IComboBox:ITextBox,IListBox
{                                        //可以声明新方法
}
```

上面的例子中,接口 ITextBox 和 IListBox 都从接口 IControl 中继承,也就继承了接口 IControl 的 Paint 方法。接口 IComboBox 从接口 ITextBox 和 IListBox 中继承,因此它继承了接口 ITextBox 的 SetText 方法和 IListBox 的 SetItems 方法,还有 IControl 的 Paint 方法。

7.3.2 接口的实现

实现接口的类必须包含该接口所有成员的执行代码,且必须匹配指定的签名,包含匹配指定的 get 和 set 块,并且必须是公共的。类实现接口的形式类似于继承,形式如下:

class 类名:接口名

例如:

```
public interface IMyInterface
{
    void DoSomething();
    void DoSomethingElse();
}
public class MyClass : IMyInterface
{
    public void DoSomething()
    {
    }
    public void DoSomethingElse()
    {
    }
}
```

可以使用关键字 virtual 或 abstrcat 来执行接口成员,但不能使用 static 或 const。接口成员还可以在基类上实现,派生类可以在继承基类的同时实现接口,基类和接口之间用逗号分隔。例如:

```
public interface IMyInterface
{
    void DoSomething();
    void DoSomethingElse();
}
public calss MyBaseClass
{
    public DoSomething()
    {
```

```
        }
    public class MyDerivedClass : MyBaseClass,IMyInterface
    {
        public void DoSomethingElse()
        {
        }
    }
```

以上代码中,虽然 MyDerivedClass 中没有直接实现接口中的 DoSomething()方法,但是通过继承 MyBaseClass 也包含了 DoSomething()的实现。

继承一个实现给定接口的基类,就意味着派生类隐式地支持这个接口。例如:

```
public interface IMyInterface
{
    void DoSomething();
    void DoSomethingElse();
}
public interface MyBaseClass : IMyInterface
{
    public virtual void DoSomething()
    {
    }
    public virtual void DoSomethingElse()
    {
    }
}
public class MyDerivedClass : MyBaseClass
{
    public override void DoSomething()
    {
    }
}
```

在上面的代码中,在基类中把执行代码定义为虚拟,派生类就可以重写该执行代码,而不是隐藏它们。如果 new 关键字隐藏一个基类成员,而不重写它,则方法 IMyInterface.DoSomething()就总是引用基类版本,即使派生类通过这个接口访问它,也达不到多态的效果。

以上是通过一些空代码来了解接口的一些规则,现在我们来实现上一节定义的形状接口。

例 7-13 用长方形类和三角形实现 IShape 接口。

```
public interface IShape
{
    string Type
    {
        get;
    }
    double Perimeter();
```

```
}
public class Rectangle : IShape
{
    private double width,height;
    public Rectangle(double w,double h)
    {
        width = w;
        height = h;
    }
    public double Width
    {
        set
        {
            width = value;
        }
        get
        {
            return width;
        }
    }
    public double Height
    {
        set
        {
            Height = value;
        }
        get
        {
            return height;
        }
    }
    public string Type                        //实现接口中的属性
    {
        get {return "长方形";}
    }
    public double Perimeter()                 //实现接口的方法
    {
        return 2 * (Width + Height);
    }
}
public class Triangle: IShape
{
    private double a,b,c;
    public Triangle (double a,double b,double c)
    {
        this.a = a;
        this.b = b;
        this.c = c;
    }
    public double A
    {
```

```csharp
            set
            {
                a = value;
            }
            get
            {
                return a;
            }
        }
        public double B
        {
            set
            {
                b = value;
            }
            get
            {
                return b;
            }
        }
        public double C
        {
            set
            {
                c = value;
            }
            get
            {
                return c;
            }
        }
        public string Type           //实现接口中的属性
        {
            get { return "三角形"; }
        }
        public double Perimeter()           //实现接口的方法
        {
            return a + b + c;
        }
    }
    class Program
    {
        public static void Main(string[] args)
        {
            Rectangle r = new Rectangle(5,2);
            Console.WriteLine(r.Type);
            Console.WriteLine("长:{0},宽:{1},周长 = {2}", r.Width, r.Height, r.Perimeter());
            Triangle t = new Triangle(3,4,5);
            Console.WriteLine(t.Type);
            Console.WriteLine("三条边分别为:{0}、{1}、{2}", t.A, t.B, t.C);
            Console.WriteLine("周长 = {0}", t.Perimeter());
```

        }
    }

运行结果如图 7-8 所示。

图 7-8　程序运行结果

在接口 IShape 中,我们提供了两个空成员:Type 属性和 Perimeter 方法。Rectangle 类和 Triangle 类继承了接口 IShape,那么这两个类就必须实现接口提供的空成员,而且实现的形式(例如属性的读写、方法的签名)在接口中已经定义,不能再改变。实现接口的类也可以增加自己的成员,例如 Rectangle 类中的 width 和 height,Triangle 类中的 a、b、c。在实现 Perimeter 方法时,我们使用这些成员来计算图形的周长。

我们前面已经定义过 Person 类,从 Person 类可以派生出其他类,例如工人类、公务员类、医生类等。这些类有一些共有的方法和属性,例如工资属性。一般希望所有派生类访问工资属性时用同样的变量名。那么将其定义在类 Person 中不合适,因为有些人无工资,如小孩。可以定义一个类作为基类,包含工资属性,但 C#不支持多继承。可行的办法是使用接口,在接口中声明工资属性。工人类、公务员类、医生类等都必须实现该接口,也就保证了它们访问工资属性时用同样的变量名。

接口成员的显式实现

仔细观察下面的代码,实现接口的成员方式有何不同?(IShape 的定义见例 7-13)

```
public class Rectangle : IShape
{
    //……
    public string Type                    //隐式实现
    {
        get {return "长方形";}
    }
    double IShape.Perimeter()             //显示实现
    {
        return 2 * (Width + Height);
    }
}
```

可以看出,我们在 Rectangle 类中实现接口 Type 属性时,直接写属性的名字,并没有以 IShape.Type 的形式指明我们实现的这个成员是 IShape 接口的成员,这种实现方式称为接口成员的隐式实现,相对应地,double IShape.Perimeter()称为显示实现。注意,由于显示实现接口直接与接口关联,因此不能使用任何访问限制符,也不能加上 abstract、virtual、override 或 static 修饰符。

如果接口成员显式实现,该成员只能通过接口来访问,不能通过类来访问。如果我们在 Rectangle 类中以显示方式实现 Perimeter(),那么以下方法将是错误的:

```
Rectangle r = new Rectangle(5,2);
r. Perimeter();
```

正确的方式是将接口变量指向对象,即声明一个接口类型的变量,将此变量指向类的对象,再通过接口类型的变量引用这个成员,以下为正确代码:

```
Rectangle r = new Rectangle(5,2);
IShape myShape = r;
myShape.Perimeter();
```

还可以将对象转型为接口:

```
Rectangle r = new Rectangle(5,2);
((IShape)r).Perimeter();
```

如果是隐式实现接口成员,那么上面的技术都是有效的,因为成员可以直接调用,没有被隐藏起来。在隐式实现上,显式实现所不允许的许多修饰符都是必需或者可选的。例如,隐式成员必须是 public 的。此外,virtual 是可选的,具体取决于派生类是否可以重写实现。如果去掉 virtual,该成员就如同是 sealed 成员。override 是不允许的,由于成员的接口声明不包含实现,所以 override 没有意义。

7.3.3 接口和抽象类

我们看到,接口和抽象类在很多方面十分相似,为什么两者都存在呢?我们来了解一下它们的异同,以便在具体问题中决定使用什么技术。

首先来看看它们的相似之处。接口和抽象类都包含必须由派生类实现的成员。接口和抽象类都不能直接实例化,但可以声明它们的变量。这样做,就可以使用多态性把继承这两种类型的对象指定给它们的变量,通过这些变量来使用这些类型的成员,但不能直接访问派生对象的其他成员。

它们也有很多区别。派生类只能继承一个基类,即只能直接继承一个抽象类。但类可以使用任意多个接口。抽象类可以拥有抽象成员,也可以拥有非抽象成员。但接口的成员都没有代码体。接口的成员是公共的,但抽象类的成员可以是各种访问级别的。此外,接口不能包含字段、构造函数、析构函数、静态成员或常量。

从以上的区别中,我们可以看出,这两种类型用于完全不同的目的。抽象类主要用于对象系列的基类,共享某些主要特性,例如,共同的目的和结构。而接口只是一个行为的规范或规定,表述"我能做…",它基本上不具备继承的任何具体特点,它仅仅承诺了能够调用的方法。抽象类主要用于关系密切的对象,而接口适合为不相关的类提供通用功能。

7.4 委托

在 Person 类中,有一个 PrtInfo()方法,是输出个人信息的。这里是使用英语输出个人信息,如果我们把这个程序给只懂汉语的人用,就会有语言障碍。我们可以再增加一个方法,输出信息用汉语;当然,如果有其他语言需要,就可以继续扩展。但是调用的时候,怎来决定调用哪一个输出方法呢？在 C# 中提供一种类型，称为委托（delegate），它将函数作为参数，当我们声明一个委托变量后，再用函数实例化这个委托，这样委托就代表了这个函数，再通过执行委托就可以引用相应的函数。针对这个问题，我们可以定义一个委托，根据用户不同输入，我们将委托指向不同的输出方法的引用，再执行委托，就得到不同语言的输出方法了。

7.4.1 委托的声明

我们来介绍一下委托如何声明，有哪些规则和限制。委托的声明非常类似于函数，但不带函数体，要使用 delegate 关键字，格式如下：

属性集 修饰符 delegate 函数返回类型 定义的委托标识符(函数形参列表);

委托的声明指定了一个返回类型和一个参数列表，这意味着只有返回值和参数列表和委托声明相同的函数才能被委托调用。例如：

```
public delegate int MyDelegate();
```

上面的代码声明了一个委托，它只能代表返回类型为 int、无参数的函数。所以定义一个委托之前，我们要知道被代表的函数签名是什么样的。例如有如下的函数：

```
class Program
{
    static double Multiply(double p1,double p2)
    {
        return p1 * p2;
    }
    static double Divide(double p1,double p2)
    {
        return p1/p2;
    }
    //……
}
```

我们如何为这两个函数定义一个委托呢？原则仍然是要与函数签名一致。因此，我们可以将委托定义为如下形式：

```
delegate double ProcessDelegate(double p1,double p2);
```

委托的定义一般位于名称空间之内，类的外面。但是这不是必须的，委托的声明也可以在类的里面，甚至是任何一个可以声明类的地方。若委托定义于类的内部，则必须通过调用该类的成员才能取得其委托的引用，在频繁地调用该委托的情况下，就不是很适合。在本例中，我们可以将这个委托放在 Program 类中：

```
class Program
{
    delegate double ProcessDelegate(double p1,double p2);
    static double Multiply(double p1,double p2)
```

```
            return p1 * p2;
        }
        static double Divide(double p1,double p2)
        {
            return p1/p2;
        }
        // ……
}
```

7.4.2 委托的使用

我们可以看出，委托只需要声明，不需要定义委托体。声明了委托之后，如何使用委托呢？和类一样，委托也需要实例化，格式和类实例化相似，也是使用 new 关键字。实例化的时候，将委托所要代表的函数作为参数。使用委托时，将函数参数作为实例化的委托参数。下面我们通过一个例子来学习委托的使用方法。

例 7-14 从键盘输入两个数字和一个加或乘的符号，对两个数字进行相应的运算。利用委托来调用函数。

```
class Program
{
    delegate double ProcessDelegate(double p1,double p2);
    static double Multiply(double p1,double p2)
    {
        return p1 * p2;
    }
    static double Divide(double p1,double p2)
    {
        return p1/p2;
    }

    static void Main(string[ ] args)
    {
        ProcessDelegate process;
        double param1,param2;
        string op;
        Console.WriteLine("Enter 2 numbers:");
        param1 = Convert.ToDouble(Console.ReadLine());
        param2 = Convert.ToDouble(Console.ReadLine());
        Console.WriteLine("Enter M to multiply or D to divide: ");
        op = Console.ReadLine();
        if(op == "M")
            process = new ProcessDelegate(Multiply);
        else
            process = new ProcessDelegate(Divide);
        Console.WriteLine("Result:{0}",process(param1,param2));
    }
}
```

运行结果如图 7-9 所示。

这段代码定义了一个委托 ProcessDelegate，要求其返回值类型和参数与函数 Mytiply()和

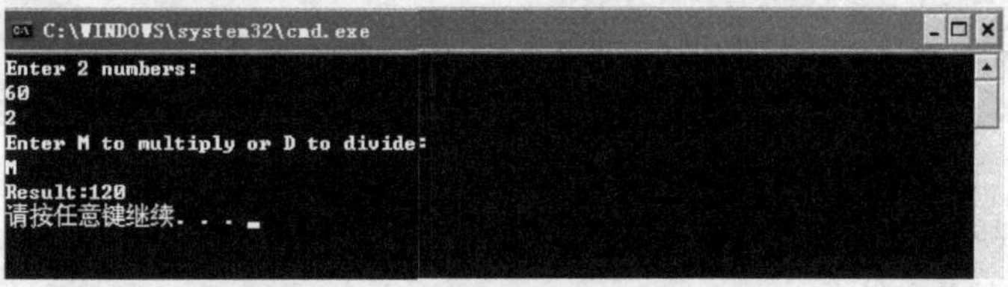

图 7-9 程序运行结果

Divide()相匹配。

```
delegate double ProcessDelegate(double p1,double p2);
```

Main()中的代码首先使用新的委托类型声明一个变量,

```
static void Main(string[ ] args)
{
    ProcessDelegate process;
```

接着让用户输入两个运算量,

```
double param1,param2;
string op;
Console.WriteLine("Enter 2 numbers:");
param1 = Convert.ToDouble(Console.ReadLine());
param2 = Convert.ToDouble(Console.ReadLine());
```

然后询问用户对这两个数进行相乘还是相除,根据用户的选择,初始化 process 委托变量。初始化委托变量时,用 new 关键字创建一个新委托。

```
if(op == "M")
    process = new ProcessDelegate(Multiply);
else
    process = new ProcessDelegate(Divide);
Console.WriteLine("Result:{0}",process(param1,param2));
}
```

在关键字 new 的后面,指定委托类型,提供一个引用的函数,该函数是 Multiply()或 Divide()。函数作委托实例化初始化的参数时不带括号,只使用函数名。最后,使用该委托调用所选的函数。无论委托引用的是什么函数,该语法都是有效的。

例 7-15 给 Person 类增加汉语的输出个人信息方法,利用委托实现使用两种语言输出个人信息。

```
public delegate void PrtDelegate();
class Person
{
    //……定义 name、birthDate 字段及 Name、BirthDate、Age 属性
    public void PrtEn()
    {
        Console.WriteLine("My name is {0},I'm {1}.",Name,age);
    }
    public void PrtCn()
```

```
        {
            Console.WriteLine("我叫{0},我今年{1}岁.",Name,age);
        }
    }
    class Program
    {
        static void Main()
        {
            PrtDelegate prt;
            Person p1 = new Person ();
            p1.Name = "Tom";
            p1.BirthDate = DateTime.Parse("1989 - 2 - 23");
            prt = new PrtDelegate(p1.PrtEn);
            prt();
            prt = new PrtDelegate(p1.PrtCn);
            prt();
        }
    }
```

运行结果如图 7-10 所示。

图 7-10 程序运行结果

在这个例子中,我们先通过语句 public delegate void PrtDelegate();定义了一个委托;在 Person 类中定义好两个不同的输出信息函数后,在使用委托时,先使用 prt = new PrtDelegate(p1.PrtEn);实例化一个委托,此时,参数表明委托所代表的函数,再使用委托来间接调用函数。两次实例化的结果不一样,一次指向 p1.PrtEn,一次指向 p1.PrtCn,所以同是 prt();语句,执行结果也不同。

委托有许多用途,例如,一个函数要对一组数排序,但不同的数字要求的顺序不同,有的是降序、有的是升序。使用委托可以把一个排序算法函数委托传递给排序函数,指定要使用的方法。

委托很多的性能主要与事件处理有关,我们将在下一节作介绍。

7.5 事件

Windows 操作系统把用户的动作都看作消息,也称作事件,对象之间的交互就是通过消息传递来实现的,例如用鼠标左键单击按钮,发出鼠标单击按钮事件。Windows 操作系统负责统一管理所有的事件,把事件发送到各个运行程序。各个程序用事件函数响应事件,这种方法也叫事件驱动。

在 C#中,事件是由对象引发的,其他对象如果想处理相应事件,就必须订阅事件。订阅一个事件的含义是提供代码,在事件发生时自动执行这些代码,它们称为事件处理程序。

事件处理程序本身都是简单的函数。对事件处理函数的唯一限制是它必须匹配于事件所要求的返回类型和参数。这个限制是事件定义的一部分,由一个委托指定。

所以,事件处理过程如下:首先,创建一个可以引发事件的对象。当对象接收到某个消息时,它就会引发一个事件;接着,应用程序订阅事件。应用程序定义一个函数,该函数可以与事件指定的委托类型一起使用,把这个函数的一个引用传送给事件,而事件的处理函数也可以是另一个对象的方法;引发事件后,就通知订阅器。当接收到事件发生时,调用事件的处理函数。

7.5.1 使用事件

在.NET Framework 中,有许多已经定义好的事件,我们要处理这些事件,只需要提供一个事件处理函数来订阅事件,该函数的返回类型和参数匹配于事件指定的委托。例如,在 System.Timers 的 Timer 类中定义一个 Elapsed 事件,每达到对象要求的间隔时间,Elapsed 事件就发生一次。定义一个事件处理函数,订阅 Elapsed 事件,那么我们的事件处理函数将不停地在规定时间间隔内发生。

订阅事件的格式为:

对象名.事件名 + = new 委托(事件处理函数)

+=是事件订阅运算符,作用是给事件添加一个处理程序,其形式是使用事件处理方法初始化的一个新委托实例。例如,我们想订阅 Timer 的 Elapsed 事件,代码该怎么写呢?我们来分析一下。对于 Elapsed 事件,要求的事件处理程序必须匹配 System.Timers.ElapsedHandler 委托的返回类型和参数,该委托是.NET Framework 中定义的标准委托之一,指定了返回类型和参数。接下来再定义一个参数和返回值匹配于 ElapsedHandler 委托的事件处理函数。有了这些前提,我们来看例 7-16。

例 7-16 编写一个控制台应用程序,实现功能如下:每隔 1s 屏幕依次按字母表中的顺序输出字母。

```
using System;
using System.Collections.Generic;
using System.Linq;
using System.Text;
using System.Timers;

namespace Exp7_16
{
    class Program
    {
        static int counter = 0;
        static string alphaString = "ABCDEFGHIJKLMNOPQRSTUVWXYZ";
        static void Main(string[] args)
        {
            Timer myTimer = new Timer(1000);
            myTimer.Elapsed + = new ElapsedEventHandler(PrintChar);
            myTimer.Start();
```

```
            Console.ReadKey();
        }
        static void PrintChar(object source,ElapsedEventArgs e)
        {
            Console.Write(alphaString[counter++ % alphaString.Length]);
        }
    }
}
```

运行结果如图 7-11 所示。

图 7-11 程序运行结果

首先,我们来熟悉一下例 7-16 中的 Timer 类。它的构造函数如表 7-1 所示。

表 7-1 System.Timers.Timer 的构造函数

Timer()	初始化 Timer 类的新实例,并将所有属性设置为初始值
Timer(double)	初始化 Timer 类的新实例,并将 Interval 属性设置为指定的毫秒数

Timer 的 Interval 属性规定了 Elapsed 事件发生的时间间隔,单位为毫秒(1000ms= 1s)。Timer 的部分方法如表 7-2 所示。

表 7-2 System.Timers.Timer 的部分方法

Start()	通过将 Enabled 设置为 true 开始引发 Elapsed 事件
Stop()	通过将 Enabled 设置为 false 停止引发 Elapsed 事件
Close()	释放 Timer 占用的资源

Timer 的事件只有两个,如表 7-3 所示。

表 7-3 System.Timers.Timer 的事件

Disposed	当通过调用 Dispose 方法释放组件时发生
Elapsed	达到间隔时发生

接下来,我们再来看代码:

```
using System.Timers;
```

由于 Timer 类定义在 System.Timers 中,所以需要我们指明要使用的名称空间;

```
Timer myTimer = new Timer(1000);
```

实例化一个 Timer 对象,它表明它的 Elapsed 事件每隔 1 秒发生一次;

```
myTimer.Elapsed + = new ElapsedEventHandler(PrintChar);
```

用来订阅事件,指明 Elapsed 事件发生时,使用 PrintChar 方法来处理;

```
myTimer.Start();
```

引发 Elapsed 事件的发生;

```
Console.ReadKey();
```

表明了当我们想结束 Main()函数的执行时,只需要按下任意键即可;在 PrintChar 函数中,

```
static void PrintChar(object source,ElapsedEventArgs e)
{
    Console.Write(alphaString[counter++ % alphaString.Length]);
}
```

PrintChar 方法是事件处理函数,它的参数和返回值是由.NET Framework 定义好的 ElapsedEventHandler 委托决定的,我们可以不使用参数,但必须在格式上写出参数。函数体中只有一个输出语句,输出内容是由语句:

```
static string alphaString = "ABCDEFGHIJKLMNOPQRST UVWXYZ";
```

定义的,每次输出其中一个字母。

7.5.2 定义事件

如果我们想定义自己的事件,首先要定义事件。事件声明的格式为:

属性集 修饰符 event 委托类型 事件名;

从定义形式上,我们也可以看出,事件和委托紧密相关。因此,我们在定义事件或使用事件时,首先应该有一个相应的委托,这个委托既可以是已经存在于.NET Framework 库中,也可以是自定义的。事件的使用比较特殊,它既不用像字段那样赋值,也不像方法那样有方法体,规定代码。只需要定义好事件,引发事件,再在订阅事件时指定事件处理函数即可。定义事件和订阅事件我们在前面已经有了了解,如何引发事件呢?引发事件的方法是按名称来调用它,就好像它是一个方法一样,只是这个方法的返回类型和参数由委托指定。其中,引发事件的参数传递给了事件处理函数。例如,我们要引发一个名称为 MessageArrived 的事件,它相应的委托指定它的参数是字符串类型的:

```
MessageArrived("This is a message.");
```

如果定义该委托时不包含任何参数,就可以引发如下事件:

```
MessageArrived();
```

例 7-17 编写一个控制台应用程序,定义一个 C#事件,用于产生当前时间。

```
using System.Timers;

namespace Exp7_17
{
    public delegate void TimeHandler(string s);            //定义委托
    public class Clock
    {
```

```
            public event TimeHandler Tick;                    //定义事件
            public void On(string name)
            {
                Tick("Hello " + name);                         //引发事件
            }
            public void ShowTime(string s)                     //定义事件处理函数
            {
                Console.WriteLine(s + ":" + DateTime.Now);
            }
        }
        class Program
        {
            static void Main(string[] args)
            {
                Clock myClock = new Clock();
                myClock.Tick + = new TimeHandler(myClock.ShowTime);   //订阅事件
                myClock.On(Console.ReadLine());
            }
        }
```

运行结果如图 7-12 所示。

图 7-12　程序运行结果

首先,我们用语句:

```
public delegate void TimeHandler(string s);
```

定义一个委托；在 Clock 类中,用语句：

```
public event TimeHandler Tick;
```

定义事件；用 On 方法中的语句：

```
Tick("Hello " + name);
```

引发事件；最后,用语句：

```
public void ShowTime(string s)
{
    Console.WriteLine(s + ":" + DateTime.Now);
}
```

来定义事件处理函数。截至目前,事件处理函数没有与事件联系起来,需要我们在客户端定义对象,

```
Clock myClock = new Clock();
```

再订阅事件，

```
myClock.Tick + = new TimeHandler(myClock.ShowTime);
```

执行引发事件的语句，

```
myClock.On(Console.ReadLine());
```

这样，事件被引发了，处理函数也就执行了。处理事件的时候，我们从键盘上输入一串字符串，输出时间时，将输入的字符串一起显示出来。

7.6 综合应用

例 7-18 某公司有各类员工，如销售员、计时工人、计件工人、经理，他们的薪水计算方法不同，各类员工薪水计算方法如下。

经理：固定月薪＋奖金。
销售员：固定月薪＋销售额×提成率
计时工人：每小时工资×工作小时数＋加班小时×1.5（每周超过 40 小时，算加班）
计件工人：计件工资（计件工资×生产的产品件数）

试设计一个接口 Itype，表示雇员类型。设计一个抽象类 Employee（雇员），该抽象类实现 IType 和继承 Person 类，设计各个类型的员工类，实现 Employee 抽象类，计算各类员工薪水。

```
public interface IThing
{
    string Type
    {
        get;
    }
    string TellAboutSelf();
}
/*
以上代码定义了一个接口 IThing,接口中定义了所有事物都需要的属性 Type,表示此事物的类型；又
定义了一个空的方法，来输出自己的相关信息,在接下来实现此接口的类中要完成这两个功能
*/
    enum typeGender
    {
        male,
        female
    }
    class Person
    {
        protected DateTime birthDate;
        protected string name;
        protected typeGender gender;
        protected string id;
        protected static int nextID;
```

```csharp
public Person()
{
    SetInfo(DateTime.Parse("1993-1-1"),"noname",typeGender.male);
}
public Person(DateTime birth)
{
    SetInfo(birth,"noname",typeGender.male);
}
public Person(DateTime birth,string n)
{
    SetInfo(birth,n,typeGender.male);
}
public Person(DateTime birth,string n,typeGender g)
{
    SetInfo(birth,n,g);
}
public int Age
{
    get
    {
        return DateTime.Now.Year - birthDate.Year + 1;
    }
}
public DateTime BirthDate
{
    get
    {
        return birthDate;
    }
    set
    {
        birthDate = value;
    }
}

public typeGender Gender
{
    get
    {
        return gender;
    }
    set
    {
        if (value == typeGender.male || value == typeGender.female)
            gender = value;
    }
}
public String Name
{
    set
    {
```

```csharp
                name = value;
            }
            get
            {
                return name;
            }
        }
        public string Id
        {
            get
            {
                return id;
            }
        }
        protected void SetInfo(DateTime birth, string n, typeGender g)
        {
            nextID++;
            name = n;
            birthDate = birth;
            gender = g;
            id = nextID.ToString();
        }
    }
/*
以上代码定义了一个基类 Person
*/
    abstract class Employee : Person, IThing
    {
        private decimal salary;
        public Employee() { }
        public Employee(string name, decimal salary, DateTime dt)
            : base(dt, name)
        {
            this.salary = salary;
        }
        public decimal Salary
        {
            get
            {
                return salary;
            }
        }
        public abstract string Type
        {
            get;
        }
        public abstract decimal Earnings();
        public virtual string TellAboutSelf()
        {
            return "\nID:" + Id + "\n姓名:" + Name + "\n年龄:" + Age.ToString() + "\n性别" + Gender;
        }
```

}
/*
以上代码定义了一个继承 Person 并实现接口 IThing 的抽象类。这个类中把 Earnings() 和 TellAboutSelf() 方法定义为虚方法, 为在以后的派生类中实现多态作准备
*/
```csharp
class Manager : Employee
{
    private decimal bonus;
    public Manager(string name,decimal salary,decimal bonus,DateTime dt)
        : base(name,salary,dt)
    {
        this.bonus = bonus;
    }
    public decimal Bonus
    {
        get
        {
            return bonus;
        }
        set
        {
            bonus = value;
        }
    }
    public override decimal Earnings()
    {
        return Salary + Bonus;
    }
    public override string Type
    {
        get
        {
            return "经理";
        }
    }
    public override string TellAboutSelf()
    {
        return (base.TellAboutSelf() + "\n" + "基本工资:" + string.Format("{0:c}", Salary) + "\n" + "奖金:" + string.Format("{0:c}", Bonus) + "\n");
    }
}
```
/*
以上代码定义了一个类 Manager, 它继承于抽象类 Employee, 实现 Earnings() 和 TellAboutSelf() 方法时使用了关键字 override, 实现了多态
*/
```csharp
class CommisionWorker : Employee
{
    private decimal commission;
    private float rate;
    public CommisionWorker(string name, decimal salary, decimal commission, DateTime dt, float rate)
```

```csharp
            : base(name, salary, dt)
        {
            this.commission = commission;
            this.rate = rate;
        }
        public override string Type
        {
            get
            {
                return "计时工人";
            }
        }
        public decimal Commission
        {
            get
            {
                return commission;
            }
            set
            {
                commission = value;
            }
        }
        public float Rate
        {
            get
            {
                return rate;
            }
            set
            {
                rate = value;
            }
        }
        public override decimal Earnings()
        {
            return Salary + commission * (decimal)rate/100;
        }
        public override string TellAboutSelf()
        {
             return (base.TellAboutSelf() + "\n" + "基本工资:" + string.Format("{0:c}",
Salary) + "\n" + "销售额:" + string.Format("{0:c}",Commission)) + "\n" + "提成率:" + string
.Format("{0:p}",Rate/100) + "\n";
        }
    }
    class PieceWorker : Employee
    {
        private int quantity;
        public PieceWorker(string name,decimal salary,DateTime dt,int quantity)
            : base(name,salary,dt)
```

```csharp
            {
                this.quantity = quantity;
            }
            public int Quantity
            {
                get
                {
                    return quantity;
                }
                set
                {
                    quantity = value;
                }
            }
            public override decimal Earnings()
            {
                return Salary * quantity;
            }
            public override string Type
            {
                get
                {
                    return "计件工人";
                }
            }
            public override string TellAboutSelf()
            {
                return (base.TellAboutSelf() + "\n"
        + "计件工资:" + string.Format("{0:c}", Salary) + "\n"
        + "生产产品件数:" + Quantity + "\n");
            }
        }
        class HourlyWorker : Employee
        {
            private float hoursWorked;
            public HourlyWorker(string name, decimal salary, DateTime dt, float hoursWorked)
                : base(name, salary, dt)
            {
                this.hoursWorked = hoursWorked;
            }
            public float HoursWorked
            {
                get
                {
                    return hoursWorked;
                }
                set
                {
```

```csharp
            hoursWorked = value;
        }
    }
    public override decimal Earnings()
    {
        if (hoursWorked <= 40)
            return Salary * (decimal)HoursWorked;
        else
            return (Salary * 40M + Salary * 1.5M * (decimal)(HoursWorked - 40));
    }
    public override string Type
    {
        get
        {
            return "计时工人";
        }
    }
    public override string TellAboutSelf()
    {
        return (base.TellAboutSelf() + "\n"
+ "计时工资:" + string.Format("{0:c}",Salary) + "\n"
+ "工作小时数:" + string.Format("{0:n1}",HoursWorked) + "\n");
    }
}
class Program
{
    static void Main(string[] args)
    {
        Manager m = new Manager("Tom",2500,1300,Convert.ToDateTime("1979-07-25"));
        CommisionWorker c = new CommisionWorker("John",2000,Convert.ToDecimal(9.5),Convert.ToDateTime("1970-01-20"),30);
        PieceWorker p = new PieceWorker("Mary",1500,Convert.ToDateTime("1977-10-25"),50);
        HourlyWorker h = new HourlyWorker("Joey",1800,Convert.ToDateTime("1979-07-25"),10);
        MessageBox.Show(m.TellAboutSelf() + c.TellAboutSelf() + p.TellAboutSelf() + h.TellAboutSelf());
    }
}
```

这个综合应用的例题以MessgageBox.Show()的形式输出,将TellAboutSelf()的返回值作为输出参数。要注意的是在控制台程序中要使用MessgageBox类,需要使用语句using System.Windows.Forms;添加引用。有时还要使用"项目"→"添加引用"命令,打开"添中引用"对话框,在.NET选项卡中选择System.Windows.Forms。

本章小结

在前一章学习了面向对象基础知识的基础之上,本章进一步介绍了面向对象的一些技术,它们包括继承、多态、接口、委托、事件等。

面向对象的知识还包括很多内容,包括设计方法与设计模式,这些知识很重要,深入学习面向对象语言时必不可少,但由于不是基础知识,我们就不介绍了,在其他很多经典书籍中有介绍,希望大家可以参阅。

习题

1. 选择题

(1) 在定义类时,如果希望类的某个方法能够在派生类中进一步进行改进,以处理不同的派生类的需要,则应将该方法声明成(　　)。

  A. sealed 方法　　B. public 方法　　C. virtual 方法　　D. override 方法

(2) 类 class1,class2,class3 的定义如下:

```
abstract class class1
{
    abstract public void test();
}
Class class2:class1
{
    public override void test()
    {
        Console.write("class2");
    }
}
Class class3:class2
{
    public override void test()
    {
        Console.write("class3");
    }
}
```

则 class1 x＝new class3();x.test();语句的输出是(　　)。(提示:抽象类的规则)

  A. class3 class2　　B. class3　　C. class2 class3　　D. class2

(3) 接口 MyInterface 的定义如下:

```
public interface MyInterface
{
    string Name {get;}
}
```

类 MyClass 定义如下：

```
class MyClass:MyInterface
{
    string Name
    {
        get
        {
            return "only a test!";
        }
    }
}
```

则语句 MyInterface x = new MyClass(); Console.writeLine(x.Name); 的编译运行结果是（　　）。

  A. 运行正常，输出字符串"only a test!"   B. 可以编译通过，但运行出现异常
  C. 编译出错   D. 运行正常，没有输出

(4) 以下描述错误的是（　　）。
  A. 类不可以多重继承而接口可以
  B. 抽象类自身可以定义成员而接口不可以
  C. 抽象类和接口都不能被实例化
  D. 一个类可以有多个基类和多个基接口

(5) 接口是一种引用类型，在接口中可以声明（　　），但不可以声明公有的域或私有的成员变量。
  A. 方法、属性、索引器和事件   B. 方法、属性信息、属性
  C. 索引器和字段   D. 事件和字段

(6) 声明一个委托 public delegate int myCallBack(int x); 则用该委托产生的回调方法的原型应该是（　　）。
  A. void myCallBack(int x);   B. int receive(int num);
  C. string receive(int x);   D. 不确定的

(7) 面向对象编程中的"继承"的概念是指（　　）。
  A. 派生类对象可以不受限制地访问所有的基类对象
  B. 派生自同一个基类的不同类的对象具有一些共同特征
  C. 对象之间通过消息进行交互
  D. 对象的内部细节被隐藏

(8) 有关 sealed 修饰符，描述正确的是（　　）。
  A. 密封类可以被继承
  B. Abstract 修饰符可以和 sealed 修饰符一起使用
  C. 密封类不能实例化
  D. 使用 sealed 修饰符可保证此类不能被派生

(9) 关于委托的说法，不正确的是（　　）。
  A. 委托属于引用类型   B. 委托用于封装方法的引用
  C. 委托可以封装多个方法   D. 委托不必实例化即可被调用

2. 判断题

(1) 委托只能封装方法,不能直接封装语句。( )
(2) 接口中不能包含常量和变量。( )
(3) 抽象类不能被实例化,但可以声明抽象类的引用。( )
(4) 声明委托时,必须实现它所封装的方法。( )
(5) 实现接口时,接口中的方法都要实现,而属性则不然,可以仅实现部分属性。

( )
(6) 所有成员方法都是抽象方法的类是抽象类。( )
(7) 可以使用派生类的引用来引用基类的对象。( )
(8) 在派生类中,可以隐藏基类的成员,也可以重载基类的成员,二者没有什么区别。

( )
(9) 已知由 A 类派生 B 类,再由 B 类派生 C 类,则可以在 C 类中使用 base. base. SetX()
语句访问 A 的 SetX()方法。( )
(10) 接口中,既可以包含公有成员,也可以包含私有成员。( )

3. 程序设计题

(1) 建立一个汽车 Auto 类,包括轮胎个数、汽车颜色、车身重量、速度等属性。并通过不同的构造方法创建实例。要求汽车能够启动、加速、减速、停车。再定义一个小汽车类 Car 继承 Auto,并添加空调、CD 等成员变量,重写加速、减速的方法,增加显示汽车当前状态的输出方法(输出基本信息和行驶状态,如颜色、车重、当前速度)。在 Main()方法中,分别实例化这两个子类,然后分别调用启动、加速和减速方法,并输出当前状况。

(2) 定义一个名为 Vehicles 的基类,代表交通工具。该类中应包含 string 类型的属性 Brand 表示商标,Color 表示颜色。还应包含方法 Run(行驶,在控制台显示"我已经开动了")和虚方法 ShowInfo(显示信息,在控制台显示商标和颜色),并编写构造方法初始化其属性。编写 Car(小汽车)类继承于 Vehicles 类,增加 int 型属性 Seats(座位),还应重写成员方法 ShowInfo(在控制台显示小汽车的信息),并编写构造方法。编写 Truck(卡车)类继承于 Vehicles 类,增加 float 型成员属性 Load(重载),还应重写成员方法 ShowInfo(在控制台显示卡车的信息),并编写构造方法。在 Main 方法中测试以上各类,实现多态。

(3) 创建一个 Vehicle 类,并将它声明为抽象类。在 Vehicle 类中声明一个 NumOfWheels 方法,使它返回一个字符串值。创建两个类 Car 和 Motorbike 从 Vehicle 类继承,并在这两个类中实现 NumOfWheels 方法。在 Car 类中,应当显示"四轮车"信息,而在 Motorbike 类中应当显示"双轮车"信息。在 Main()方法中创建 Car 和 Motorbike 的实例,并在控制台中显示消息。

(4) 定义两个接口 ICtemperature、IFtemperature 分别代表摄氏温度和华氏温度。两个接口中有共同的 string 类型的属性 Type(表示温度类型),和共同的方法 Values()(表示温度值)。定义类 Temperature 实现这两个接口。

第 8 章 异常处理

8.1 异常处理

一个优秀的程序员,在编写程序时,不仅要关心程序的正常运行时的功能实现,还应该考虑到如何处理程序运行时可能发生的各类不可预期的事件,例如用户输入错误、内存不够、磁盘出错、网络资源不可用、数据库无法使用等,所有这些错误都被称作异常。处理这些异常情况被称为异常处理。在 C♯ 语言中,采用异常处理语句来解决这类异常问题。

8.1.1 异常类

C♯ 通常用异常类对异常进行处理,其异常类分为以下几种。

1. 基类 Exception

对于需要调用的系统函数,该函数会声明自己异常时会抛出的 Exception,例如 new Guid (arg)这个函数,就声明了会抛出 System. ArgumentNullException、System. FormatException、System. OverflowExcept-ion 异常。要想知道函数所抛出的 Exception 类型,方法很简单,把鼠标移到这个函数名上,会出现 ToolTip,里面的最下面声明了可能抛出的 Exception 的类型。Exception 类常见的属性及方法如表 8-1 所示。

表 8-1 Exception 类常见属性及方法

属 性	功 能
Data	这个属性可以给异常添加键/值语句,以提供异常的额外信息
HelpLink	链接到一个帮助文件上,以提供该异常的更多信息
InnerException	如果此异常是在 catch 块中抛出的,它就会包含把代码发送到 catch 块中的异常对象
Source	导致异常的应用程序或对象名
StackTrace	堆栈上方法调用的信息,它有助于跟踪抛出异常的方法
TargetSite	描述抛出异常的方法的.NET 反射对象
Message	描述错误情况的文本

2. 常见的异常类

(1) SystemException 类:该类是 System 命名空间中所有其他异常类的基类(建议:公

共语言运行时引发的异常通常用此类）；

（2）ApplicationException 类：该类是应用程序发生非致命错误时所引发的异常（建议：应用程序自身引发的异常通常用此类）。

3．与参数有关的异常类

此类异常类均派生于 SystemException，用于处理给方法成员传递参数时发生的异常。

（1）ArgumentException 类：该类用于处理参数无效的异常，除了继承来的属性名，此类还提供了 string 类型的属性 ParamName 表示引发异常的参数名称。

（2）FormatException 类：该类用于处理参数格式错误的异常。

4．与成员访问有关的异常类

（1）MemberAccessException 类：该类用于处理访问类的成员失败时所引发的异常。失败的原因可能的原因是没有足够的访问权限，也可能是要访问的成员根本不存在（类与类之间调用时常用）。

（2）MemberAccessException 类的直接派生类。

① FileAccessException 类：该类用于处理访问字段成员失败所引发的异常；

② MethodAccessException 类：该类用于处理访问方法成员失败所引发的异常；

③ MissingMemberException 类：该类用于处理成员不存在时所引发的异常。

5．与数组有关的异常类

以下三个类均继承于 SystemException 类。

（1）IndexOutOfException 类：该类用于处理下标超出了数组长度所引发的异常；

（2）ArrayTypeMismatchException 类：该类用于处理在数组中存储数据类型不正确的元素所引发的异常；

（3）RankException 类：该类用于处理维数错误所引发的异常。

6．与 IO 有关的异常类

（1）IOException 类：该类用于处理进行文件输入输出操作时所引发的异常。

（2）IOException 类的 5 个直接派生类。

① DirectionNotFoundException 类：该类用于处理没有找到指定的目录而引发的异常；

② FileNotFoundException 类：该类用于处理没有找到文件而引发的异常；

③ EndOfStreamException 类：该类用于处理已经到达流的末尾而还要继续读数据而引发的异常；

④ FileLoadException 类：该类用于处理无法加载文件而引发的异常；

⑤ PathTooLongException 类：该类用于处理由于文件名太长而引发的异常。

7．与算术有关的异常类

（1）ArithmeticException 类：该类用于处理与算术有关的异常。

（2）ArithmeticException 类的派生类。

① DivideByZeroException 类：表示整数或十进制运算中试图除以零而引发的异常。

② NotFiniteNumberException 类：表示浮点数运算中出现无穷大或者非负值时所引发的异常。

另外，需要指出的是，对于自己定义的函数，必须统一好 Exception 的处理方法，例如函数中抛出异常时，可以定义为函数内部处理，还可以定义为抛到上位代码处理。这样函数发生异常时，就知道哪里需要异常处理了。

8.1.2 引发异常

C#提供了一种处理系统级错误和应用程序级错误的结构化的、统一的、类型安全的方法。C#异常语句包含 try 子句、catch 子句和 finally 子句。try 子句中包含可能产生异常的语句，该子句自动捕捉执行这些语句过程中发生的异常。catch 子句中包含了对不同异常的处理代码，可以包含多个 catch 子句，每个 catch 子句中包含了一个异常类型，这个异常类型必须是 System.Exception 类或它的派生类引用变量，该语句只捕捉该类型的异常。可以有一个通用异常类型的 catch 子句，该 catch 子句一般在事先不能确定会发生什么样的异常的情况下使用，也就是可以捕捉任意类型的异常。一个异常语句中只能有一个通用异常类型的 catch 子句，而且如果有的话，该 catch 子句必须排在其他 catch 子句的后面。无论是否产生异常，子句 finally 一定被执行，在 finally 子句中可以增加一些必须执行的语句。

异常引发准则有如下几条。

（1）不要返回错误代码。异常是报告框架中的错误的主要手段。

（2）通过引发异常来报告执行故障。如果某一成员无法按预期方式成功执行，则应将这种情况视为一个执行故障并引发一个异常。

（3）如果代码遇到继续执行则不安全的情况，应考虑通过调用 System.Environ-ment.FailFast(System.String)(.NET Framework 2.0 中的一种功能)来终止进程，而不是引发异常。

（4）尽可能不对正常控制流使用异常。除了系统故障及可能导致争用状态的操作之外，框架设计人员还应设计一些 API 以便用户可以编写不引发异常的代码。例如，可以提供一种在调用成员之前检查前提条件的方法，以便用户可以编写不引发异常的代码。

（5）考虑引发异常的性能影响。

（6）记录公共可调用的成员因成员协定冲突（而不是系统故障）而引发的所有异常，并将这些异常视为协定的一部分。包含在协定中的异常不应从一个版本更改到下一个版本。

（7）不要包含可以根据某一选项引发或不引发异常的公共成员。

例如，不要定义如下所示的成员：

Uri ParseUri(string uriValue,bool throwOnError)

（8）不要包含将异常作为返回值或输出参数返回的公共成员。考虑使用异常生成器方法。从不同的位置引发同一异常会经常发生。为了避免代码膨胀，请使用帮助器方法创建异常并初始化其属性。

（9）不要从异常筛选器块中引发异常。当异常筛选器引发异常时，公共语言运行库（CLR）将捕获该异常，然后该筛选器返回 false。此行为与筛选器显式执行和返回 false 的行为无法区分,因此很难调试。避免从 finally 块中显式引发异常。可以接受因调用引发异常的方法而隐式引发的异常。

8.1.3 异常处理机制

C#中使用 try/catch/finally 块处理一个异常的语法如下:

```
try
{
    //try 语句
}
catch(异常类 1 e)
{
    //catch 语句
}
……
catch(异常类 N e)
{
    //catch 语句
}
finally
{
    //finally 语句
}
```

try 语句指明在执行过程中需要监视抛出异常的代码块,catch 语句指明了在执行了 try 代码块后应该执行的代码块。这个代码块无论异常是否发生都会执行。实际上,它常用于可能要求的清理代码。

当 try 子句中的代码产生异常时,按照 catch 子句的顺序查找异常类型。如果找到,执行该 catch 子句中的异常处理语句;如果没有找到,执行通用异常类型的 catch 子句中的异常处理语句。由于异常的处理是按照 catch 子句出现的顺序逐一检查,因此 catch 子句出现的顺序是很重要的。无论是否产生异常,一定会执行 finally 子句中的语句。异常语句中不必一定包含所有三个子句,因此异常语句可以有以下三种可能的形式。

(1) try-catch 语句。

(2) try-finally 语句。

(3) try-catch-finally 语句。

例 8-1 使用 try-catch-finally 语句处理一个简单的类型转换异常。

```
class Program
{
    static public void Main ()
    {
        try
        {
            int b = int.Parse("abc");
        }
        catch (FormatException ex)
```

```
            {
                Console.WriteLine(ex.Message);
            }
            finally
            {
                Console.WriteLine("执行结果");
            }
        }
    }
```

运行结果如图 8-1 所示。

图 8-1 运行结果

在例 8-1 中，语句 int b=int.Parse("abc");发生错误，catch 块中包含了错误的处理方法，输出错误信息，最后在 finally 中的语句无论是否引发错误，都将执行，即输出"执行结束"。

在 C#中，还可以通过自定义的异常类型捕获一个通用的异常，识别它和应用程序的关系，然后把它作为特定于应用程序的异常再次抛出，以便能适当地处理它。

自定义一个异常的步骤如下。

首先，自定义异常类，继承自某个异常；然后重写构造函数和属性（一般是重写 Message 属性），或者声明新的方法；最后，在可能出现问题的地方调用。

例 8-2 自定义一个异常类，使它能够处理用户输入有误时的异常。

```
class AgeException:Exception
{
    string _message;
    public AgeException()
    {
        _message = base.Message;
    }
    public AgeException(string strMessage)
    {
        _message = strMessage;
    }
    public override string Message
    {
        get
        {
            return _message;
        }
    }
    public void PrtMessage()
    {
```

```
                Console.WriteLine(_message);
        }
    }
    class Program
    {
        static void Main()
        {
            int age;
            try
            {
                Console.WriteLine("请输入年龄：");
                age = int.Parse(Console.ReadLine());
                if(age > 20 || age < 10)
                {
                    string message = "你输入的年龄不符合要求！";
                    AgeException a = new AgeException(message);
                    throw a;
                }
            }
            catch(AgeException a)
            {
                Console.WriteLine(a.Message);
            }
        }
    }
```

当我们在运行时输入错误结果如图 8-2 所示。

图 8-2　例 8-2 输入错误时的运行结果

在例 8-2 中，我们自定义了一个异常类 AgeException，它继承于 Exception 类，重写了构造函数，既能够得到父类中的 Message 属性，也能让用户自己定义异常出现时的提示语句，还定义了方法，为用户提供异常的方法。在主方法的代码中，当输入的年龄不符合要求时，程序员可以使用 throw 语句抛出异常，在下面的 catch 语句中包含了对这个异常的处理语句。

8.2　程序调试

在做程序开发时，难免会遇到错误异常。如何快速地找到出错的地方、分析错误的原因以及找到解决问题的方案，是困扰许多初学者的问题，下面将简单介绍在 Visual Studio 中调试以及一些高级的调试和常见的错误。

8.2.1 程序错误

程序错误,即英文的 Bug,也称为缺陷,是指在软件运行中因为程序本身有错误而造成的功能不正常、死机、数据丢失、非正常中断等现象。软件的 Bug,狭义概念是指软件程序的漏洞或缺陷,广义概念除此之外还包括测试工程师或用户所发现和提出的软件可改进的细节或与需求文档存在差异的功能实现等。仅就狭义概念而言,软件出现 Bug 的原因有如下几种。

(1) 对各种流程分支考虑不全面;
(2) 对边界情况的处理不到位;
(3) 编码时的手误;
(4) 程序中隐藏的功能缺陷或错误。

如何减少以至消除程序中的 Bug,一直是程序员所极为重视的课题,除上一节的异常处理手段,本节重点介绍程序调试方法。

8.2.2 程序调试

在.NET 平台中,使用 Visual Studio 作为开发工具,简单的调试方法有如下几种。

1. 断点

当我们在程序的某一个位置设置一个断点,程序执行到那一句就自动中断进入调试状态。设置断点的方法是在可能有问题的代码行的左侧单击,出现的红点即为断点,如图 8-3 所示。

图 8-3　断点设置

2. 启动调式

设置断点后,按 F5 键或者"菜单栏"→"调式"→"开始调试",或者工具栏上的 ▶ 图标,程序就会在调试状态下运行。

3. 快速监视

快速监视可以快速查看变量或者表达式的值,也可以自定义表达式进行计算。将光标定位在需要监视的地方,单击鼠标右键,在出现的快捷菜单中选择"快速监视",弹出"快速监视"对话框,如图 8-4 所示。

4. 单步执行

在调试过程中,当程序遇到断点就会停止在设置断点的代码位置,此时,调试人员决定程序的运行步骤。程序的运行步长有三种:一种是每次执行一行(F10);一种是每次执行

图 8-4 "快速监视"对话框

一行,但遇到函数调用就会跳到被调用的函数里(F11);一种是直接执行当前函数里剩下的指令,返回上一级函数(Shift+F11)。

还有一种是设为下一句(Set Next Statement),即下一句会被执行的语句(右击设置或者按快捷键 Ctrl+Shift+F10)。但要注意在调试与数据有关的时候,设置下一句有可能会报异常,如在调试向 DataTable 中添加行的时候,已经存在的行不能重复被添加到 DataTable 中。

5. 监视

调试器可能会自动列出一些相关变量的值,如果还关心其他变量的值,可以添加对这些变量的监视。还可以监视一个表达式的值,例如 a+b。但是,这个表达式最好不要修改变量的值,例如监视 a++会导致监视时 a 的值被修改,会影响程序的运行结果。

使用快捷键会大大提升我们的调试效率,常用的调试技巧如下。

(1) 快捷键

F5:启动调试。

F10:执行下一行代码,但不执行任何函数调用。

F11:在执行进入函数调用后,逐条语句执行代码。

Shift+F11:执行当前执行点所处函数的剩余行。

Shift+F5:停止运行程序中的当前应用程序,可用于"中断"模式和"运行"模式。

(2) 拖动断点

在调试中,可以拖动断点,使得程序运行到你想要运行的地方。但因为拖动代码,被过滤的代码就不会执行,将它跟原来的相比,可以看出去掉这段代码有什么影响。这个方法可以用来验证这段代码对程序的运行结果有没有影响的。

(3) 条件中断

条件中断允许你设置程序在断点处中断的条件,你可以设置断点在触发若干次以后,调试器才中断程序的执行,也可以设置调试器根据一条返回布尔值的语句来中断程序的执行。

考虑这样一个问题,假如你写了个 for 循环,而且循环的次数比较多,例如例 8-3 所示代码,如果知道在 $i=50$ 的时候会有异常,如何在 50 次循环时停下?

例 8-3   在下面代码中设置条件中断,使得循环在第 50 次时停下。

```
private void ConditionDebug()
{
    for (int i = 0; i < 100; i++)
        {
            if (i == 50)
            {
            //some error code here
            Console.WriteLine("i = 50 here");
            }
        }
}
```

这里可以直接利用 VS2008 提供的功能修改变量 i 的值,一开始 $i=0$,即刚进入 for 循环中,之后将 i 改为 49 并回车,再调试一次,会发现 $i=50$,如图 8-5 所示。

图 8-5   条件中断

也可以直接写代码以达到这个目的,代码如下:

```
private void ConditionDebug()
{
    for (int i = 0; i < 100; i++)
    {
        System.Diagnostics.Debug.Assert(i != 50);
        if (i == 50)
        {
            Console.WriteLine("i = 50 here");
        }
    }
}
```

或者可以使用调试中的 Assert(断言),当执行程序后会弹出如图 8-6 所示的提示框,单击 Ignore(忽略)即可,我们会发现此时 i 已经为 50 了,有兴趣的同学可以看看 Assert 的其他用法。

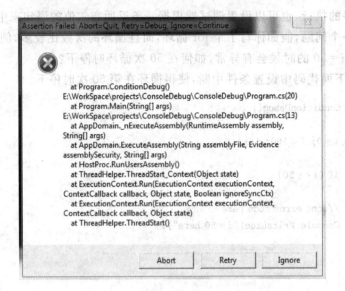

图 8-6 Assert(断言)

本章小结

本章主要介绍了异常处理和程序调试两个知识点。通过本章的学习,我们应该了解 C#中异常类的处理机制、引发异常的条件、如何处理异常。我们也了解了在程序出现错误时,应该如何快速、正确通过程序调试找到错误,即掌握程序调试的技巧。

习题

1. 选择题

(1) 在 C#程序中,使用 try-catch-(　　)结构来处理异常。

　　A. error　　　　B. process　　　　C. finally　　　　D. do

(2) 以下程序编译和运行时,将(　　)。

```
public static void Main()
{
    int x;
    try
    {
        x = 123;
    }
    catch()
    Console.Write(x);
}
```

　　A. 程序中没有处理错误的代码,在运行到最后一行时将报告错误信息

B. 编译时将报告错误信息,提示变量 x 未赋值
C. 程序将正常编译和运行
D. 运行时将报告错误信息,提示变量 x 未赋值

2. 判断题

(1) System.Exception 类是 C# 中其他所有异常类的基类。   (   )
(2) C# 中,应用程序企图执行无法实施的操作时,会引发编译错位。   (   )
(3) C# 中,应用程序正式发布前的编译过程,通常选用调试模式。   (   )

3. 程序设计题

(1) 为第 6 章课后程序设计题第(1)题增加异常处理代码,用来处理计算过程中可能发生的异常(例如数据不合法、除数不能为零等情况)。

(2) 编写一个自定义的异常类,包含一个 Product(double,double)方法(用于两个数相乘),如果 Product(double,double)方法中的两个参数的乘积小于 0,则抛出一个自定义异常类的对象,输出错误信息和乘积的值。另外,要求 Product(double,double)方法要用 throws 关键字声明该方法要抛出自定义异常和算术异常。

第 9 章 界面设计

界面设计是 Windows 应用程序的重要环节,直接影响程序的外观效果和可操作性。本章主要介绍下拉式菜单、弹出式菜单、工具栏、状态栏等,与界面设计密切相关的控件以及多文档界面程序的设计。

9.1 菜单、工具栏与状态栏

菜单、工具栏和状态栏是用户界面的重要组成部分,向用户展示了一个程序的大致功能和风格。

除了极其简单的应用程序外,大部分应用程序都在窗口顶部提供一个方便用户与应用程序进行交互的菜单栏和工具栏,在窗口底部提供一个显示程序信息的状态栏。

9.1.1 菜单

菜单在应用程序开发中是不可缺少的部分,应用程序的基本功能大多是通过菜单栏实现的,编程人员可以根据需要定制各种风格的菜单。菜单按使用方式分为下拉式菜单和弹出式菜单两种,下面分别对这两种菜单进行介绍。

1. 下拉式菜单

下拉式菜单主要由菜单栏、主菜单、子菜单和快捷键等部分组成,如图 9-1 所示。每个菜单项可以是应用程序的一条命令,也可以是其他子菜单项的父菜单。

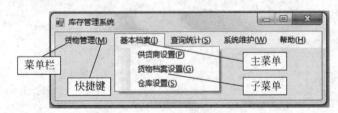

图 9-1 下拉式菜单的组成

(1) 创建菜单栏

在工具箱中双击 MenuStrip 控件即可创建菜单栏,但控件本身并不存在于窗体之上,而是在窗体设计器下方的组件区中。单击组件区中的 MenuStrip 控件,将会在窗体的标题栏下面看到文本"请在此处键入"。

第一个创建的 MenuStrip 控件,会自动通过窗体的 MainMenuStrip 属性绑定到当前窗体,成为其主菜单栏。

提示:MenuStrip 控件只是一个容纳菜单项的容器,本身没有常用的事件和方法,较常用的属性是 Items,可以通过项集合编辑器对菜单项进行管理,如添加或删除菜单项、调整菜单项的次序等。菜单栏的具体功能由各个菜单项实现,所以主要使用菜单项的属性、方法和事件。

(2) 创建菜单项

菜单栏由多个菜单项组成,选中组件区中的 MenuStrip 控件,在窗体标题栏下面的"请在此处键入"文本处单击并输入菜单项的名称(如"货物管理"),将创建一个菜单项,其 Text 属性由输入的文本指定,如图 9-2 所示。

此时,在该菜单项的下方和右方分别显示一个标注为"请在此键入"的区域,可以选择区域继续添加菜单项。

(3) 创建菜单项之间的分隔符,常用方法有如下 4 种。

方法 1:把鼠标移动到"请在此键入"区域,会发现该区域的右侧出现一个下拉箭头,单击该箭头,会出现一个下拉列表,如图 9-3 所示。单击 Separator,则该菜单项被创建为一个分隔符。

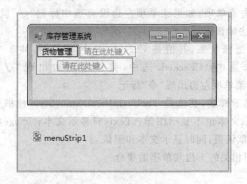

图 9-2 创建菜单项

图 9-3 创建分隔符

方法 2:直接在"请在此键入"区域中输入"-",则该菜单项被创建为一个分隔符。

方法 3:单击"请在此键入"区域,在属性窗口设置其 Text 属性为"-",则该菜单项被创建为一个分隔符。

方法 4:如果要在某个菜单项之前插入分隔符,在该菜单项上单击鼠标右键,在弹出的快捷菜单中选择"插入"→"Separator"命令,即可将一个分隔符插入到当前菜单项的上方。

(4) 创建菜单项的快捷键

可以在菜单项名称中的某个字母前加"&",将该字母作为该菜单项的访问键。例如,输入菜单项名称为"基本档案(&I)",I 就被设置为该菜单项的访问键,这个字符会自动加上一条下划线。程序运行时,按快捷键 Alt+F 就相当于单击"基本档案"菜单项。

还有一种为菜单设置快捷键的方式,即选中菜单项,在"属性"窗口中通过设置 ShortcutKeys 属性来为菜单添加快捷键。

(5) 设置菜单项的图标

选中要设置图标的菜单项,在属性窗口中设置 Image 属性即可。

(6) 移动菜单项

选中要移动的菜单项,用鼠标拖动到相应的位置即可。

(7) 插入菜单项

如果要在某个菜单项之前插入一个新的菜单项,右击该菜单项,在弹出式菜单中选择"插入"即可。

(8) 删除菜单项

右击要删除的菜单项,在弹出式菜单中选择"删除"即可。

(9) 编辑菜单项

如果要编辑一个菜单项,先选中该菜单项再单击就可以进入编辑状态,然后添加、删除或修改文字即可。

菜单项的常用属性,如表 9-1 所示。

表 9-1 菜单项的常用属性

属性	说明
Checked	指示菜单项是否处于选中状态,默认值为 false
CheckOnClick	指示在单击菜单项时,菜单项是否应切换其选中状态;默认值为 false,若设置为 true,当程序运行时单击菜单项,如果菜单项左边没有选中标记"√"就打上标记,如果已打上标记就去除该标记
CheckState	获取或设置菜单项的选择状态,其值是 CheckState 枚举类型,共 3 个成员:Unchecked,默认值,未选中;Checked,选中,菜单项左边出现"√"标记;Indeterminate,不确定,菜单项左边出现"◆"标记
DisplayStyle	获取或设置菜单项的显示样式,其值是 ToolStripItemDisplayStyle 枚举类型,共 4 个成员:None,不显示文本也不显示图像;Text,只显示文本;Image,只显示图像;ImageAndText,默认值,同时显示文本和图像
DropDownItems	获取或设置与此菜单项相关的下拉菜单项的集合
Enabled	指示菜单项是否有效
Image	获取或设置显示在菜单项上的图像
ShortcutKeys	获取或设置与菜单项关联的快捷键
ShowShortcutKeys	指示是否在菜单项上显示快捷键
Text	获取或设置在菜单项上显示的文本
ToolTipText	获取或设置菜单项的提示文本
Visible	指示菜单项是可见还是隐藏

菜单栏通过单击菜单项与程序进行交互,一般通过相应菜单项的 Click 事件来实现相应的功能。单击某个菜单项时,将触发该菜单项的 Click 事件。通过一些键盘操作也可以触发菜单项的 Click 事件,例如使用该菜单项的快捷键。

2. 弹出式菜单

弹出式菜单,也称快捷菜单、上下文菜单,是窗体内的浮动菜单,用鼠标右击窗体或控件时才显示,其位置由鼠标所在的位置决定。ContextMenuStrip(上下文菜单栏)控件用于创建弹出式菜单。

弹出式菜单能以灵活的方式为用户提供更加便利的操作,但需要与别的对象(如窗体、文本框、图片框)结合使用,并提供与此对象有关的特殊命令。所以,当用户在窗体中不同位置右击时,通常显示不同的菜单项。

设计快捷菜单的基本步骤如下。

(1) 添加 ContextMenuStrip 控件。在工具箱中双击 ContextMenuStrip 控件,即可在窗体的组件区中添加一个弹出式菜单控件。组件区中,刚创建的控件处于被选中状态,窗体设计器中可以看到 ContextMenuStrip 及"请在此键入"字样。

(2) 设计菜单项。弹出式菜单的设计方法与下拉式菜单基本相同,只是不必设计主菜单项。

(3) 激活弹出式菜单。选中需要使用的弹出式菜单的窗体或控件,在其属性窗口中设置其 ContextMenuStrip 属性为所需的 ContextMenuStrip 控件。

例 9-1 设计一个程序,可以设置文本框中文字的字体和颜色。

使用 MenuStrip 控件来设置字体和颜色,使用 ContextMenuStrip 控件恢复默认的字体和颜色,程序设计界面如图 9-4～图 9-6 所示。

图 9-4 "字体设置"设计界面 1

图 9-5 "字体设置"设计界面 2

图 9-6 "字体设置"设计界面 3

具体步骤如下。

(1) 设计界面。新建一个 C# 的 Windows 应用程序,项目名称设置为 Exp9_1。向窗体中添加 i 个下拉式菜单、1 个弹出式菜单和 1 个文本框控件,并按图 9-5 所示调整其位置和窗体大小。

(2) 设置属性。窗体和各个控件的属性设置如表 9-2 所示。

表 9-2 "字体设置"控件属性设置

对象	属性名	属性值
Form1	Text	字体设置
	ContextMenuStrip	contextMenuStrip1
字体 FToolStripMenuItem	Text	字体(&F)
隶书 ToolStripMenuItem	Name	official
	Text	隶书
	CheckOnClick	True

续表

对象	属性名	属性值
楷体 ToolStripMenuItem	Name	block
	Text	楷体
	CheckOnClick	True
颜色 CToolStripMenuItem	Text	颜色(&C)
红色 ToolStripMenuItem	Name	red
	Text	红色
	CheckOnClick	True
蓝色 ToolStripMenuItem	Name	blue
	Text	蓝色
	CheckOnClick	True
默认字体 ToolStripMenuItem	Name	defaultFont
	Text	默认字体
	CheckOnClick	True
	Checked	True
默认颜色 ToolStripMenuItem	Name	defaultColor
	Text	默认颜色
	CheckOnClick	True
	Checked	True

(3) 编写代码。依次双击各个菜单项，为菜单添加 Click 事件处理程序并编写相应代码：

```
private void official_Click(object sender,EventArgs e)
{
    textBox1.Font = new Font("隶书",9);
    block.Checked = defaultFont.Checked = false;
}
private void block_Click(object sender,EventArgs e)
{
    textBox1.Font = new Font("楷体",9);
    official.Checked = defaultFont.Checked = false;
}
private void red_Click(object sender,EventArgs e)
{
    textBox1.ForeColor = Color.Red;
    blue.Checked = defaultColor.Checked = false;
}
private void blue_Click(object sender,EventArgs e)
{
    textBox1.ForeColor = Color.Blue;
    red.Checked = defaultColor.Checked = false;
}
private void defaultFont_Click(object sender,EventArgs e)
{
    textBox1.Font = new Font("宋体",9);
```

```
        official.Checked = block.Checked = false;
    }
    private void defaultColor_Click(object sender,EventArgs e)
    {
        textBox1.ForeColor = Color.Black;
        red.Checked = blue.Checked = false;
    }
```

单击"启动调试"按钮或按 F5 键运行程序,单击下拉式菜单或弹出式菜单中的菜单项查看效果。

9.1.2 工具栏

工具栏是 Windows 应用程序的一个重要组成部分,它为用户提供了应用程序中常用菜单命令的快速访问方式,也是用户操作程序的最简单的方法。通过使用工具栏,可以美化软件的界面设计,还可以达到快速实现相应功能的目的。

ToolStrip(工具栏)控件用于创建工具栏。工具栏包含一组以图标按钮为主的工具项,通过单击其中的各个工具项就可以执行相应的操作。

实际上,可以把工具栏看成是常用菜单项的快捷方式,工具栏中的每个工具项都应该有对应的菜单项。

创建工具栏的基本步骤如下。

(1) 添加 ToolStrip 控件。在工具箱中双击 ToolStrip 控件,可在窗体上添加一个工具栏,如图 9-7 所示。

(2) 给工具栏添加工具项。单击 ToolStrip 控件中的下拉箭头按钮,将弹出一个下拉列表,共有 8 种工具项,如图 9-8 所示,其中使用最多的是 Button(按钮,对应 ToolStripButton 类)。

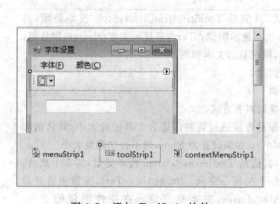

图 9-7 添加 ToolStrip 控件

图 9-8 工具项的类型

在工具栏中添加工具项最快捷的方法是直接在设计视图中单击下拉箭头按钮,从弹出的下拉列表中选择一种工具项,即可完成该工具项的添加。也可以通过 ToolStrip 控件的 Items 属性,在"项集合编辑器"中添加工具项。

ToolStrip 控件的常用属性除了 Name、BackColor、Enabled、Location、Locked、Visible 等一般属性，还有一些自己特有的属性，如表 9-3 所示。

表 9-3 ToolStrip 的特有属性

属性	说明
CanOverflow	指示工具项是否可以发送到溢出菜单，默认值为 true。也就是说，当工具项排列不开时，是否在工具栏的末尾出现一个小三角形按钮。单击该按钮会显示一个菜单来列出其余的工具项
Dock	指定工具栏要绑定到所在容器控的哪个边框，其值为 DockStyle 枚举类型，共 6 个成员：None，工具栏未停靠，其大小与位置可随意调整；Top（默认值），工具栏的上边缘停靠在容器的顶端；Bottom，工具栏的下边缘停靠在容器的底部；Left，工具栏的左边缘停靠在窗口的左边缘；Right，工具栏的右边缘停靠在容器的右边缘；Fill，工具栏的各个边缘分别停靠在容器的各个边缘，并且适当调整大小
GripStyle	控制是否显示工具栏的手柄（即工具栏左边的几个小点），可取值 Visible 或 Hidden
ImageScalingSize	指定工具栏中所有项上图像的大小
Items	工具栏的项目集合，可以对工具项进行添加、删除或编辑
LayoutStyle	指定工具栏的布局方向，其值为 ToolStripLayoutStyle 枚举类型，共 5 个成员：StackWithOverflow，指定项按自动方式进行布局；HorizontalStackWithOverfolow，指定项按水平方向进行布局且必要时会溢出；VerticalStackWithOverflow，指定项按垂直方向进行布局，在控件中居中且必要时会溢出；Flow，根据需要指定项按水平方向或垂直方向排列；Table，指定项的布局方式为左对齐
ShowItemToolTips	指示是否显示工具项的工具提示，默认值为 true，即鼠标停留在工具项上时会显示由工具项的 ToolTipText 属性指定的文本

ToolStripButton 对象的常用属性除了 Name、Enabled、Text、TextAlign、Visible 等一般属性，还有一些自己特有的属性，如表 9-4 所示。

表 9-4 ToolStripButton 的特有属性

属性	说明
DisplayStyle	指定工具栏按钮的显示样式，其值是 ToolStripItemDisplayStyle 枚举类型，共 4 个成员：None，不显示文本也不显示图像；Text，只显示文本；Image，默认值，只显示图像；ImageAndText，同时显示文本和图像
DoubleClickEnabled	指示 DoubleClick 事件是否将发生
Image	指示工具栏按钮上显示的图像
ImageAlign	指示工具栏按钮上显示的图像的对齐方式
ImageScaling	指示工具栏按钮上显示的图像是否应进行调整以适合工具栏的大小，默认值为 SizeToFit（自动调整适合的大小）；如果设置为 None，则不自动调整大小
TextImageRelation	指定图像与文本的相对位置，其值是 TextImageRelation 枚举类型，共 5 个成员：Overlay，图像和文本共享控件上的同一空间；ImageAboveText，图像垂直显示在控件文本的上方；TextAboveImage，文本垂直显示在控件图像的上方；ImageBeforeText，图像水平显示在控件文本的前方；TextBeforeImage，文本水平显示在控件图像的前方
ToolTipText	指定工具栏按钮的提示内容

Click 事件是工具栏按钮的常用事件，可以为其编写事件处理程序来实现相应功能。工具栏按钮往往实现和下拉式菜单中的菜单项相同的功能，可以在 ToolStripButton 的 Click 事件处理程序中，调用菜单项的 Click 事件方法。

例 9-2 为例 9-1 的程序设计一个工具栏，可以更方便地设置文本框的字体和颜色，修改后的程序运行界面如图 9-9 所示。

具体步骤如下。

(1) 设计界面。打开项目 Exp9_1，向窗体中添加 1 个工具栏，并按图 9-9 所示在工具栏上添加 4 个 ToolStripButton 对象。

图 9-9 "工具栏"运行界面

(2) 设置属性。工具栏上各个工具项的属性设置如表 9-5 所示。

表 9-5 "工具栏"控件属性设置

对 象	属 性 名	属 性 值
toolStripButton1	Name	tsbOfficial
	DisplayStyle	Image
	Image	01.gif
	ToolTipText	隶书
toolStripButton2	Name	tsbBlock
	DisplayStyle	Image
	Image	02.gif
	ToolTipText	楷体
toolStripButton3	Name	tsbRed
	DisplayStyle	Image
	Image	03.gif
	ToolTipText	红色
toolStripButton4	Name	tsbBlue
	DisplayStyle	Image
	Image	04.gif
	ToolTipText	蓝色

(3) 编写代码。依次双击工具栏上的各个按钮，为按钮添加 Click 事件处理程序并编写相应代码：

```
private void tsbOfficial_Click(object sender,EventArgs e)
{
    official.Checked = true;
    official_Click(sender,e);
}
private void tsbBlock_Click(object sender,EventArgs e)
{
    block.Checked = true;
    block_Click(sender,e);
}
private void tsbRed_Click(object sender,EventArgs e)
{
```

```
        red.Checked = true;
        red_Click(sender,e);
    }
    private void tsbBlue_Click(object sender,EventArgs e)
    {
        blue.Checked = true;
        blue_Click(sender,e);
    }
```

单击"启动调试"按钮或按 F5 键运行程序，单击工具栏中的按钮查看效果，同时注意下拉式菜单的选择状态。

9.1.3 状态栏

状态栏一般位于窗体的底部，主要用来显示应用程序的各种状态信息，即将当前程序的某项信息显示到窗体上作为提示。

StatusStrip(状态栏)控件用于创建状态栏。状态栏可以由若干个状态面板组成，显示为状态栏中一个个小窗格，每个面板中可以显示一种指示状态的文本、图标或指示进程正在进行的进度条。

创建状态栏的基本步骤如下。

（1）添加 StatusStrip 控件。在工具箱中双击 StatusStrip 控件，可在窗体底部添加一个状态栏，如图 9-10 所示。

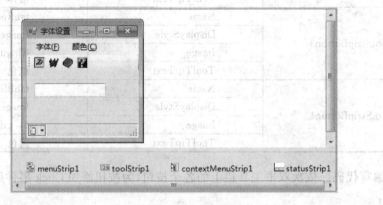

图 9-10　添加 StatusStrip 控件

（2）给状态栏添加状态面板。单击 StatusStrip 控件中的下拉箭头按钮，将弹出一个下拉列表，共有 4 种状态面板，如图 9-11 所示，其中使用最多的是 StatusLabel(状态标签，对应 ToolStripStatusLabel 类)。

在状态栏中添加状态面板最快捷的方法是直接在设计视图中单击下拉箭头按钮，从弹出的下拉列表中选择一种状态面板，即可完成该状态面板的添加。也可以通过 StatusStrip 控件的 Items 属性，在"项集合编辑器"中添加工具项。

StatusStrip 控件的常用属性除了 Name、BackColor、Enabled、Location、Locked、Visible 等一般属性，还有一些自己特有的属性，如表 9-6 所示。

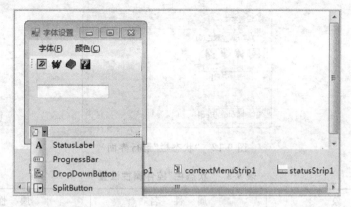

图 9-11 状态面板的类型

表 9-6 StatusStrip 特有属性

属 性	说 明
Items	状态栏项目集合,可以对状态面板进行添加、删除或编辑
ShowItemToolTips	指示是否显示状态面板的提示文本,默认值为 false
SizingGrip	指示是否有一个大小调整手柄,默认值为 true,即该手柄 在状态栏的右下角显示

ToolStripStatusLabel 对象的常用属性与 Label 控件非常类似,但有些属性意义不同,有些属性是状态标签特有的,如表 9-7 所示。

表 9-7 ToolStripStatusLabel 的特有属性

属 性	说 明
BorderSides	指定状态标签边框的显示
BorderStyle	指定状态标签边框的样式,其值为 Border3Dstyle 枚举类型,共有 10 个成员: RaisedOuter,该边框具有凸起的外边缘、无内边缘;SunkenOuter,该边框具有凹下的外边缘、无内边缘;RaisedInner,该边框具有凸起的内边缘、无外边缘;Raised,该边框具有凸起的内外边缘;Etched,该边框的内外边缘都具有蚀刻的外观;SunkenInner,该边框具有凹下的内边缘、无外边缘;Bump,该边框的内外边缘都具有凸起的外观;Sunken,该边框具有凹下的内外边缘;Adjust,在指定矩形的外面绘制边框,保留矩形要进行绘制的维度;Flat,默认值,该边框没有三维效果
DisplayStyle	指定状态标签的显示样式,其值是 ToolStripItemDisplayStyle 枚举类型,共 4 个成员: None,不显示文本也不显示图像;Text,只显示文本;Image,默认值,只显示图像; ImageAndText,同时显示文本和图像
Spring	指定状态标签是否填满剩余空间
ToolTipText	指定状态标签的提示文本

例 9-3 为例 9-2 的程序设计一个状态栏,可以显示窗体当前文本框的字体和颜色,修改后的程序运行界面如图 9-12 所示。

具体步骤如下。

(1) 设计界面。打开项目 Exp9_2,向窗体中添加 1 个状态栏和 1 个计时器,并按图 9-12 所示在状态栏上添加 2 个 ToolStripStatusLabel 对象。

(2) 设置属性。状态栏和计时器的属性设置如表 9-8 所示。

图 9-12 "状态栏"运行界面

表 9-8 "状态栏"控件属性设置

对象	属性名	属性值
ToolStripStatusLabel1	Name	slFont
	BorderSides	All
	BorderStyle	SunkenOuter
	Text	字体
ToolStripStatusLabel2	Name	slColor
	BorderSides	All
	BorderStyle	SunkenOuter
	Text	颜色

(3) 编写代码。双击计时器,打开代码视图,在计时器的 Tick 事件处理程序中添加相应代码:

```
private void timer1_Tick(object sender,EventArgs e)
{
    slFont.Text = textBox1.Font.Name.ToString();
    slColor.Text = textBox1.ForeColor.ToString();
}
```

单击"启动调试"按钮或按 F5 键运行程序,单击工具栏中的按钮或选择菜单中的菜单项查看效果,注意状态栏的信息。

9.2 对话框

窗体应用程序使用对话框来与用户进行交互,即向用户提供信息和收集用户输入的信息。

之前介绍的消息框就是一种特殊的对话框,它与其他对话框的主要区别在于消息框不需要创建 MessageBox 类的实例,只要调用静态方法 Show 就可以显示。

9.2.1 通用对话框

对于一些需要经常使用的获取信息的通用操作,.NET 框架预定义了相关的通用对话框(如"打开文件"对话框),可以将它们应用于自己的应用程序,并可以通过属性设置来进行适当的修改。通用对话框主要包括以下几种。

(1) ColorDialog：使用户可以在预先配置的对话框中从调色板中选择颜色，以及将自定义颜色添加到该调色板中。

(2) FolderBrowserDialog：使用户可以浏览和选择文件夹。

(3) FontDialog：公开系统当前安装的字体。

(4) OpenFileDialog：允许用户通过预先配置的对话框打开文件。

(5) SaveFileDialog：选择要保存的文件和该文件的保存位置。

这几个通用对话框都是模式对话框，即用户只能在当前的对话框窗体进行操作，在该窗体关闭之前不能切换到程序的其他窗体。而且具有两个通用的方法：ShowDialog 和 Reset。ShowDialog()方法用来显示一个对话框，并返回一个 DialogResult 枚举值；Reset()方法用来将对话框的所有属性重新设置为默认值。OpenFileDialog 和 SaveFileDialog 是使用最频繁的通用对话框，下面以它们为例介绍通用对话框的使用方法。

1．打开文件对话框

OpenFileDialog(打开文件对话框)控件用于提供标准的 Windows"打开"对话框，可以从中选择要打开的文件。在工具箱中双击 OpenFileDialog 控件，就会在窗体下方的组件区中看到一个 OpenFileDialog 对象。

通过设置 OpenFileDialog 控件的属性可以定制适合需要的"打开"对话框，其常用属性如表 9-9 所示。

表 9-9　OpenFileDialog 的常用属性

属　　性	说　　明
AddExtension	指示对话框是否自动在文件名中添加扩展名，默认值为 true
CheckFileExists	指示当用户指定不存在的文件名时是否显示警告，默认值为 true
CheckPathExists	指示当用户指定不存在的路径时是否显示警告，默认值为 true
DefaultExt	获取或设置默认文件扩展名；当用户输入文件名时，如果未指定扩展名，将在文件后添加此扩展名
FileName	获取或设置在对话框中选定的文件名
Filter	获取或设置对话框中的文件名筛选器，即对话框的"文件类型"下拉列表框中出现的选择内容；对于每个筛选选项，都包含由竖线(|)隔开的筛选器说明和筛选器模式，格式为"筛选器说明|筛选器模式"，筛选器模式中用分号来分隔文件类型；多个筛选选项之间由竖线(|)隔开
FilterIndex	获取或设置对话框中当前选定的筛选器的索引，第一项的索引为 1
InitialDirectory	获取或设置对话框的初始目录
Multiselect	指示是否可以在对话框中选择多个文件，默认值为 false
ReadOnlyChecked	指示是否选定对话框中的只读复选框，默认值为 false
RestoreDirectory	指示对话框在关闭前是否还原当前目录，默认值为 false
ShowHelp	指示对话框中是否显示"帮助"按钮
ShowReadOnly	指示是否在对话框中显示只读复选框，默认值为 false
Title	获取或设置在对话框标题栏中的字符串
ValidateNames	指示对话框是否确保文件名中不包含无效的字符或序列，默认值为 true

OpenFileDialog控件的属性设置好后,可以通过ShowDialog方法在运行时显示对话框,例如:

```
OpenFileDialog1.ShowDialog();
```

OpenFileDialog控件的常用方法除了ShowDialog和Reset,还有OpenFile方法。

OpenFile()方法用于打开用户选定的具有只读权限的文件,并返回该文件的Stream(流)对象,例如:

```
System.IO.Stream stream = openFileDialog1.OpenFile();
```

OpenFileDialog控件只有两个事件:FileOk和HelpRequest。

FileOk事件当用户在对话框中单击"打开"按钮时发生,HelpRequest事件当用户在对话框中单击"帮助"按钮时发生。

2. 保存文件对话框

SaveFileDialog(保存文件对话框)控件用于提供标准的Windows"另存为"对话框,可以从中指定要保存的文件路径和文件名。在工具箱中双击SaveFileDialog控件,就会在窗体下方的组件区中看到一个SaveFileDialog对象。

SaveFileDialog控件的常用属性大多与OpenFileDialog控件相同,但其CheckFileExists属性的默认值为false,没有Multiselect属性。

另外,SaveFileDialog控件还有两个特有属性:CreatPrompt和OverwritePrompt。

CreatePrompt属性用来控制在将要创建新文件时是否提示用户允许创建该文件,而OverwritePrompt属性用来控制在将要改写现有文件时是否提示用户允许替换该文件。这两个属性仅在ValidateNames属性为true时才适用。

SaveFileDialog控件的常用方法和事件与OpenFileDialog控件相同,但其OpenFile()方法是用于打开用户选定的具有读/写权限的文件,其FileOk事件当用户在对话框中单击"保存"按钮时发生。

例9-4 设计一个应用程序,演示OpenFileDialog和SaveFileDialog对话框的使用方法,程序运行界面如图9-13所示。

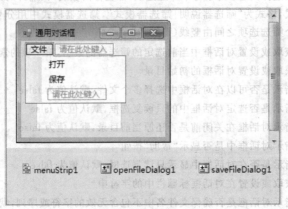

图9-13 "通用对话框"设计界面

具体步骤如下。

(1) 设计界面。新建一个C#的Windows应用程序,项目名称设置为Exp9_4。分别向窗体中添加1个下拉式菜单、1个文本框、1个打开文件对话框和1个保存文件对话框,并按图9-13所示调整位置和窗体大小。

(2) 设置属性。窗体和各个控件的属性设置如表9-10所示。

表9-10 "通用对话框"控件属性设置

对　　象	属性名	属　性　值
Form1	Text	通用对话框
textBox1	Multiline	true
	Text	操作对话框的相关信息
OpenFileDialog1	FileName	文件名
	Filter	Office文件(*.doc;*.xls;*.ppt)|*.doc;*.xls;*.ppt|图片文件(*.gif;*.jpg)|*.gif;*.jpg|所有文件(*.*)|*.*
OpenFileDialog2	FileName	文件名
	Filter	Office文件(*.doc;*.xls;*.ppt)|*.doc;*.xls;*.ppt|图片文件(*.gif;*.jpg)|*.gif;*.jpg|所有文件(*.*)|*.*

(3) 编写代码。分别双击"文件"和"保存"菜单项,打开代码视图,在Click事件处理程序中,添加相应代码:

```
private void 打开ToolStripMenuItem_Click(object sender,EventArgs e)
{
    if (openFileDialog1.ShowDialog() == DialogResult.OK)
    {
        string info = openFileDialog1.FileName;
        //调用默认软件打开选定的文件
        System.Diagnostics.Process.Start(info);
        textBox1.Text = info;
    }
}
private void 保存ToolStripMenuItem_Click(object sender,EventArgs e)
{
    saveFileDialog1.ShowDialog();
}
```

选中saveFileDialog1控件,从属性窗口的事件列表中双击FileOk切换到代码视图,在FileOk事件处理程序中,添加相应代码:

```
private void saveFileDialog1_FileOk(object sender,CancelEventArgs e)
{
    string info = saveFileDialog1.FileName;
    //此处编写保存文件的代码
    textBox1.Text = info;
}
```

单击"启动调试"按钮或按F5键运行程序,选择"文件"和"保存"命令查看效果。

9.2.2 自定义对话框

在程序设计过程中,可能需要显示特定样式和功能的对话框,这就需要编程人员设计一个自定义对话框。

对话框实际上是一种特殊的窗体,在 Form 类中,使用 ShowDialog 方法显示模式窗体(用户只能在当前的对话框窗体进行操作,在该窗体关闭之前不能切换到程序的其他窗体),使用 Show 方法显示非模式窗体(当前所操作的对话框窗体可以与程序的其他窗体切换)。

1. 设计自定义对话框

在应用程序中添加自定义对话框的方法如下。

(1) 在项目中添加一个 Windows 窗体。在打开的项目中,选择"项目"→"添加 Windows 窗体"命令,出现的"添加新项"对话框中默认选择了"Windows 窗体模板",窗体名默认为 Form2,在"名称"文本框中输入窗体名,单击"添加"按钮,即为当前项目添加了一个窗体。

(2) 设置该窗体的属性。将窗体的 FormBorderStyle 属性中的 FixedDialog、MinimizeBox、MaximizeBox、ShowInTaskbar 属性均设置为 false,HelpButton 属性设置为 false,Name 和 Text 属性也要进行相应设置。

(3) 添加按钮和其他控件,并实现对话框按钮的功能。为窗体添加按钮和其他控件并设置相关属性,再将窗体的 AcceptButton 和 CancelButton 属性设置为相应的按钮,然后在按钮的 Click 事件中添加相应代码。

2. 使用自定义对话框

自定义对话框设计好之后,就可以在程序中使用。假设自定义对话框的窗体名为 OtherDialog,使用方法如下:

```
OtherDialog otherDialog1 = new OtherDialog();
otherDialog1.Text = "自定义对话框";
//其他属性设置
otherDialog1.ShowDialog();         //显示模式对话框
```

9.3 多文档操作

单文档界面(SDI)和多文档界面(MDI)是 Windows 应用程序的两种典型结构。

前面学习的程序的主窗口都是单文档界面窗体。SDI(Single Document Interface)一次只能打开一个窗体,一次只能显示一个文档。MDI(Multiple Document Interface)可以在一个容器窗体中包含多个窗体,能够同时显示多个文档,而每个文档都在自己的窗口内显示。MDI 应用程序由父窗口和子窗口构成,容器窗体称为父窗口,容器窗体内部的窗体则称为子窗口。

MDI 应用程序至少由两个窗口组成,即一个父窗口和一个子窗口。创建 MDI 应用程序的方法如下。

(1) 创建一个 Windows 应用程序的项目,项目中自动添加了一个名为 Form1 的窗体。假设就把窗体 Form1 作为父窗口,只需在"属性"窗口中把 Form1 窗体的 IsMdiContainer 属性设置为 True 即可。

(2) 在项目中添加一个新窗体,窗体名默认为 Form2。假设把窗体 Form2 作为子窗口,只需在父窗口中打开子窗口的代码处,添加如下代码:

```
Form2 frm2 = new Form2();      //创建子窗体对象
frm2.MdiParent = this;         //指定当前窗体为 MDI 父窗体
frm2.Show();                   //打开子窗体
```

MDI 应用程序所使用的属性、方法和事件,大多数与 SDI 应用程序相同,但增加了专门用于 MDI 的属性、方法和事件。

MDI 的相关属性如表 9-11 所示。

表 9-11 MDI 的相关属性

属 性	说 明
ActiveMDIChild	获取当前活动的 MDI 子窗口;该属性返回表示当前活动的 MDI 子窗口的 Form,如果当前没有子窗口,则返回 null;可以通过该属性来确定 MDI 应用程序中是否有任何打开的 MDI 子窗口,也可以通过该属性从 MDI 父窗口或者从应用程序中显示的其他窗体对该 MDI 子窗口执行操作
IsMDIChild	获取一个值,该值指示该窗体是否为 MDI 子窗体;如果该窗体是 MDI 子窗体,则为 true,否则为 false
IsMDIContainer	指示该窗体是否为 MDI 容器,默认值为 false
MdiChildren	获取窗体的数组,这些窗体表示以此窗体作为父级的 MDI 子窗体
MDIParent	获取或设置此窗体的当前 MDI 父窗体

MDI 的相关方法有 ActivateMdiChild 和 LayoutMDI。

ActivateMdiChild 方法用来激活窗体的 MDI 子级,格式如下:

```
void ActivateMdiChild(Form form)
```

参数 form 指定要激活的子窗体。

LayoutMdi 方法用来在 MDI 父窗体内排列 MDI 子窗体,MDI 子窗体在 MDI 父窗体内可以水平平铺、垂直平铺、层叠或作为图标排列显示,以便更易于导航和操作 MDI 子窗体,格式如下:

```
void LayoutMdi(MdiLayout value)
```

参数 value 定义 MDI 子窗体的布局,是 MdiLayout 枚举值之一,如表 9-12 所示。

表 9-12 MdiLayout 枚举成员

成员名称	说 明
ArrangeIcons	所有 MDI 子图标均排列在 MDI 父窗体的工作区内
Cascade	所有 MDI 子窗口均层叠在 MDI 父窗体的工作区内
TileHorizontal	所有 MDI 子窗口均水平平铺在 MDI 父窗体的工作区内
TileVertical	所有 MDI 子窗口均垂直平铺在 MDI 父窗体的工作区内

MDI 的相关事件只有 MDIChildActivate，该事件在 MDI 应用程序内激活或关闭 MDI 子窗体时发生。

例 9-5 设计一个 MDI 应用程序，可以打开、排列和关闭子窗口。程序共两个窗体，父窗口和子窗口的设计界面分别如图 9-14 和图 9-15 所示。

图 9-14 父窗口设计界面

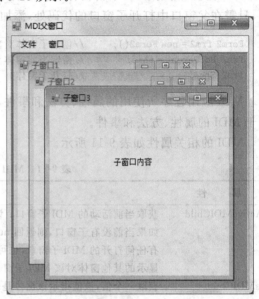

图 9-15 "MDI 程序"运行界面

具体步骤如下。

(1) 设计界面。新建一个 C# 的 Windows 应用程序，项目名称设置为 Exp9_5。为项目添加两个窗体 Form1 和 Form2，在 Form1 中添加 1 个下拉式菜单，在 Form2 中添加一个标签。

(2) 设置属性。窗体和各个控件的属性设置如表 9-13 所示。

表 9-13 "MDI 程序"控件属性设置

对 象	属 性 名	属 性 值
Form1	Name	frmParent
	IsMdiContainer	True
	Text	MDI 父窗口
	WindowState	Maximized
menuStrip1	Items	添加菜单项"文件"和"窗口"
文件 ToolStripMenuItem	DropDownItems	添加子菜单项"打开"和"退出"
窗口 ToolStripMenuItem	DropDownItems	"水平平铺"、"垂直平铺"、"层叠"和"排列图标"
Form2	Name	frmChild
	Text	子窗口
label1	Text	子窗口内容

(3) 编写代码。在父窗口中声明相应变量，并在菜单命令的 Click 事件处理程序中，添加相应代码：

```
int i = 0;                    //打开子窗体的个数
```

```
private void 打开ToolStripMenuItem_Click(object sender,EventArgs e)
{
    i++;
    frmChild frmc = new frmChild();
    frmc.Text + = i;
    frmc.MdiParent = this;
    frmc.Show();
}
private void 退出ToolStripMenuItem_Click(object sender,EventArgs e)
{
    this.Close();
}
private void 水平平铺ToolStripMenuItem_Click(object sender,EventArgs e)
{
    this.LayoutMdi(MdiLayout.TileHorizontal);
}
private void 垂直平铺ToolStripMenuItem_Click(object sender,EventArgs e)
{
    this.LayoutMdi(MdiLayout.TileVertical);
}
private void 层叠ToolStripMenuItem_Click(object sender,EventArgs e)
{
    this.LayoutMdi(MdiLayout.Cascade);
}
private void 排列图标ToolStripMenuItem_Click(object sender,EventArgs e)
{
    this.LayoutMdi(MdiLayout.ArrangeIcons);
}
}
```

单击"启动调试"按钮或按 F5 键运行程序,操作相应菜单命令查看效果。

本章小结

本章主要介绍了与界面设计密切相关的几种常用控件以及多文档界面程序的设计。首先介绍了 MenuStrip 和 ContextMenuStrip 控件的使用,然后介绍了 ToolStrip 和 StatusStrip 控件的使用,这都是应用程序界面设计的重要组成内容。接下来,介绍了通用对话框和自定义对话框,并通过例题讲解了 OpenFileDialog 和 SaveFileDialog 通用的对话框的用法。最后,介绍了如何设计 MDI 程序。

习题

1. 选择题

(1) 设置需要使用的弹出式菜单的窗体或控件的(　　)属性,即可激活弹出式菜单。
  A. MenuStrip   B. ContextedMenu
  C. ContextMenuStrip   D. ContextedMenuStrip

(2) 如果要隐藏并禁用菜单项,需要设置(　　)两个属性。
　　A. Visible 和 Enable　　　　　　B. Visible 和 Enabled
　　C. Visual 和 Enable　　　　　　 D. Visual 和 Enabled
(3) MDI 的相关属性中,既可以在"属性"窗口中设置,也可以通过代码设置的是(　　)。
　　A. IsMDIChild　　　　　　　　B. IsMDIContainer
　　C. MdiChildren　　　　　　　　D. MDIParent

2. 程序设计题

仿照例 9-1、例 9-2 和例 9-3,为应用程序多加几种字体和颜色,使菜单栏、工具栏和状态栏的功能相对应。

第 10 章 数据库编程

数据库是软件开发中的重要组成部分,软件中需要的所有数据都是存储在数据库中的。.NET 为应用程序对数据库的访问提供了友好而且非常强大的支持,它提供了 ADO.NET 类库来与不同类型的数据源及数据库进行交互。使用 ADO.NET 类库可对各种数据库的数据进行操作,如 Oracle、Microsoft SQL Server、Microsoft Access 等。

本章先简单介绍数据库、SQL 和 ADO.NET 的基础知识,然后详细介绍 ADO.NET 的关键技术以及如何利用 ADO.NET 访问数据库。

10.1 SQL 基础知识

在讲解 SQL 基础知识之前,先来简单介绍数据库的基本知识和常用的数据库。

1. 数据库的基本知识

(1) 数据库

数据库是一个长期存储在计算机内的、有组织、有结构、统一管理的数据集合。它是一个按照数据结构来存储和管理数据的计算机软件系统。根据对信息的组织形式,数据库主要分为层次型、网状型和关系型三种。在实际的软件系统中,关系型数据库应用最广泛。

(2) 数据库管理系统

数据库管理系统(DBMS,Database Management System)是指在操作系统支持下为数据库建立、使用和维护而配置的软件系统。例如,Microsoft SQL Server 和 Microsoft Access 就是典型的数据库管理系统。

(3) 数据库应用程序

数据库应用程序是指用 Visual Studio、Java、Delphi 等开发工具设计的、用于实现某种特定功能的应用程序。例如,学生档案管理系统、学校教务管理系统、企业薪资管理系统等。

(4) 数据库系统

数据库系统是由计算机硬件、操作系统、数据库管理系统以及在其他对象支持下建立起来的数据库、数据库应用程序等组成的一个整体。

2. 常用的数据库

在日常工作中常用的数据库管理系统有很多,按照可存储数据量多少来划分可以分为大型数据库、小型数据库。其中，常用的大型数据库包括 Oracle、DB2、Microsoft SQL Server 等；常用的小型数据库包括 Mysql、Access 等。

(1) Oracle

Oracle Database 又名 Oracle RDBMS,简称 Oracle。它是甲骨文公司推出的一款关系型数据库管理系统,到目前为止在数据库市场上占有主要份额。它是一种大型数据库系统,一般应用于商业和政府部门。Oracle 的功能非常强大,能够处理大批量的数据,在网络方面的应用也非常多。

(2) DB2

DB2 是 IBM 推出的一系列关系型数据库管理系统,分别在不同的操作系统平台上服务。虽然 DB2 产品是基于 UNIX 系统和个人计算机操作系统的,但在基于 UNIX 系统和微软的 Windows 系统下的 Access 方面,DB2 追寻了 Oracle 的数据产品。DB2 主要应用于大型应用系统,具有较好的可伸缩性,可支持从大型机到单用户环境,应用于 OS/2、Windows 等平台下。

(3) Microsoft SQL Server

SQL Server 是一个关系数据库管理系统,它最初是由 Microsoft、Sybase 和 Ashton-Tate 这三家公司共同开发的,于 1988 年推出了第一个 OS/2 版本。在 Windows NT 推出后,Microsoft 与 Sybase 在 SQL Server 的开发上就分道扬镳了,Microsoft 就将 SQL Server 移植到 Windows NT 系统上,专注于开发推广 SQL Server 的 Windows NT 版本。

(4) MySQL

MySQL 数据库是一个小型关系型数据库管理系统,它是一个真正的多用户、多线程 SQL 数据库服务器。它是基于"客户端/服务器端"结构的实现,由一个服务器守护程序 mysqld 和很多不同的客户程序及库组成。MySQL 最大的优点是其开源免费特性；缺点就是应对超大型服务力不从心,而且配套软件不够完善。

(5) Microsoft Office Access

Microsoft Office Access 是由微软发布的关联式数据库管理系统。它结合了 Microsoft Jet Database Engine 和图形用户界面两项特点,是 Microsoft Office 的系统程式之一。它还能够存取 Microsoft SQL Server、Oracle、Access/Jet 或者任何 ODBC 兼容数据库内的资料。

Access 在很多地方得到广泛使用,例如小型企业、大公司的部门,喜爱编程的开发人员专门利用它来制作处理数据的桌面系统。它也常被用来开发简单的 Web 应用程序,这些应用程序都利用 ASP 技术在 Internet Information Services 运行。

3. SQL 基础知识

SQL(Structured Query Language)为结构化查询语言,是一种数据库查询和程序设计语言。它通常用于存取数据以及查询、更新和管理关系型数据库系统。常用的 SQL 语句有 SELECT(数据查询)、INSERT(插入数据)、UPDATE(更新数据)、DELETE(删除数据)。

10.1.1 查询语句

SELECT 查询语句用于数据查询操作,即将满足一定约束条件的一个或多个表中的全部或部分字段从数据库中提取出来,并按一定的分组和排序方式显示出来。SELECT 语句的格式如下。

基本格式：

SELECT <字段名列表> FROM <表名>

完整格式：

SELECT [ALL | DISTINCT] <字段名列表>
FROM <表名列表>
WHERE <条件>
GROUP BY <分组的字段名列表>
HAVING <条件>
ORDER BY <排序的字段名列表> [ASC | DESC]

说明：

(1) ALL|DISTINCT 中，ALL 指定在结果集中可以包含重复行，ALL 是默认设置；关键字 DISTINCT 指定 SELECT 语句的检索结果不包含重复的行。

(2) <字段名列表>是进入结果集的若干字段的列表，字段名之间用逗号分开；如果要检索表中所有的字段，可以用"*"代替<字段名列表>。

(3) FROM<表名列表>，用来指定要获得结果集的一个或多个数据表；<表名列表>可以是一个表，也可以是多个表，多个表之间用逗号分开。

(4) WHERE<条件>，用来指定选择记录时要满足的条件。它定义了源表中的行数据进入结果集所要满足的条件，只有满足条件的行才能出现在结果集中。WHERE 子句中可以使用的搜索条件如下。

- 比较：=、>、<、>=、<=、<>。
- 范围：BETWEEN…AND…(在某个范围内)、NOT BETWEEN…AND…(不在某个范围内)。
- 列表：IN(在某个列表中)、NOT IN(不在某个列表中)。
- 字符串匹配：LIKE(和指定字符串匹配)、NOT LIKE(和指定字符串不匹配)。
- 空值判断：IS NULL(为空)、IS NOT NULL(不为空)。
- 组合条件：AND(与)、OR(或)。
- 取反：NOT。

(5) GROUP BY <分组的字段名列表>，用于对结果集中的记录分组，即将指定字段列表中具有相同值的记录合并成一组。

(6) HAVING <条件>，应用于结果集的附加筛选，与 GROUP BY 子句结合使用，在 GROUP BY 子句完成记录分组后，用 HAVING 子句来确定满足指定条件的分组。

(7) ORDER BY <排序的字段名列表>[ASC | DESC]，定义结果集中的行排列的顺序，<排序的字段名列表>指定依据哪些列来进行排序。ASC 是指升序排序，DESC 是指降序排序，默认是升序排序。

(8) 如果表名或字段名中有空格，则用"[ ]"将表名或字段名括起来。

(9) TOP 和 DISTINCT 关键字，使用 TOP 关键字可以返回表中前 n 行数据，使用 DISTINCT 关键字可以消除重复行。

(10) SELECT 语句中的 FROM 子句，除了从<表名列表>指定的表中提取数据外，还可以从另一个 SELECT 语句中提取数据,这种 SELECT 语句中嵌套 SELECT 语句的情况称为"嵌套子查询"。

例如,从 Student 数据库(包含 BaseInform 表)中,按要求查询学生的某些基本信息。

(1) SELECT * FROM BaseInform,表示将 BaseInform 表中所有的数据检索出来。

(2) SELECT Name FROM BaseInform WHERE Sex="男",表示将 BaseInform 表中性别为男的所有学生检索出来。

(3) SELECT * FROM BaseInform WHERE Name LIKE "王%",表示检索出 BaseInform 表中所有姓王的记录。

(4) SELECT COUNT(*) AS total FROM BaseInform WHERE Sex="男",把性别为男的用户记录统计一下,记录的数目存放在新字段 total 里。

(5) SELECT TOP 3 * FROM BaseInform,检索出前 3 条记录。

10.1.2 插入语句

插入语句 INSERT 用于向表中插入一条记录,其格式如下:

```
INSERT INTO <表名> (字段名 1,…,字段名 n)
VALUES (字段名 1 的值,…,字段名 n 的值)
```

说明:

(1) 有几个字段名,就要对应几个字段的值。

(2) 当向表中所有的列都插入新数据时,可以省略列名表,但是必须保证 VALUES 后的各数据项位置同表定义时的顺序一致。

例如:

(1) INSERT INTO BaseInform VALUES("2012010105","王五","男","计算机","2 班","2012 级"),表示插入一条包括所有字段值的记录,可以省略字段名。

(2) INSERT INTO BaseInform(No,Name,Sex) VALUES("2012010105","王五","男"),表示插入只有三个字段值的一条记录。

10.1.3 修改语句

修改语句 UPDATE 用来修改表中的数据行,当存在更新数据的条件时,既可以一次修改一行数据,也可以一次修改多行数据,当不设置更新条件的时候,一次修改所有数据行。其格式如下:

```
UPDATE <表名>
SET <字段名 1>=<字段名 1 的值>[,<字段名 2>=<字段名 2 的值>,…]
WHERE <条件>
```

说明:

如果同时更新多个字段的数据时,字段与字段之间用逗号隔开。

例如:

```
UPDATE BaseInform SET Special="金融",Class="2 班" WHERE Name="王五"
```

10.1.4 删除语句

删除语句 Delete 用于删除表中满足条件的现有记录,其格式如下:

DELETE FROM <表名>
WHERE <条件>

说明:
(1)"FROM"可以省略不写。
(2)若不加 WHERE 子句,表示将删除所有记录。
例如:

DELETE FROM BaseInform WHERE Name = "王五"

10.2 ADO.NET 概述

ADO.NET 是一组向.NET 程序员公开数据访问服务的类。ADO.NET 为创建分布式数据共享应用程序提供了一组丰富的组件。它提供了对关系数据、XML 和应用程序数据的访问,因此它是.NET Framework 中不可缺少的一部分。ADO.NET 支持多种开发需求,包括创建由应用程序、工具、语言或 Internet 浏览器使用的前端数据库客户端和中间层业务对象。

10.2.1 ADO.NET 概念

ADO.NET 是专门为.NET 平台上的数据访问操作创建的,它提供对 SQL Server、Oracle 等数据源以及通过 OLE DB 和 XML 公开的数据源的一致访问。

OLE DB(Object Linking and Embedding Database,对象链接与嵌入型数据库)是微软的通向不同数据源的应用程序接口,不仅面向标准数据接口 ODBC(Open Database Connectivity,开放数据库互连)的 SQL 数据类型,还面向其他的非 SQL 数据类型。OLE DB 通常用来提供访问.dbf、.xls、.mdb 数据文件的接口。

XML(eXtensible Markup Language,可扩展标记语言)主要用于表达数据,.NET Framework 也广泛应用了 XML,ADO.NET 内部就是用 XML 来表达数据的。XML 是一种与平台无关且能描述复杂数据关系的数据描述语言。

数据应用程序可以使用 ADO.NET 来连接到这些数据源,并检索、操作和更新数据。

10.2.2 ADO.NET 对象模型

ADO.NET 的类由两部分组成:.NET 数据提供程序(Data Provider)和数据集(DataSet)。数据提供程序负责与数据源的物理连接,而数据集则表示实际的数据,这两部分都可以与数据的使用程序(如 Windows 应用程序和 Web 应用程序)进行通信。ADO.NET 对象模型如图 10-1 所示。

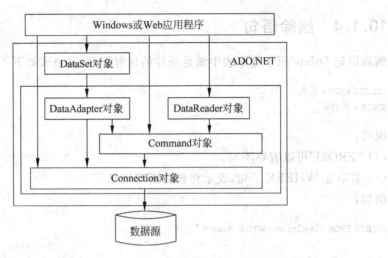

图 10-1 ADO.NET 对象模型

由图 10-1 可知，ADO.NET 对象模型中有 5 个主要的组件，分别是 Connection 对象、Command 对象、DataReader 对象、DataAdapter 对象和 DataSet 对象。这些对象中负责建立连接和数据操作的部分被称为数据操作组件，由 Connection 对象、Command 对象、DataAdapter 对象以及 DataReader 对象组成。数据操作组件主要用作 DataSet 对象和数据源之间的桥梁，负责将数据源中的数据取出后放入 DataSet 对象中，以及将数据返回数据源的操作。

1..NET 数据提供程序

数据提供程序是 ADO.NET 的一个组件，它在应用程序和数据源之间起着桥梁的作用，用于从数据源中检索数据并且使对该数据的更改与数据源保持一致。

.NET Framework 数据提供程序与 DataSet 之间的关系由图 10-2 所示的 ADO.NET 的结构来说明。

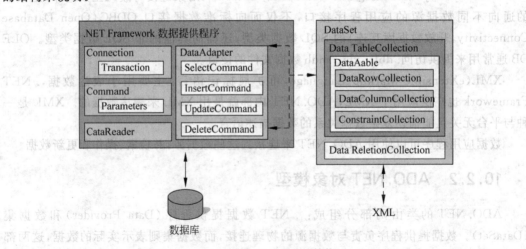

图 10-2 ADO.NET 的结构

.NET 数据提供程序用于连接到数据库、执行命令和检索结果。可以直接处理检索到的结果，或将其放入 ADO.NET 的 DataSet 对象，以便与来自多个数据源的数据组合在一起，以特殊方式向用户公开。如表 10-1 所示概括了组成 .NET 数据提供程序的四个核心对象。

表 10-1 .NET 数据提供程序核心对象

对象	说明
Connection（连接）	用来建立与特定数据源的连接
Command（命令）	用来对数据源执行 SQL 命令语句或存储过程
DataReader（数据阅读器）	用来从数据源中获取只读、向前的数据流
DataAdapter（数据适配器）	用数据源填充 DataSet 数据集并解析更新

（1）Connection 对象

Connection 对象的作用主要是建立应用程序和数据库之间的连接。不利用 Connection 对象将数据库打开，是无法从数据库中获取数据的。该对象位于 ADO.NET 的最底层，用户可以自己创建这个对象，也可以由其他对象（如 DataAdapter 对象）自动产生。

（2）Command 对象

Command 对象主要用来对数据库发出一些指令，例如可以对数据库下达查询、新增、修改、删除数据等指令，以及呼叫存在于数据库中的预存程序等。该对象架构在 Connection 对象上，也就是 Command 对象是通过连接到数据源的 Connection 对象来下命令的。

（3）DataAdapter 对象

DataAdapter 对象主要是在数据源以及 DataSet 之间执行数据传输的工作，它可以透过 Command 对象下达命令后，将取得的数据放入 DataSet 对象中。该对象架构在 Command 对象上，提供了许多配合 DataSet 使用的功能。

（4）DataReader 对象

当只需要顺序地读取数据而不需要其他操作时，可以使用 DataReader 对象。DataReader 对象一次一条向下顺序地读取数据源中的数据，而且这些数据是只读的，不允许进行其他的操作。因为 DataReader 在读取数据时限制了每次只读取一条，而且只读。所以使用起来不但节省资源而且效率高，同时还可以降低网络的负载（因为不需要把数据全部传回）。

.NET 框架包括四种数据提供程序：分别是 SQL Server.NET Framework 数据提供程序、OLEDB.NET Framework 数据提供程序、ODBC.NET Framework 数据提供程序和 Oracle.NET Framework 数据提供程序。如表 10-2 所示列出了 .NET Framework 中所包含的数据提供程序，其中前两种最常用的。

针对不同的数据库，ADO.NET 提供了两套类库。

（1）第一套类库专门用来存取 SQL Server 数据库。

（2）第二套类库可以存取所有基于 OLE DB 提供的数据库，如 SQL Server、Access、Oracle 等。

具体的对象名称如表 10-3 所示。

表 10-2 .NET Framework 数据提供程序

.NET Framework 数据提供程序	说 明
SQL Server.NET Framework 数据提供程序	提供对 Microsoft SQL Server 7.0 版或更高版本的数据访问,使用 System.Data.SqlClient 命名空间
OLEDB.NET Framework 数据提供程序	适合于使用 OLEDB 公开的数据源,使用 System.Data.OleDb 命名空间
ODBC.NET Framework 数据提供程序	适合于使用 ODBC 公开的数据源,使用 System.Data.Odbc 命名空间
Oracle.NET Framework 数据提供程序	适用于 Oracle 数据源,Oracle.NET Framework 数据提供程序支持 Oracle 客户端软件 8.1.7 版和更高版本,使用 System.Data.OracleClient 命名空间

表 10-3 两种数据提供程序的对象

对 象	SQL 对象 (System.Data.SqlClient 命名空间)	OLE DB 对象 (System.Data.OleDb 命名空间)
Connection	SqlConnection	OleDbConnection
Command	SqlCommand	OleDbCommand
DataReader	SqlDataReader	OleDbDataReader
DataAdapter	SqlDataAdapter	OleDbDataAdapter

2. DataSet 数据集

DataSet 对象是支持 ADO.NET 的断开式、分布式数据方案的核心对象。DataSet 是数据的内存驻留表示形式,无论数据源是什么,它都会提供一致的关系编程模型。它可以用于多种不同的数据源,用于 XML 数据,或用于管理应用程序本地的数据。DataSet 相当于是内存中的数据库,它是不依赖于数据库的独立数据集,即使断开数据连接,DataSet 仍然可用。DataSet 包括相关表、约束和表间关系在内的整个数据集。

10.2.3 ADO.NET 访问数据库的两种模式

ADO.NET 对于数据库的存取模式,分为联机模式与脱机模式两种。联机模式,也称为连接环境;脱机模式,也称为非连接环境。

联机模式是指应用程序在处理数据的过程中,没有与数据库断开,一直与数据库保持连接状态。

脱机模式是指应用程序在处理数据之前与数据库连接来获取数据,在数据的处理过程中与数据库断开,处理完数据再与数据库连接来更新数据。

联机模式是早期程序设计中使用较多的一种数据处理方式,其特点在于处理数据速度快、没有延迟、无需考虑由于数据不一致而导致的冲突等问题。如表 10-4 所示列出了联机模式和脱机模式的区别。

表 10-4　联机模式和脱机模式的区别

类别	联 机 模 式	脱 机 模 式
优点	只需一次连接,执行速度快,无需考虑读出的数据与数据库中数据是否一致的问题	只有在需要连接到数据库时才进行连接,所以不需占用太多的计算机资源
缺点	长时间占用连接资源,随着连接源的增加,所需要的计算机资源也不断上升	一般要进行多次连接,执行速度比连接环境慢,由于读出的数据与数据库中的数据可能存在不一致的问题,所以需要考虑冲突问题
应用	数据量小、规模不大且要求及时反映数据库中数据变化的系统;对数据库中的数据主要进行插入、删除、修改等操作并需要及时保持一致的中小型系统	数据量大、规模庞大、网络结构复杂且主要是数据查询的大型系统,如 Web 系统中的数据查询系统

1. 联机模式

在联机模式下,应用程序自始至终都和数据库连接着,直接对数据库执行存取操作。典型的联机存取模式如图 10-3 所示。

联机模式下数据库存取数据的步骤如下。

(1) 用 Connection 对象与数据库建立连接。

(2) 用 Command 对象向数据库检索所需数据,或者直接进行编辑(插入、删除、修改)操作。

(3) 如果 Command 对象向数据库执行的是数据检索操作,则把取回来的数据放在 DataReader 对象中读取;如果 Command 对象向数据库执行的是数据编辑操作,则直接进行步骤 5。

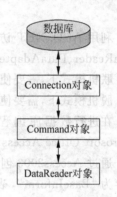

图 10-3　ADO.NET 的联机存取模式

(4) 在完成数据的检索操作后,关闭 DataReader 对象。

(5) 关闭 Connection 对象。

注意:

(1) DataReader 是一个只读的对象,它的特点是只能从头到尾读取数据,而不能再回过头去重新读取一次。

(2) 如果要编辑所读取的数据,要另外建立 Command 对象来对数据库下达存取指令。

(3) Microsoft 不鼓励以这种方式来存取数据,即使是合乎联机模式的条件。

2. 脱机模式

脱机模式下,应用程序并不一直保持到数据库的连接。首先打开数据连接并检索数据到 DataSet 中,然后关闭连接,用户可以操作 DataSet 中的数据,当需要更新数据或有其他请求时,就再次打开连接。典型的脱机存取模式如图 10-4 所示。

脱机模式下数据库存取数据的步骤如下。

(1) 用 Connection 对象与数据库建立连接。

(2) 用 Command 对象向数据库检索所需数据。

(3) 把 Command 对象取回来的数据，放在 OleDbDataAdapter 对象中。

(4) 把 DataAdapter 对象的数据，填充到 DataSet 对象中。

(5) 关闭 Connection 对象。

(6) 所有的数据存取，全部在 DataSet 对象中进行。

(7) 再次打开 Connection 对象与数据库进行连接。

(8) 利用 DataAdapter 对象对数据库进行更新。

(9) 关闭 Connection 对象。

脱机模式下的数据库存取，就是有需要时才和数据库联机，否则都是和数据库保持脱机的状态。

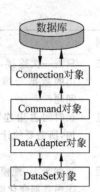

图 10-4　ADO.NET 的脱机存取模式

10.3　利用 ADO.NET 访问数据库

利用 ADO.NET 访问数据库，主要就是利用 ADO.NET 的 Connection、Command、DataReader、DataAdapter 和 DataSet 5 大对象。

联机模式下，需要使用 Connection、Command 和 DataReader 对象；

脱机模式下，需要使用 Connection、Command、DataAdapter 和 DataSet 对象。

在进行数据库编程之前，要进行数据库的准备工作，本书主要使用的数据库是 Microsoft Office Access 2003。

通过 Access2003 创建一个数据库命名为 Student.mdb，并建立一个学生基本信息表，保存为"BaseInform"，表结构如表 10-5 所示。把该数据库文件 Student.mdb 存放在 "D:\C#程序设计\第 10 章"目录下。

表 10-5　BaseInform 表结构

字段名称	类型	字段大小	必填字段	说明
stuNo	文本	10	是	主键、学号
stuName	文本	10	是	姓名
Sex	文本	10	是	性别
Special	文本	30	否	专业
Class	文本	10	否	班级
Grade	文本	10	否	年级

10.3.1　Connection 对象

Connection 对象负责与数据源建立连接，其常用的属性和方法如表 10-6 和表 10-7 所示。

表 10-6　Connection 对象常用的属性

属　性	说　明
ConnectionString	获取或设置数据库的连接字符串
ConnectionTimeout	获取在尝试建立连接时终止尝试并生成错误之前所需的时间
Database	获取当前数据库或连接打开后要使用的数据库的名称
DataSource	对于 SQL Server 数据提供程序，代表要连接的 SQL Server 实例的名称；对于 OLE DB、ODBC 数据提供程序，代表数据源的服务器名或文件名；对于 Oracle 数据提供程序，代表要连接的 Oracle 服务器的名称
State	获取连接的当前状态

表 10-7　Connection 对象常用的方法

方　法	说　明
BeginTransaction	开始数据库事务
CreateCommand	创建并返回一个与该 Connection 关联的 Command 对象
Close	关闭与数据库的连接。这是关闭任何打开连接的首选方法
Open	打开数据库连接

Connection 对象的使用步骤一般如下。

（1）引入 ADO.NET 命名空间；
（2）创建 Connection 对象，并设置其 ConnectionString 属性；
（3）打开与数据库的连接；
（4）对数据库进行读写操作；
（5）关闭与数据库的连接。

1. 引入命名空间

如果要使用 ADO.NET 访问数据库，就必须先引入相应的命名空间。ADO.NET 的相关命名空间如表 10-8 所示。

表 10-8　ADO.NET 相关命名空间

命名空间	说　明
System.Data	提供对表示 ADO.NET 结构的类的访问；通过 ADO.NET 可以生成一些组件，用于有效管理多个数据源的数据
System.Data.SqlClient	包含 SQL Server.NET Framework 数据提供程序的类
System.Data.OleDB	包含 OLE DB.NET Framework 数据提供程序的类
System.Data.Odbc	包含 ODBC.NET Framework 数据提供程序的类
System.Data.OracleClient	包含 Oracle.NET Framework 数据提供程序的类
System.XML	包含基于标准支持 XML 处理的类

2. 创建 Connection 对象并设置 ConnectionString 属性

ConnectionString（连接字符串）是 Connection 对象的关键属性，用于定义连接数据库时需要提供的连接信息（如数据库类型、位置等），各项信息之间用分号分隔，每个项的位置没有关系,可以是任意的。

访问 Access 数据库,连接字符串 ConnectionString 的设置和 OleDbConnection 对象的创建方法如下。

(1) 连接字符串 ConnectionString 的设置

① 访问 Access 数据库时,如果数据库未设置密码,则连接字符串通常为:

```
Provider = Microsoft.Jet.OLEDB.4.0;Data Source = 数据库路径
```

或

```
Provider = Microsoft.Jet.OLEDB.4.0;Data Source = 数据库路径;User ID = Admin;Password =
```

② 如果数据库使用密码,则连接字符串通常为:

```
Provider = Microsoft.Jet.OLEDB.4.0;Data Source = 数据库路径;Jet OLEDB:Database Password = 密码
```

③ 如果数据库建立了特定的账户(Access 会自动创建一个.mdw 文件,只允许这些账户访问数据库),则连接字符串通常为:

```
Provider = Microsoft.Jet.OLEDB.4.0;Data Source = 数据库路径;Jet OLEDB:System Database = mdw 文件路径;User ID = 账户;Password = 密码
```

注意:"数据库路径"和"mdw 文件路径",可以是绝对路径,也可以是相对路径。

(2) OleDbConnection 对象的创建

① OleDbConnection 连接对象名 = new OleDbConnection();

```
连接对象名.ConnectionString = 连接字符串;
```

② 连接字符串变量 = 连接字符串;

```
OleDbConnection 连接对象名 = new OleDbConnection(连接字符串变量);
```

例如,使用密码"123"访问位于 D 盘上的 Access 2003 数据库 Student,可以编写如下代码:

```
OleDbConnection conn = new OleDbConnection();
conn.ConnectionString = " Provider = Microsoft.Jet.OLEDB.4.0;
Data Source = d:\\ Student.mdb; Jet OLEDB:Database Password = 123";
```

或

```
strConn = " Provider = Microsoft.Jet.OLEDB.4.0; Data Source = d:\\ Student.mdb; Jet OLEDB:
Database Password = 123";
OleDbConnection conn = new OleDbConnection(strConn);
```

访问 SQL Server 数据库,连接字符串 ConnectionString 的设置和 SqlConnection 对象的创建方法如下。

(1) 连接字符串 ConnectionString 的设置

① 访问 SQL Server 数据库时,如果使用 SQL Server 身份验证,则连接字符串通常为:

```
Data Source = 服务器名;Initial Catalog = 数据库名; User ID = 账户; Password = 密码
```

② 如果使用 Windows 身份验证,则连接字符串通常为:

`Data Source = 服务器名;Initial Catalog = 数据库名;Integrated Security = SSPI`

或

`Data Source = 服务器名;Initial Catalog = 数据库名;Trusted_Connection = yes`

注意:服务器名是指数据库所在的服务器名称,也可以写成 IP 地址;如果是本地服务器,可以写成".""(local)""127.0.0.1"或"本地机器名称"。

(2) SqlConnection 对象的创建

① SqlConnection 连接对象名=new SqlConnection();

`连接对象名.ConnectionString = 连接字符串;`

② 连接字符串变量=连接字符串;

`SqlConnection 连接对象名 = new SqlConnection(连接字符串变量);`

例如,使用 Windows 身份验证来连接 SQL Server 2008 数据库 Student,可以编写如下代码:

```
SqlConnection conn = new SqlConnection();
conn.ConnectionString = "Data Source = (local);Initial Catalog = Student;Integrated Security = SSPI";
```

或

```
strConn = "Data Source = .;Initial Catalog = Student;
Trusted_Connection = yes";
SqlConnection conn = new SqlConnection(strConn);
```

3. 打开与关闭数据库连接

设置好 ConnectionString 属性之后,就可以对 Connection 对象调用 Open 方法打开连接,格式如下:

`Connection 对象名.Open();`

连接打开后,可以利用其他 ADO.NET 对象对数据库进行读写操作。完成相关操作后,必须调用 Connection 对象的 Close 方法来关闭连接并释放 Connection 对象,格式如下:

`Connection 对象名.Close();`

例 10-1 利用 Connection 对象,连接前面已经建立好的 Access 2003 数据库 Student.mdb 并显示连接状态,运行结果如图 10-5 所示。

具体实现步骤如下。

(1) 新建一个空白解决方案 Example10-1 和项目 Example10-1(项目模板为 Windows 窗体应用程序),程

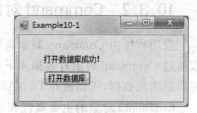

图 10-5 测试连接运行界面

序设计界面如图 10-6 所示。将数据库 Student.mdb 文件复制到项目文件夹下的 bin\Debug 文件夹中。

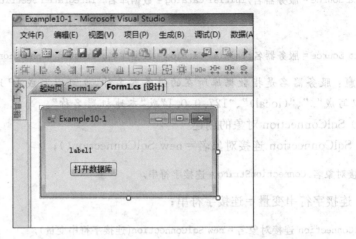

图 10-6　测试连接设计界面

(2) 在代码文件中引入命名空间：

```
using System;
using System.Data.OleDb;         //引入命名空间
```

(3) "打开数据库"按钮的实现代码如下：

```
private void button1_Click(object sender,EventArgs e)
{
    String strConn = "Provider = Microsoft.Jet.OLEDB.4.0;Data Source = Student.mdb";
    OleDbConnection conn = new OleDbConnection(strConn);
    try
    {
        conn.Open();
        lblMessage.Text = "打开数据库成功!";
        conn.Close();
    }
    catch
    {
        lblMessage.Text = "打开数据库失败!";
    }
}
```

10.3.2　Command 对象

应用程序由 Command 对象负责向数据库发送 SQL 命令。与数据库建立好连接后，可以通过 Command 对象对数据库下达读写数据的命令。如果是执行检索命令，那么从数据库取回来的数据，可以放在 DataAdapter 或 DataReader 对象中。

Command 对象的主要属性和方法如表 10-9 和表 10-10 所示。

表 10-9　Command 对象常用的属性

属　　性	说　　明
Connection	获取或设置 Command 对象使用的 Connection 对象
CommandType	获取或设置命令的类型,用于指示如何解释 CommandText 属性; 该属性是 CommandType 枚举型,共 3 个枚举成员:Text(默认值),SQL 文本命令; StoredProcedure,存储过程名;TableDirect,表名
CommandText	获取或设置要对数据库执行的 SQL 命令

表 10-10　Command 对象常用的方法

方　　法	说　　明
ExecuteNonQuery()	执行不返回行的 SQL 命令(Insert、Delete、Update),并返回受影响的行数
ExecuteReader()	执行 SQL 命令(Select),并返回一个生成的 DataReader 对象
ExecuteScalar()	执行 SQL 命令(Select),并返回查询所得的结果集中第一行的第一列(即单个值),忽略其他行和列;如果结果集为空,则返回 null 引用;该方法通常用于统计记录数、总和、平均数等操作

Command 对象的使用步骤一般如下。

(1) 创建 Command 对象,并设置其 Connection 属性;
(2) 设置 CommandType 和 CommandText 属性;
(3) 调用相应方法来执行 SQL 命令;
(4) 根据返回结果进行适当处理。

1. 操作 Access 数据库,创建并使用 OleDbCommand 对象

创建并使用 OleDbCommand 对象的常用方法有两种。
(1) OleDbCommand 命令对象名＝new OleDbCommand();
命令对象名.Connection＝连接对象名;
命令对象名.CommandType＝CommandType.枚举成员;
命令对象名.CommandText＝命令文本;
方法返回值变量＝命令对象名.Execute…();
(2) OleDbCommand 命令对象名＝new OleDbCommand(命令文本,连接对象名);
命令对象名.CommandType＝CommandType.枚举成员;
方法返回值变量＝命令对象名.Execute…()。

例 10-2　显示 Student.mdb 数据库的 BaseInform 表的总记录数,并能删除年级 Grade 等于"2013 级"的记录,同时显示删除的记录数。

具体实现步骤如下。

(1) 新建一个空白解决方案 Example10-2 和项目 Example10-2(项目模板为 Windows 窗体应用程序),程序设计界面如图 10-7 所示。将数据库 Student.mdb 文件复制到项目文件夹下的 bin\Debug 文件夹中。

(2) 在代码文件中引入命名空间:

using System;

图 10-7　Command 对象的应用设计界面

```
using System.Data.OleDb;            //引入命名空间
```

(3) 在程序的通用段定义 Connection 和 Command 对象：

```
static String strConn = "Provider=Microsoft.Jet.OLEDB.4.0;Data Source=Student.mdb";
OleDbConnection conn = new OleDbConnection(strConn);
OleDbCommand comm = new OleDbCommand();
```

(4) "查询数据表中总记录数"按钮的实现代码如下：

```
private void button2_Click(object sender,EventArgs e)
{
    try
    {
        conn.Open();
        comm.Connection = conn; //conn 是之前设置好的 OleDbConnection 对象
        comm.CommandText = "select count(*) from BaseInform";
        int iTotal = Convert.ToInt32(comm.ExecuteScalar());
        lblMessage.Text = "BaseInform 表中共有" + iTotal.ToString() + "条记录!";
        conn.Close();
    }
    catch
    {
        lblMessage.Text = "数据库操作失败!";
    }
}
```

(5) "删除 2013 级的学生"按钮的实现代码如下：

```
private void button1_Click(object sender,EventArgs e)
{
    try
    {
        conn.Open();
```

```
        comm.Connection = conn;  //conn 是之前设置好的 OleDbConnection 对象
        comm.CommandText = "delete from BaseInform where Grade = '2013级'";
        int iDel = comm.ExecuteNonQuery();
        lblMessage.Text = "BaseInform 表中共有" + iDel.ToString() + "条记录被删除";
        conn.Close();
    }
    catch
    {
        lblMessage.Text = "数据库操作失败!";
    }
}
```

（6）运行程序，单击"查询数据表中总记录数"按钮，运行结果如图 10-8 所示，单击"删除 2013 级的学生"按钮，运行结果如图 10-9 所示，再次单击"查询数据表中总记录数"按钮，运行结果如图 10-10 所示。

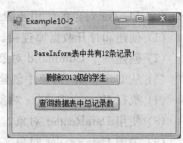

图 10-8　程序运行界面 1

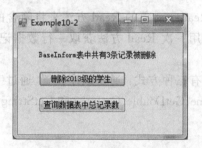

图 10-9　程序运行界面 2

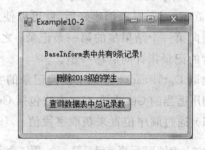

图 10-10　程序运行界面 3

2. 操作 SQL Server 数据库，创建并使用 SqlCommand 对象

创建并使用 SqlCommand 对象的常用方法与 OleDbCommand 类似，此处不再赘述。

10.3.3　DataReader 对象

DataReader 对象提供一种从数据库读取行的只进流的联机数据访问方式，包含在 DataReader 的数据是由数据库返回的只读、只能向下滚动的流信息，因此很适合应用在只需读取一次数据的情况。DataReader 对象的常用属性和方法如表 10-11 和表 10-12 所示。

表 10-11　DataReader 对象的常用属性

属性	说明
Depth	设置阅读器深度，对于 SqlDataReader 类，它总是返回 0
FieldCount	获取当前行的列数
Item	索引器属性，以原始格式获得一列的值
IsClose	获得一个表明数据阅读器有没有关闭的值
RecordsAffected	获取执行 SQL 语句所更改、添加或删除的行数

表 10-12　DataReader 对象的常用方法

方　　法	说　　明
Read	使 DataReader 对象前进到下一条记录（如果有）
Close	关闭 DataReader 对象（注意，关闭阅读器对象并不会自动关闭底层连接）
Get	用来读取数据集的当前行的某一列的数据

DataReader 对象的使用步骤一般如下。

(1) 创建和打开数据库连接。
(2) 创建一个 Command 对象。
(3) 从 Command 对象中创建 DataReader。
(4) 执行 ExecuteReader 对象。
(5) 使用 DataReader 对象。
(6) 关闭 DataReader 对象。
(7) 关闭 Connection 对象。

DataReader 对象创建好后，就可以使用 DataReader 对象的 Read 方法来将隐含的记录指针指向第一个结果集的第一条记录；之后，每调用一次 Read 方法获取一行数据记录，并将隐含的记录指针向后移一步。

读取 DataReader 对象中当前记录的字段值共有三种方式：通过顺序位置、通过字段名称和调用适当的 Get 方法，Get 方法包括 GetDateTime、GetDouble、GetInt32 和 GetString 等。

(1) 通过顺序位置来获取字段值

dr[0],dr[1]表示当前记录第一个、第二个字段

(2) 通过字段名称来获取字段值

dr["Name"];

(3) 调用 Get 方法来获取字段值

lbName.Text = dr.GetString(1) + "," + dr.GetString(2);

例如，要读取 Access 2003 数据库 Student 中 BaseInform 表中的数据，可以编写如下代码：

```
OleDbDataReader dr = comm. ExecuteReader();
//OleDbConnection 对象已设置好并打开，comm 是之前设置好的 OleDbCommand 对象
while (dr.Read())
{
    lbName.Text + = dr["Name"];
}
```

注意：DataReader 对象的默认位置是在第一个记录的前面，所以必须在访问任何数据之前调用 Read 方法；当不再有可用记录时，Read 方法就返回一个空值。

例 10-3　使用 DataReader 对象，显示 Student.mdb 数据库的 BaseInform 表中的所有记录，运行结果如图 10-11 所示。

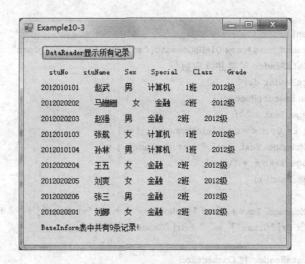

图 10-11　程序运行界面

具体实现步骤如下。

(1) 新建一个空白解决方案 Example10-3 和项目 Example10-3(项目模板为 Windows 窗体应用程序)，程序设计界面如图 10-12 所示。将数据库 Student.mdb 文件复制到项目文件夹下的 bin\Debug 文件夹中。

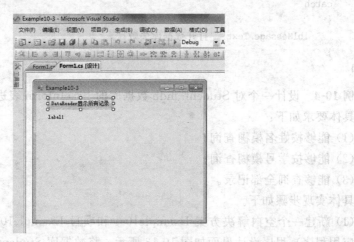

图 10-12　程序设计界面

(2) 在代码文件中引入命名空间：

```
using System;
using System.Data.OleDb;            //引入命名空间
```

(3) "DataReader 显示所有记录"按钮的实现代码如下：

```
private void button1_Click(object sender,EventArgs e)
{
    String strConn = "Provider = Microsoft.Jet.OLEDB.4.0;Data Source = Student.mdb";
    OleDbConnection conn = new OleDbConnection(strConn);
    try
```

```csharp
    {
        conn.Open();
        OleDbCommand comm = new OleDbCommand("select * from BaseInform",conn);
        //创建 DataReader 对象并读取数据
        OleDbDataReader dr;
        dr = comm.ExecuteReader();
        lblMessage.Text = "";
        for (int i = 0; i <= dr.FieldCount - 1; i++)
            lblMessage.Text + = " " + dr.GetName(i) + " ";
        lblMessage.Text + = "\n\n";
        while (dr.Read())
        {
            lblMessage.Text + = dr["stuNo"] + " " + dr["stuName"] + " " + dr["Sex"] + " " + dr["Special"] + " " + dr["Class"] + " " + dr["Grade"] + "\n\n";
        }
        //关闭 DataReader 和 Connection
        dr.Close();
        comm.CommandText = "select count( * ) from BaseInform";
        int iTotal = Convert.ToInt32(comm.ExecuteScalar());
        lblMessage.Text + = "BaseInform 表中共有" + iTotal.ToString() + "条记录!";
        conn.Close();
    }
    catch
    {
        lblMessage.Text = "打开数据库失败!";
    }
}
```

例 10-4 设计一个对 Student.mdb 数据库的 BaseInform 表进行模糊查询的程序。具体要求如下：

(1) 能够按姓名模糊查询；

(2) 能够按学号模糊查询；

(3) 能够查询全部记录。

具体实现步骤如下。

(1) 新建一个空白解决方案 Example10-4 和项目 Example10-4(项目模板为 Windows 窗体应用程序)，程序设计界面如图 10-13 所示。将数据库 Student.mdb 文件复制到项目文件夹下的 bin\Debug 文件夹中。

(2) 在代码文件中引入命名空间：

```csharp
using System;
using System.Data.OleDb;        //引入命名空间
```

(3) "查询"按钮的实现代码如下：

```csharp
private void btnQuery_Click(object sender,EventArgs e)
{
    string strComm,strInfo;
    String strConn = "Provider = Microsoft.Jet.OLEDB.4.0;Data Source = Student.mdb";
    OleDbConnection conn = new OleDbConnection(strConn);
```

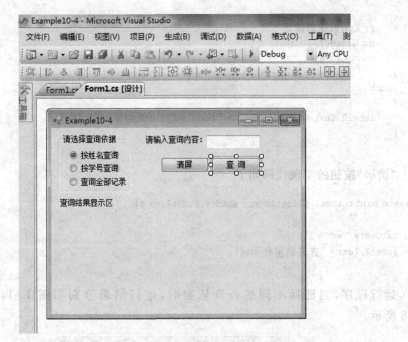

图 10-13　对表的模糊查询程序设计界面

```
try
{
    conn.Open();
    OleDbCommand comm = new OleDbCommand();
    comm.Connection = conn;
    if (radName.Checked)
        strComm = "select * from BaseInform where stuName like '%" + txtQuery.Text.Trim() + "%'";
    else if(radNo.Checked)
        strComm = "select * from BaseInform where stuNo like '%" + txtQuery.Text.Trim() + "%'";
    else
        strComm = "select * from BaseInform ";
    comm.CommandText = strComm;
    OleDbDataReader dr = comm.ExecuteReader();
    //读取字段名
    strInfo = "";
    for (int i = 0; i <= dr.FieldCount - 1; i++)
        strInfo += " " + dr.GetName(i) + " ";
    strInfo += "\n";
    //读取字段值
    while (dr.Read())
    {
        for (int i = 0; i <= dr.FieldCount - 1; i++)
            strInfo += dr[i] + " ";
        //dr[i]是在给定列序号的情况下，获取指定列的以本机格式表示的值
        strInfo += "\n";
    }
    //输出查询结果
    if (dr.HasRows)
        label2.Text = "查询结果：" + "\n\n" + strInfo;
    else
        label2.Text = "查询结果：" + "\n\n" + "无匹配记录！";
```

```
        //关闭数据阅读器
        dr.Close();
        conn.Close();
    }
    catch
    {
        label2.Text = "查询结果:" + "\n\n" + "打开数据库失败!";
    }
}
```

(4) "清屏"按钮的实现代码如下:

```
private void button1_Click(object sender,EventArgs e)
{
    txtQuery.Text = "";
    label2.Text = "查询结果显示区";
}
```

(5) 运行程序,当选择不同的查询依据时,运行结果分别如图 10-14、图 10-15 和图 10-16 所示。

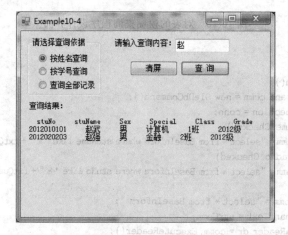

图 10-14 按姓名查询结果显示

图 10-15 按学号查询结果显示

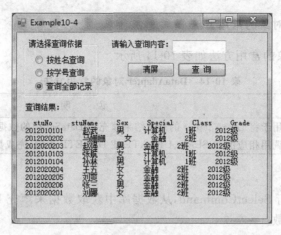

图 10-16 查询全部记录结果显示

10.3.4 DataAdapter 对象

DataAdapter 对象是 DataSet 和数据库之间的桥梁,可以从数据库中获取数据并填充 DataSet 中的表和约束,也可以将对 DataSet 的更改提交回数据库。DataAdapter 对象使用 Connection 对象连接到数据源,并使用 Command 对象从数据源检索数据以及将更改解析回数据源,并且隐藏了与这两个对象沟通的细节。

1. DataAdapter 对象的常用属性

DataAdapter 对象的常用属性如表 10-13 所示。

表 10-13 DataAdapter 对象的常用属性

属 性	说 明
DeleteCommand	获取或设置删除记录的命令
InsertCommand	获取或设置插入记录的命令
IsClosed	获取 DataAdapter 是否已关闭
SelectCommand	获取或设置检索记录的命令
TableMappings	获取一个集合,它提供源表和 DataTable 之间的主映射
UpdateCommand	获取或设置更新记录的命令

DataAdapter 对象的 4 个属性 SelectCommand、InsertCommand、UpdateCommand 和 DeleteCommand,用于定义访问数据库的命令,并且每个命令都是对 Command 对象的一个引用,可以共享同一个数据库。

如果设置了 DataAdapter 的 SelectCommand 属性,则可以创建一个 CommandBuilder 对象来自动生成用于单表更新的 SQL 语句。CommandBuilder 对象用于自动生成更新数据库的单表命令,可以简化设置 DataAdapter 对象的 InsertCommand、UpdateCommand 和 DeleteCommand 属性的操作。

注意:CommandBuilder 对象仅针对数据库中的单个表,而且 SelectCommand 还必须至少返回一个主键列或唯一的列。如果什么都没有返回,就会产生异常,不生成命令。

2. DataAdapter 对象的常用方法

DataAdapter 对象的常用方法如表 10-14 所示。

表 10-14　DataAdapter 对象的常用方法

方　法	说　　明
Fill	用于将 DataAdapter 的检索结果填充到 DataSet 中的数据表
Update	调用相应的 INSERT、UPDATE 或 DELETE 语句，完成数据的更新操作

（1）Fill 方法

Fill 方法用于执行 SelectCommand，从数据库中获取数据来填充 DataSet 对象，并返回成功添加或刷新的行数。

格式 1：Fill (DataSet dataSet)

功能：在 DataSet 对象中创建一个名为"Table"的 DataTable 对象并为之添加或刷新行。

格式 2：Fill (DataTable dataTable)

功能：在 DataTable 对象中添加或刷新行。

格式 3：Fill (DataSet dataSet, string srcTable)

功能：从指定的表中提取数据来填充 DataSet 对象。

参数说明：dataSet 为要填充的 DataSet 对象，dataTable 为要填充的 DataTable 对象，srcTable 为用于表映射的源表的名称。

（2）Update 方法

Updat 方法用于执行 InsertCommand、UpdateCommand 和 DeleteCommand，把在 DataSet 对象进行的插入、修改或删除操作更新到数据库中，并返回成功更新的行数。

格式 1：Update (DataSet dataSet)

功能：为指定 DataSet 对象中每个已插入、已更新或已删除的行调用相应的 Insert、Update 或 Delete 语句。

格式 2：Update (DataTable dataTable)

功能：为指定 DataTable 对象中每个已插入、已更新或已删除的行调用相应的 Insert、Update 或 Delete 语句。

格式 3：Update (DataSet dataSet, string srcTable)

功能：为具有指定 DataTable 名称的 DataSet 对象中每个已插入、已更新或已删除的行调用相应的 Insert、Update 或 Delete 语句。

参数说明：dataSet 为用于更新数据库的 DataSet 对象，dataTable 为用于更新数据库的 DataTable 对象，srcTable 为用于表映射的源表的名称。

3. 创建并使用 DataAdapter 对象

（1）操作 Access 数据库，创建并使用 OleDbDataAdapter 对象。

① 创建 OleDbDataAdapter 对象来填充 DataSet 对象。

```
OleDbDataAdapter 数据适配器对象 = new OleDbDataAdapter (命令对象);
```

```
数据适配器对象.Fill(参数);
```

或者

```
OleDbDataAdapter 数据适配器对象 = new OleDbDataAdapter ();
数据适配器对象.SelectCommand = 命令对象;
数据适配器对象.Fill(参数);
```

② 使用 OleDbDataAdapter 对象来更新数据库。

```
OleDbCommandBuilder 命令构造器对象 = new OleDbCommandBuilder(数据适配器对象);
数据适配器对象.Update(参数);
```

或者

```
OleDbCommandBuilder 命令构造器对象 = new OleDbCommandBuilder();
命令构造器对象.DataAdapter = 数据适配器对象;
数据适配器对象.Update(参数);
```

（2）操作 SQL Server 数据库，创建并使用 SqlDataAdapter 对象。

创建并使用 SqlDataAdapter 对象的常用方法与 OleDbDataAdapter 类似，此处不再赘述。

例如，要脱机操作 Access 2003 数据库 Student 中 BaseInform 表中的数据，然后联机更新操作结果，可以编写如下代码：

```
OleDbDataAdapter adapter = new OleDbDataAdapter(comm);
//OleDbConnection 对象已打开,comm 是之前设置好的 OleDbCommand 对象
DataSet ds = new DataSet();              //创建数据集 ds
adapter.Fill(ds);                        //填充 ds
//……在 ds 中操作数据
OleDbCommandBuilder builder = new OleDbCommandBuilder(adapter);
adapter.Update(ds);                      //用 ds 更新数据库
```

10.3.5 DataSet 对象

DataSet 是数据的内存驻留表示形式，它提供了独立于数据源的一致关系编程模型。DataSet 表示整个数据集，其中包含表、约束和表之间的关系。由于 DataSet 独立于数据源，它可以包含应用程序本地的数据，也可以包含来自多个数据源的数据。与现有数据源的交互通过 DataAdapter 来控制。

1. DataSet 对象的工作原理

（1）客户端与数据库服务器建立连接并请求数据后，数据库服务器会将数据发送给 DataSet 对象，然后与客户端断开连接；

（2）DataSet 对象暂时存储客户端向数据库服务器请求的数据，并在需要时将数据传递给客户端；

（3）客户端对数据进行修改后，先将修改后的数据存储在 DataSet 对象中，然后客户端与数据库服务器建立连接，将 DataSet 对象中修改后的数据提交到数据库服务器。

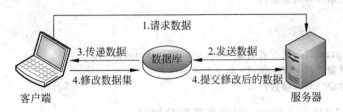

图 10-17　DataSet 对象的工作原理

2. DataSet 对象常用的属性和方法

DataSet 对象常用的属性和方法如表 10-15 和表 10-16 所示。

表 10-15　DataSet 对象常用的属性

属　　性	说　　明
CaseSensitive	获取或设置 DataTable 对象中的字符串比较是否区分大小写
DataSetName	获取或设置当前 DataSet 的名称
Tables	获取包含在 DataSet 中的表的集合 DataTableCollection

表 10-16　DataSet 对象常用的方法

方　　法	说　　明
Clear	清除表中所有的数据
Clone	复制 DataSet 的结构,包括所有 DataTable 架构、关系和约束。但是不复制任何数据
Copy	复制该 DataSet 的结构和数据
HasChanges	获取 DataSet 是否有更改,包括新增行、已删除的行或已修改的行
ReadXml	将 XML 架构和数据读入 DataSet
GetXml	返回存储在 DataSet 中的数据的 XML 表示形式

3. DataSet 对象的基本结构

DataSet 对象可以拥有多个 DataTable 和 DataRelation 对象,分别通过 Tables 和 Relations 属性对这两类对象进行管理。

DataTable 对象相当于数据库中的表,一个 DataTable 对象可以拥有多个 DataRow、DataColumn 和 Constraint 对象;DataRow 对象相当于数据表中的行,代表一条记录;DataColumn 对象相当于数据表中的列,代表一个字段;Constraint 对象相当于数据表中的约束,代表在 DataColumn 对象上的强制约束。

DataRelation 对象相当于数据库中的关系,用来建立 DataTable 与 DataTable 间的父子关系。如图 10-18 所示显示了 DataSet 对象的结构。

DataSet 及其内部包含的对象,都来自于 System.Data 命名空间。新建一个 C# 的 Windows 应用程序时,会自动引入该命名空间。

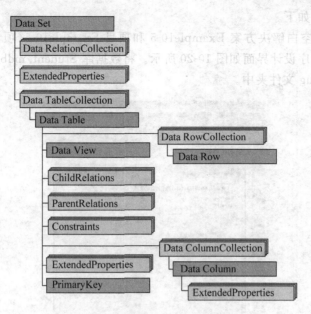

图 10-18　DataSet 对象的结构

4. DataSet 对象的创建

DataSet 对象的创建，常用方法有两种。

（1）DataSet 数据集对象＝new DataSet()；

（2）DataSet 数据集对象＝new DataSet(string dataSetName)；

该方法创建一个由参数指定名称的数据集。例如：

```
DataSet ds2 = new DataSet("ds1");         //创建名为"ds1"的数据集
```

例 10-5　使用 DataSet 和 DataAdapter 对象，显示 Student.mdb 数据库的 BaseInform 表中所有记录，运行结果如图 10-19 所示。

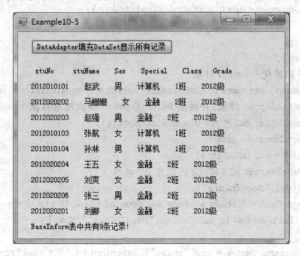

图 10-19　显示 BaseInform 表的运行界面

具体实现步骤如下。

(1) 新建一个空白解决方案 Example10-5 和项目 Example10-5（项目模板为 Windows 窗体应用程序），程序设计界面如图 10-20 所示。将数据库 Student.mdb 文件复制到项目文件夹下的 bin\Debug 文件夹中。

图 10-20 显示 BaseInform 表的设计界面

(2) 在代码文件中引入命名空间：

```
using System;
using System.Data.OleDb;              //引入命名空间
```

(3) "DataAdapter 填充 DataSet 显示所有记录"按钮的实现代码如下：

```
private void button1_Click(object sender,EventArgs e)
{
    //创建数据连接
    String strConn = "Provider = Microsoft.Jet.OLEDB.4.0;Data Source = Student.mdb";
    OleDbConnection conn = new OleDbConnection(strConn);
    try
    {
        conn.Open();
        //创建并初始化 Command 对象
        OleDbCommand comm = new OleDbCommand("select * from BaseInform",conn);
        //创建 DataAdapter 对象，并根据 SelectCommand 属性检索数据
        OleDbDataAdapter da1 = new OleDbDataAdapter();
        da1.SelectCommand = comm;
        DataSet ds1 = new DataSet();
        //使用 DataAdapter 的 Fill 方法填充 DataSet
        da1.Fill(ds1,"BaseInform");
        lblMessage.Text = " stuNo stuName Sex Special Class Grade\n\n";
        foreach (DataRow row in ds1.Tables["BaseInform"].Rows)
        {
            lblMessage.Text + = row["stuNo"].ToString() + " " + row["stuName"].ToString() + "
 " + row["Sex"].ToString() + " " + row["Special"].ToString() + " " + row["Class"].ToString() + "
```

```
" + row["Grade"].ToString() + "\n\n";
            }
            comm.CommandText = "select count( * ) from BaseInform";
            int iTotal = Convert.ToInt32(comm.ExecuteScalar());
            lblMessage.Text + = "BaseInform 表中共有" + iTotal.ToString() + "条记录!";
            //关闭数据连接
            conn.Close();
        }
        catch (Exception ex)
        {
            lblMessage.Text = ex.Message.ToString() + "打开数据库失败!";
        }
    }
```

10.3.6 ADO.NET 相关组件

ADO.NET 为创建分布式数据共享应用程序提供了一组丰富的组件，利用这些组件可以快捷有效地编写数据库应用程序。"工具箱"的"数据"选项卡（如图10-21所示）中，有四个通用的组件——DataGridView、DataSet、BindingSource 和 BindingNavigator。

图 10-21 "工具箱"的"数据"选项卡

1. DataGridView 控件

DataGridView 是用于显示和编辑数据的可视化控件，可以像 Excel 表格一样方便地显示和编辑来自多种不同类型的数据源的表格数据。DataGridView 控件还允许通过可视化操作来改变控件外观，这样用户就可以根据自己的需要定制不同风格的表格。DataGridView 控件具有极高的可配置性和可扩展性，它提供有大量的属性、方法和事件，可以用来对该控件的外观和行为进行自定义。

在 Windows 窗体上添加一个默认大小的 DataGridView 对象，只需从"工具箱"的"数据"选项卡中找到 DataGridView 控件，双击即可。

(1) DataGridView 的常用属性

DataGridView 控件的常用属性除了 Name、Anchor、BackgroundColor、BorderStyle、Dock、Enabled、ReadOnly、Visible 等一般属性，还有一些自己特有的属性，如表 10-17 所示。

表 10-17 DataGridView 的特有属性

属　性	说　明
AllowUserToAddRows	指示是否允许用户添加行，默认值为 true
AllowUserToDeleteRows	指示是否允许用户删除行，默认值为 true
AllowUserToOrderColumns	指示是否允许通过手动对列重新定位（更改列的顺序），默认值为 false
AutoSizeColumnsMode	获取或设置一个值，该值指示如何确定列宽
CellBorderStyle	获取或设置单元格的边框样式
ColumnHeadersHeight	获取或设置列标题行的高度（以像素为单位），默认值为 23，取值范围为 4～32768
ColumnHeadersHeightSizeMode	获取或设置一个值，该值指示是否可以调整列标题的高度，以及它是由用户调整还是根据标题的内容自动调整
ColumnHeadersVisible	指示是否显示列标题行，默认值为 true
Columns	获取一个包含控件中所有列的集合，可以在其中编辑 DataGridView 列的属性（例如设置显示的列标题）
DataMember	获取或设置数据源中 DataGridView 显示其数据的列表或表的名称
DataSource	获取或设置 DataGridView 所显示数据的数据源，该属性值为 object 类型
GridColor	获取或设置网格线的颜色，网格线对 DataGridView 的单元格进行分隔
MultiSelect	指示是否允许用户一次选择多个单元格、行或列，默认值为 true
RowHeadersVisible	指示是否显示包含行标题的列，默认值为 true
Rows	获取一个集合，该集合包含 DataGridView 控件中的所有行
ScrollBars	获取或设置要在 DataGridView 控件中显示的滚动条的类型
SelectionMode	获取或设置一个值，该值指示如何选择 DataGridView 的单元格
SortedColumn	获取 DataGridView 内容的当前排序所依据的列（DataGridViewColumn）
SortOrder	获取一个值，该值指示如何对 DataGridView 控件中的项进行排序，取值为 SortOrder 枚举类型，共 3 个成员：None，项未排序；Ascending，项按递增顺序排序；Descending，项按递减顺序排序
StandardTab	指示按 Tab 键是否会将焦点按 Tab 键顺序移到下一个控件，而不是将焦点移到控件中的下一个单元格，默认值为 false

(2) DataGridViewColumn 的常用属性

通过 DataGridView 的 Columns 属性，可以打开"编辑列"对话框，在该对话框中可以添加或移除列，也可以设置各列的属性。

DataGridView 控件的列对象有 6 种类型：DataGridViewButtonColumn、DataGridViewCheckBoxColumn、DataGridViewComboColumn、DataGridViewImageColumn、DataGridViewLinkColumn 和 DataGridViewTextBoxColumn。这 6 个类的基类都是 DataGridViewColumn，最常用的列对象是 DataGridViewTextBoxColumn 类型。

DataGridView 控件列对象的主要属性除了 Name、ReadOnly、Visible、Width 等一般属

性,还有一些自己特有的属性,如表 10-18 所示。

表 10-18 DataGridView 列对象的特有属性

属 性	说 明
AutoSizeMode	获取或设置列可以自动调整其宽度的模式
ColumnType	DataGridView 控件列对象的类型
DataPropertyName	获取或设置数据源属性的名称或与列对象绑定的数据库列的名称
Frozen	指示是否冻结该列,即当用户水平滚动 DataGridView 控件时,列是否移动,默认值为 false
HeaderText	获取或设置列标题单元格的标题文本
ToolTipText	获取或设置用于工具提示的文本

(3) DataGridView 的数据显示

使用 DataGridView 显示数据时,在大多数情况下,只需设置 DataGridView 的 DataSource 属性即可。在绑定到包含多个列表或表的数据源时,还需将 DataMember 属性设置为指定要绑定的列表或表的字符串。

(4) 获取 DataGridView 控件中当前单元格

若要与 DataGridView 进行交互,通常要求通过编程方式发现哪个单元格处于活动状态。如果需要更改当前单元格,可通过 DataGridView 控件的 CurrentCell 属性来获取当前的单元格信息。

例 10-6 设计一个窗体,采用 DataGridView 控件来实现对 Student.mdb 数据库的 BaseInform 表中所有记录的浏览操作。

具体实现步骤如下。

(1) 新建一个空白解决方案 Example10-6 和项目 Example10-6(项目模板为 Windows 窗体应用程序),将数据库 Student.mdb 文件复制到项目文件夹下的 bin\Debug 文件夹中。设计窗体界面,向窗体中加入一个 DataGridView 控件。

(2) 在代码文件中引入命名空间:

```
using System.Data.OleDb;
```

(3) 在窗体的加载事件 Form1_Load()中添加如下代码:

```
private void Form1_Load(object sender,EventArgs e)
{
    //创建数据连接
    String strConn = "Provider=Microsoft.Jet.OLEDB.4.0;Data Source=Student.mdb";
    OleDbConnection conn = new OleDbConnection(strConn);
    try
    {
        conn.Open();
        //创建并初始化 Command 对象
        OleDbCommand comm = new OleDbCommand("select * from BaseInform",conn);
        //创建 DataAdapter 对象,并根据 SelectCommand 属性检索数据
        OleDbDataAdapter da1 = new OleDbDataAdapter();
        da1.SelectCommand = comm;
        DataSet ds1 = new DataSet();
```

```
            //使用 DataAdapter 的 Fill 方法填充 DataSet
            da1.Fill(ds1,"BaseInform");
            dataGridView1.DataSource = ds1.Tables["BaseInform"];
            dataGridView1.GridColor = Color.RoyalBlue;
            dataGridView1.ScrollBars = ScrollBars.Vertical;
            dataGridView1.CellBorderStyle =
                DataGridViewCellBorderStyle.Single;
            dataGridView1.Columns[0].AutoSizeMode =
                DataGridViewAutoSizeColumnMode.AllCells;
            dataGridView1.Columns[1].AutoSizeMode =
                DataGridViewAutoSizeColumnMode.AllCells;
            dataGridView1.Columns[2].AutoSizeMode =
                DataGridViewAutoSizeColumnMode.AllCells;
            dataGridView1.Columns[3].AutoSizeMode =
                DataGridViewAutoSizeColumnMode.AllCells;
            dataGridView1.Columns[4].AutoSizeMode =
                DataGridViewAutoSizeColumnMode.AllCells;
            //关闭数据连接
            conn.Close();
        }
        catch (Exception ex)
        {
            MessageBox.Show(ex.Message.ToString() + "打开数据库失败!","信息提示");
        }
```

(4) 运行程序，结果如图 10-22 所示。

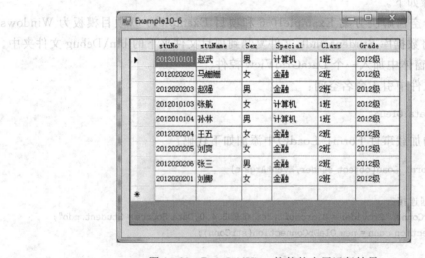

图 10-22 DataGridView 控件的应用运行结果

例 10-7 在例 10-6 的基础上，向窗体中添加两个 Label 控件，显示当前单元格信息和当前记录的学号 No 字段的值。

具体实现步骤如下。

（1）新建一个空白解决方案 Example10-7 和项目 Example10-7（项目模板为 Windows 窗体应用程序），将数据库 Student.mdb 文件复制到项目文件夹下的 bin\Debug 文件夹中。

设计窗体界面,向窗体中加入一个 DataGridView 控件、两个 Label 控件。

（2）在代码文件中引入命名空间:

```
using System.Data.OleDb;
```

（3）在窗体加载事件 Form1_Load()中添加代码,同上例。

（4）添加 dataGridView1 的 CellClick()事件。选中 dataGridView1 控件,选中属性窗口中的"事件"按钮,双击 CellClick 事件,产生 dataGridView1_CellClick()事件,如图 10-23 所示。

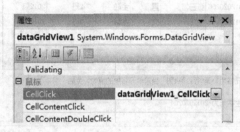

图 10-23　dataGridView1_CellClick()事件

（5）添加 dataGridView1_CellClick()事件的事件处理程序代码如下:

```
private void dataGridView1_CellClick(object sender,DataGridViewCellEventArgs e)
{
    label1.Text = "";
    try
    {
        if (e.RowIndex < dataGridView1.RowCount - 1)
        {
            string strMsg = String.Format("第{0}行,第{1}列",
dataGridView1.CurrentCell.RowIndex + 1,dataGridView1.CurrentCell.ColumnIndex + 1);
            label1.Text = "选择的单元格为: " + strMsg
                    + " 当前单元格里的值为: " + dataGridView1.CurrentCell.Value;
            label2.Text = "选择的学生学号为:"
                    + dataGridView1.Rows[e.RowIndex].Cells[0].Value;
        }
    }
    catch (Exception ex)
    {
        MessageBox.Show("需选中一个学生记录","信息提示");
    }
}
```

（6）运行程序,单击 DataGridView 控件的某一个单元格时,程序的运行结果如图 10-24 所示。

2. DataSet 组件

DataSet 对象的创建可以通过代码窗口以编码方式实现,也可以通过"工具箱"中的 DataSet 组件以交互方式实现。

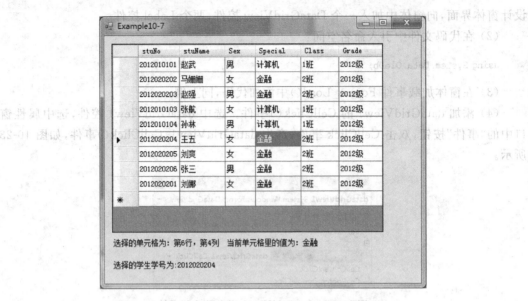

图 10-24 显示表中指定单元格内容运行结果

ADO.NET 支持类型化和非类型化两种完全不同的数据集。非类型化数据集是 System.Data.DataSet 类的直接实例化,而类型化数据集是 System.Data.DataSet 派生类(针对特定数据源)的实例化。类型化数据集将表和表内的列作为对象的属性而公开,这就使数据集的操作从语法上来说更为简单。

利用"工具箱"中的 DataSet 组件,既可以创建类型化数据集,也可以创建非类型化数据集。在"工具箱"中双击 DataSet 组件,会弹出"添加数据集"对话框,如图 10-25 所示。

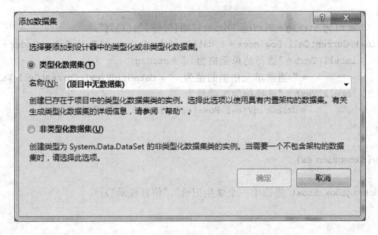

图 10-25 "添加数据集"对话框

"添加数据集"对话框中,默认选中"类型化数据集"选项。如果项目中存在类型化数据集,组合框中会自动选择一个已存在于项目中的类型化数据集(如 dsStudentInfo),单击"确定"按钮即可在"窗体设计器"下方的组件区中看到一个 dsStudentInfo1 对象;如果项目中不存在类型化数据集,组合框中将显示"(项目中无数据集)"字样,此时可以选择"非类型化数据集"选项,单击"确定"按钮会创建一个 dataSet1 对象。

3. BindingSource 组件

"工具箱"中的 BindingSource 组件用来封装窗体的数据源,它可以绑定到各种数据源,并可以自动解决许多数据绑定问题。数据绑定简单来说,就是把数据源(如 DataTable)中的数据提取出来,显示在窗体的各种控件上。

在 Windows 窗体上的 DataGridView、ComboBox、TextBox 等控件,经常通过绑定到 BindingSource 组件来显示和编辑数据,而 BindingSource 组件则绑定到其他数据源或使用其他对象填充该组件。窗体上的控件与数据的所有交互,都通过调用 BindingSource 组件来实现,从而简化了控件到数据的绑定。

BindingSource 组件提供了多种属性、方法和事件,来实现和管理数据源的绑定及数据源的导航、更新等功能。如表 10-19、表 10-20 和表 10-21 所示列出了 BindingSource 组件的主要属性、方法和事件。

表 10-19 BindingSource 的主要属性

属 性	说 明
Count	获取基础列表中的总项数
Current	获取列表中的当前项,其值为 object 类型
DataMember	获取或设置 BindingSource 组件当前绑定到的数据源的子列表,其值为 string 类型
DataSource	获取或设置 BindingSource 组件绑定到的数据源,其值为 object 类型
Filter	获取或设置用于筛选由数据源返回的行集合的数据库列表达式
List	获取 BindingSource 组件绑定到的列表,其值为 System.Collections.Ilist 类型
Position	获取或设置基础列表中当前项的索引(从零开始)
Sort	获取或设置用于对由数据源返回的行集合排序的列名称及排序方式,其值是一个区分大小写的保护数据库列名及"ASC"(升序)或"DESC"(降序)的字符串

表 10-20 BindingSource 的主要方法

方 法	说 明
Add(object value)	将指定的现有项添加到内部列表中,返回该项的索引
AddNew()	向基础列表添加新项,返回已创建并添加至列表的 Object
CancelEdit()	取消当前编辑操作
EndEdit()	将挂起的更改应用于基础数据源
Insert(int index,object value)	将指定的现有项插入列表中指定的索引处
MoveFirst()	移至列表中的第一项
MoveLast()	移至列表中的最后一项
MoveNext()	移至列表中的下一项
MovePrevious()	移至列表中的上一项
Remove(object value)	从列表中移除指定的项
RemoveAt(int index)	移除此列表中指定索引处的项
RemoveCurrent()	从列表中移除当前项

表 10-21　BindingSource 的主要事件

事　件	说　明
CurrentChanged	在当前绑定项更改时发生
CurrentItemChanged	在 Current 属性的属性值更改后发生
ListChanged	当基础列表更改或列表中的项更改时发生
PositionChanged	在 Position 属性的值更改后发生

　　BindingSource 组件既可以处理简单数据源，也可以处理复杂数据源。通常，都是利用 BindingSource 组件的 DataSource 属性将其附加到数据源（如 DataSet），通过 DataMember 属性将其绑定到数据源的子列表（如 DataTable）。然后，利用 BindingSource 组件的 Sort 和 Filter 属性来处理数据源的排序和筛选操作，利用诸如 MoveNext、MoveLast 和 Remove 之类的方法来处理导航和更新操作。

4．BindingNavigator 控件

　　"工具箱"中的 BindingNavigator（绑定导航器）控件主要用来为窗体上绑定到数据的控件提供导航和操作的用户界面。默认情况下，BindingNavigator 控件的用户界面由一系列 ToolStrip 按钮、文本框、静态文本和分隔符对象组成，如图 10-26 所示。

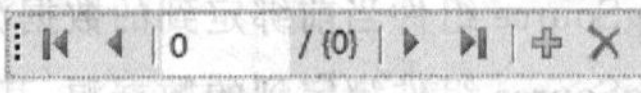

图 10-26　BindingNavigator 控件界面

　　BindingNavigator 控件提供的导航功能包括"移到第一项"、"移到上一项"、"当前位置"、"总项数"、"移到下一项"和"移到最后一项"，提供的操作功能包括"添加项"和"删除项"，即 BindingNavigator 控件提供了在窗体上定位和操作数据的标准化方法。

　　通常情况下，BindingNavigator 控件与 BindingSource 控件成对出现，用于浏览窗体上的数据记录，并与它们交互。此时，BindingSource 属性被设置为作为数据源的关联 BindingSource 控件（或对象）。BindingNavigator 成员和 BindingSource 成员的对应关系如表 10-22 所示。

表 10-22　BindingNavigator 成员和 BindingSource 成员的对应关系

UI 控件	BindingNavigator 成员	BindingSource 成员
移到最前	MoveFirstItem	MoveFirst
前移一步	MovePreviousItem	MovePrevious
当前位置	PositionItem	Current
统计	CountItem	Count
移到下一条记录	MoveNextItem	MoveNext
移到最后	MoveLastItem	MoveLast
新添	AddNewItem	AddNew
删除	DeleteItem	RemoveCurrent

　　BindingNavigator 控件除了表 10-16 所示的属性，还具有普通控件的一般属性，如 Name、Anchor、BackColor、Dock、Enabled、Font、Visible 等。此外，可以通过 CountItemFormat 属

性获取或设置"总项数"的显示格式(默认值为"/{0}"),还可以通过 Items 属性对控件中的各个对象进行管理(如添加、删除、编辑等操作),每个对象都具有 Name、Text、ToolTipText 等关键属性。

此外,BindingNavigator 控件还提供了 AddStandardItems()方法,将一组标准导航项(新建、打开、保存、打印、剪切、复制、粘贴)添加到 BindingNavigator 控件中;也可以通过"属性"窗口的命令区域中的"插入标准项"超级链接来添加这组标准导航项。但这组标准导航项只提供用户界面,其具体功能需要编程人员自己编写代码来实现。

10.3.7 数据绑定

所谓数据绑定,通俗地说,就是把数据源(如 DataTable)中的数据提取出来,显示在窗体的各种控件上。用户可以通过这些控件查看和修改数据,这些修改会自动保存到数据源中。

C♯的大部分控件都有数据绑定功能,例如 Label、TextBox、dataGridView 等控件。许多控件不仅可以绑定到传统的数据源,还可以绑定到几乎所有包含数据的结构(如数组、ArrayList)。通常是把控件的显示属性(如 Text 属性)与数据源绑定,也可以把控件的其他属性与数据源进行绑定,从而可以通过绑定的数据设置控件的属性。当控件进行数据绑定操作后,该控件即会显示所查询的数据记录。

1. 数据绑定的一般步骤

窗体控件的数据绑定一般可以分为两种方式:单一绑定和复合绑定。不管是哪种类型的数据绑定,实现数据绑定的一般步骤如下。

(1) 建立连接并创建数据提供程序的对象;
(2) 创建数据集;
(3) 绑定控件(如 DataGridView、TextBox);
(4) 数据加载。

对控件进行数据绑定,可以在设计时以交互方式进行,也可以在运行时以编码方式进行。

2. 单一绑定

所谓单一绑定是指将单一的数据元素绑定到控件的某个属性。例如,将 TextBox 控件的 Text 属性与 BaseInform 数据表中的 Name 列进行绑定。

单一绑定是利用控件的 DataBindings 集合属性来实现的,其一般形式如下:

控件名称.DataBindings.Add("控件的属性名称",数据源,"数据成员");

这三个参数构成了一个 Binding 对象。也可以先创建 Binding 对象,再使用 Add 方法将其添加到 DataBindings 集合属性中。

Binding 对象的构造函数如下:

Binding("控件的属性名称",数据源,"数据成员");

例如,以下语句建立 myds 数据集的"BaseInform.No"列到一个控件 Text 属性的绑定。

```
DataSet myds = new DataSet();
……
Binding mybinding = new Binding("Text",myds,"BaseInform.No");
//将 myds 中 BaseInform 表的 No 字段与 textBox1 绑定起来
textBox1.DataBindings.Add(mybinding);
```

这种方式是将每个文本框与一个数据成员进行绑定,不便于数据源的整体操作。C#提供了 BindingSource 类(在工具箱中,对应该控件的图标为 BindingSource),它用于封装窗体的数据源,实现对数据源的整体导航操作。

BindingSource 类的常用构造函数如下:

```
BindingSource();
BindingSource(dataSource,dataMember);
```

其中,dataSource 指出 BindingSource 对象的数据源。dataMember 指出要绑定的数据源中的特定列或列表名称,即用指定的数据源和数据成员初始化 BindingSource 类的新实例。

例 10-8   设计一个窗体应用程序,用于实现对 Student.mdb 数据库的 BaseInform 表中所有记录进行浏览操作。

具体实现步骤如下。

(1) 新建一个空白解决方案 Example10-8 和项目 Example10-8(项目模板为 Windows 窗体应用程序),将数据库 Student.mdb 文件复制到项目文件夹下的 bin\Debug 文件夹中。程序设计界面如图 10-27 所示。

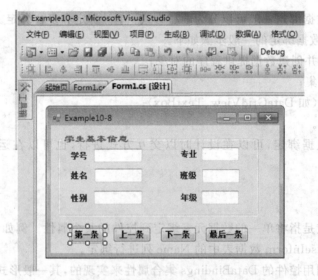

图 10-27 用窗体程序显示表信息的设计界面

(2) 在代码文件中引入命名空间:

```
using System;
using System.Data.OleDb;                //引入命名空间
```

(3) 在代码通用段加入以下代码:

```
BindingSource mybs = new BindingSource();
```

(4) 在窗体的加载事件 Form1_Load()中添加如下代码：

```csharp
private void Form1_Load(object sender,EventArgs e)
{
    string mystr,mysql;
    OleDbConnection myconn = new OleDbConnection();
    DataSet myds = new DataSet();
    mystr = "Provider = Microsoft.Jet.OLEDB.4.0;Data Source = Student.mdb";
    myconn.ConnectionString = mystr;
    try
    {
        myconn.Open();
        mysql = "SELECT * FROM BaseInform";
        OleDbDataAdapter myda = new OleDbDataAdapter(mysql,myconn);
        myda.Fill(myds,"BaseInform");
        mybs = new BindingSource(myds,"BaseInform");
        Binding mybinding1 = new Binding("Text",mybs,"stuNo");
        textBox1.DataBindings.Add(mybinding1);
        Binding mybinding2 = new Binding("Text",mybs,"stuName");
        textBox2.DataBindings.Add(mybinding2);
        Binding mybinding3 = new Binding("Text",mybs,"Sex");
        textBox3.DataBindings.Add(mybinding3);
        Binding mybinding4 = new Binding("Text",mybs,"Special");
        textBox4.DataBindings.Add(mybinding4);
        Binding mybinding5 = new Binding("Text",mybs,"Class");
        textBox5.DataBindings.Add(mybinding5);
        Binding mybinding6 = new Binding("Text",mybs,"Grade");
        textBox6.DataBindings.Add(mybinding6);
        myconn.Close();
    }
    catch (Exception ex)
    {
        MessageBox.Show(ex.Message.ToString() + "打开数据库失败!","信息提示");
    }
}
```

(5) "第一条"按钮的实现代码如下：

```csharp
private void button1_Click(object sender,EventArgs e)
{
    if (mybs.Position != 0)
        mybs.MoveFirst();        //移到第一个记录
}
```

(6) "上一条"按钮的实现代码如下：

```csharp
private void button2_Click(object sender,EventArgs e)
{
    if (mybs.Position != 0)
        mybs.MovePrevious();     //移到上一个记录
}
```

(7) "下一条"按钮的实现代码如下：

```csharp
private void button3_Click(object sender,EventArgs e)
{
    if (mybs.Position != mybs.Count - 1)
        mybs.MoveNext();              //移到下一个记录
}
```

(8) "最后一条"按钮的实现代码如下：

```csharp
private void button4_Click(object sender,EventArgs e)
{
    if (mybs.Position != mybs.Count - 1)
        mybs.MoveLast();              //移到最后一个记录
}
```

(9) 运行程序，结果如图 10-28 所示。

图 10-28　程序运行结果

3. 复合绑定

所谓复合绑定是指一个控件和一个以上的数据元素进行绑定，通常是指将控件和数据集中的多个数据记录或者多个字段值、数组中的多个数组元素进行绑定。

如果要将 DataGridView 控件绑定到数据源，添加设置该控件的 DataSource 和 DataMember 属性的代码即可；如果要将 ListBox、ComboBox 等控件绑定到数据源，添加设置该控件的 DataSource 和 DisplayMember 属性的代码即可。

复合绑定的语法格式如下：

```
控件对象名称.DataSource = 数据源
控件对象名称.DisplayMember = 数据成员
```

例如：将 listBox1 控件绑定到 dataSet11 数据集中"studentInfo"表的"class"字段，将 comboBox1 控件绑定到 bindingSource1（已绑定到 dataSet11 中"studentInfo"表）的"department"字段，可以编写代码如下：

```csharp
listBox1.DataSource = this.dataSet11;
listBox1.DisplayMember = "studentInfo.class";
comboBox1.DataSource = bindingSource1;
comboBox1.DisplayMember = "department";
```

例如,一个窗体 myForm 中有一个组合框 comboBox1 和一个列表框 listBox1 分别显示 Student.mdb 数据库中 BaseInform 表的 Class 字段和 Special 字段,运行界面如图 10-29 所示。

图 10-29 为组合框和列表框绑定数据源运行结果

在该窗体中设计以下 Load 事件过程:

```
private void myForm_Load(object sender,EventArgs e)
{
    string mystr,mysql;
    OleDbConnection myconn = new OleDbConnection();
    DataSet myds = new DataSet();
    mystr = "Provider = Microsoft.Jet.OLEDB.4.0;Data Source = Student.mdb";
    myconn.ConnectionString = mystr;
    myconn.Open();
    mysql = "SELECT distinct Class FROM BaseInform";
    OleDbDataAdapter myda = new OleDbDataAdapter(mysql,myconn);
    myda.Fill(myds,"BaseInform1");
    comboBox1.DataSource = myds;
    comboBox1.DisplayMember = "BaseInform1.Class";
    mysql = "SELECT distinct Special FROM BaseInform";
    OleDbDataAdapter myda1 = new OleDbDataAdapter(mysql,myconn);
    myda1.Fill(myds,"BaseInform2");
    listBox1.DataSource = myds;
    listBox1.DisplayMember = "BaseInform2.Special";
    myconn.Close();
}
```

例 10-9 设计一个窗体应用程序,通过 BindingNavigator 控件实现对 Student.mdb 数据库中 BaseInform 表中所有记录进行浏览操作。

具体实现步骤如下。

(1) 新建一个空白解决方案 Example10-9 和项目 Example10-9(项目模板为 Windows 窗体应用程序),将数据库 Student.mdb 文件复制到项目文件夹下的 bin\Debug 文件夹中。程序设计界面如图 10-30 所示。

(2) 在代码文件中引入命名空间:

```
using System;
using System.Data.OleDb;         //引入命名空间
```

图 10-30 BindingNavigator 控件的应用设计界面

(3) 在窗体的加载事件 Form1_Load()中添加如下代码：

```
private void Form1_Load(object sender,EventArgs e)
{
    OleDbConnection myconn = new OleDbConnection("Provider = " +
    "Microsoft.Jet.OLEDB.4.0;Data Source = Student.mdb");
    OleDbDataAdapter myda = new OleDbDataAdapter("SELECT * FROM BaseInform",myconn);
    DataSet myds = new DataSet();
    BindingNavigator mybn = new BindingNavigator();
    BindingSource mybs = new BindingSource();
    myconn.Open();
    myda.Fill(myds,"BaseInform");
    mybs = new BindingSource(myds,"BaseInform");
    //用数据源 myds 和表 BaseInform 创建新实例 mybs
    Binding mybinding1 = new Binding("Text",mybs,"stuNo");
    textBox1.DataBindings.Add(mybinding1);
    //将 BaseInform.No 与 textBox1 文本框绑定起来
    Binding mybinding2 = new Binding("Text",mybs,"stuName");
    textBox2.DataBindings.Add(mybinding2);
    Binding mybinding3 = new Binding("Text",mybs,"Sex");
    comboBox1.DataBindings.Add(mybinding3);
    Binding mybinding4 = new Binding("Text",mybs,"Special");
    comboBox2.DataBindings.Add(mybinding4);
    Binding mybinding5 = new Binding("Text",mybs,"Class");
    textBox3.DataBindings.Add(mybinding5);
    Binding mybinding6 = new Binding("Text",mybs,"Class");
    textBox4.DataBindings.Add(mybinding6);
    bindingNavigator1.Dock = DockStyle.Bottom;
    bindingNavigator1.BindingSource = mybs;
    myconn.Close();
```

```
            comboBox1.Items.Add("男"); comboBox1.Items.Add("女");
            comboBox2.Items.Add("计算机");comboBox2.Items.Add("金融");
            comboBox2.Items.Add("会计");comboBox2.Items.Add("英语");
}
```

(4) 运行程序,结果如图 10-31 所示。

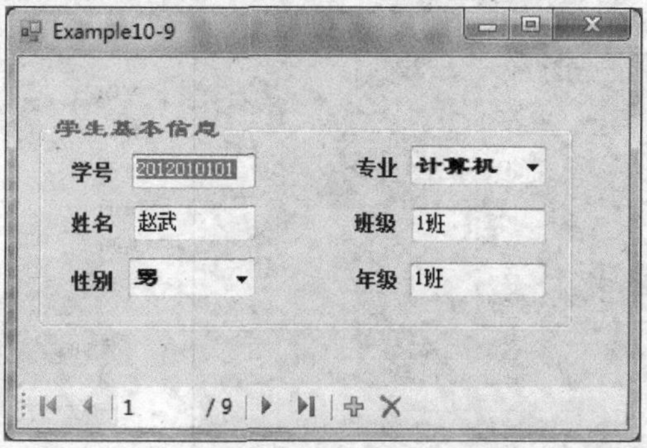

图 10-31　BindingNavigator 控件的应用运行结果

10.4 数据库技术的应用

下面编写一个综合的案例,实现一个简单的学生管理系统。

例 10-10　简单的学生管理系统。要求:
(1) 实现记录的添加(相同记录不能添加);
(2) 实现记录的修改;
(3) 实现记录的删除;
(4) 实现记录的模糊查询。

具体实现步骤如下。

(1) 新建一个空白解决方案 Example10-10 和项目 Example10-10(项目模板为 Windows 窗体应用程序),将数据库 Student.mdb 文件复制到项目文件夹下的 bin\Debug 文件夹中。程序设计界面如图 10-32 所示。

(2) 主要代码如下:

```
using System;
using System.Collections.Generic;
using System.ComponentModel;
using System.Data;
using System.Drawing;
using System.Linq;
using System.Text;
using System.Windows.Forms;
using System.Data.OleDb;

namespace Example10_10
{
```

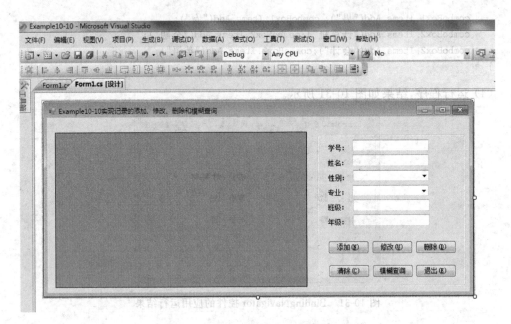

图 10-32 学生管理系统程序设计界面

```csharp
public partial class Form1 : Form
{
    //公有字段
    public static string str = "";
    public static string strConn = "Provider = Microsoft.Jet.OLEDB.4.0;Data Source = Student.mdb";
    public Form1()
    {
        InitializeComponent();
    }

    private void Form1_Load(object sender, EventArgs e)
    {
        fillcb();
        showinf("all");
    }

    ///< summary >
    ///数据绑定到下拉列表框,cbSex,cbSpecial
    ///</ summary >
    private void fillcb()
    {
        OleDbConnection conn = new OleDbConnection(strConn);
        try
        {
            conn.Open();
            DataSet ds2 = new DataSet();
            DataSet ds3 = new DataSet();
```

```csharp
            //以下设置 CbSex 的绑定数据
            OleDbDataAdapter da2 = new OleDbDataAdapter("SELECT distinct Sex " +
                "FROM BaseInform",conn);
            da2.Fill(ds2,"BaseInform");
            cbSex.DataSource = ds2.Tables["BaseInform"];
            cbSex.DisplayMember = "Sex";
            cbSex.Text = "";
            //以下设置 CbSpecial 的绑定数据
            OleDbDataAdapter da3 = new OleDbDataAdapter("SELECT distinct Special " +
                "FROM BaseInform",conn);
            da3.Fill(ds3,"BaseInform");
            cbSpecial.DataSource = ds3.Tables["BaseInform"];
            cbSpecial.DisplayMember = "Special";
            cbSpecial.Text = "";

            //关闭数据连接
            conn.Close();
        }
        catch (Exception ex)
        {
            MessageBox.Show(ex.Message.ToString() + "打开数据库失败!","信息提示");
        }
    }

    ///<summary>
    ///在 DataGridView 控件上显示记录
    ///</summary>
    private void showinf(string strSQL)
    {
        OleDbConnection conn = new OleDbConnection(strConn);
        try
        {
            conn.Open();
            DataSet ds1 = new DataSet();
            //创建并初始化 Command 对象
            OleDbCommand comm = new OleDbCommand();
            comm.Connection = conn;
            if (strSQL == "all")
                comm.CommandText = "select * from BaseInform";
            else
                comm.CommandText = "select * from BaseInform where " + strSQL;
            //创建 DataAdapter 对象,并根据 SelectCommand 属性检索数据
            OleDbDataAdapter da1 = new OleDbDataAdapter();
            da1.SelectCommand = comm;
            //使用 DataAdapter 的 Fill 方法填充 DataSet
            da1.Fill(ds1,"BaseInform");
            dataGridView1.DataSource = ds1.Tables["BaseInform"];

            dataGridView1.GridColor = Color.RoyalBlue;
```

```csharp
            dataGridView1.ScrollBars = ScrollBars.Vertical;
            dataGridView1.CellBorderStyle =
            DataGridViewCellBorderStyle.Single;
            dataGridView1.Columns[0].AutoSizeMode =
            DataGridViewAutoSizeColumnMode.AllCells;
            dataGridView1.Columns[1].AutoSizeMode =
            DataGridViewAutoSizeColumnMode.AllCells;
            dataGridView1.Columns[2].AutoSizeMode =
            DataGridViewAutoSizeColumnMode.AllCells;
            dataGridView1.Columns[3].AutoSizeMode =
            DataGridViewAutoSizeColumnMode.AllCells;
            dataGridView1.Columns[4].AutoSizeMode =
            DataGridViewAutoSizeColumnMode.AllCells;
            dataGridView1.Columns[5].AutoSizeMode =
            DataGridViewAutoSizeColumnMode.AllCells;
            //关闭数据连接
            conn.Close();
        }
        catch (Exception ex)
        {
            MessageBox.Show(ex.Message.ToString() + "打开数据库失败!","信息提示");
        }
    }

    private void dataGridView1_CellClick(object sender,DataGridViewCellEventArgs e)
    {
        FillControls();
    }
    ///<summary>
    ///在控件中填充选中的 DataGridView 控件的数据
    ///</summary>
    private void FillControls()
    {
        try
        {
            this.txtNo.Text = this.dataGridView1[0,this.dataGridView1.CurrentCell.RowIndex].Value.ToString();
            this.txtName.Text = this.dataGridView1[1,this.dataGridView1.CurrentCell.RowIndex].Value.ToString();
            this.cbSex.Text = this.dataGridView1[2,this.dataGridView1.CurrentCell.RowIndex].Value.ToString();
            this.cbSpecial.Text = this.dataGridView1[3,this.dataGridView1.CurrentCell.RowIndex].Value.ToString();
            this.txtClass.Text = this.dataGridView1[4,this.dataGridView1.CurrentCell.RowIndex].Value.ToString();
            this.txtGrade.Text = this.dataGridView1[5,this.dataGridView1.CurrentCell.RowIndex].Value.ToString();
        }
        catch { }
    }
```

```csharp
private void dataGridView1_Click(object sender,EventArgs e)
{
    str = this.dataGridView1.SelectedCells[0].Value.ToString();
}

///<summary>
///添加记录
///</summary>
private void btnAdd_Click(object sender,EventArgs e)
{
    if (this.txtNo.Text == "")
    {
        MessageBox.Show("添加信息不完整!");
        return;
    }
    if (this.txtName.Text == "")
    {
        MessageBox.Show("添加信息不完整!");
        return;
    }
    if (this.cbSex.Text == "")
    {
        MessageBox.Show("添加信息不完整!");
        return;
    }
    if (this.cbSpecial.Text == "")
    {
        MessageBox.Show("添加信息不完整!");
        return;
    }
    if (this.txtClass.Text == "")
    {
        MessageBox.Show("添加信息不完整!");
        return;
    }
    if (this.txtGrade.Text == "")
    {
        MessageBox.Show("添加信息不完整!");
        return;
    }

    if (IsSameRecord() == true)
    {
        return;
    }
    OleDbConnection con = new OleDbConnection(strConn);
    if (con.State == ConnectionState.Closed)
    {
        con.Open();
    };
```

```csharp
            try
            {
                StringBuilder strSQL = new StringBuilder();
                strSQL.Append("insert into BaseInform");
                strSQL.Append(" values('" + this.txtNo.Text.Trim().ToString() + "','" + this.txtName.Text.Trim().ToString() + "',");
                strSQL.Append("'" + this.cbSex.Text.Trim().ToString() + "','" + this.cbSpecial.Text.Trim().ToString() + "',");
                strSQL.Append("'" + this.txtClass.Text.Trim().ToString() + "','" + this.txtGrade.Text.Trim().ToString() + "')");

                OleDbCommand cmd = new OleDbCommand(strSQL.ToString(),con);
                cmd.ExecuteNonQuery();
                MessageBox.Show("信息增加成功!");

                strSQL.Remove(0,strSQL.Length);
            }
            catch (Exception ex)
            {
                MessageBox.Show("错误: " + ex.Message,"错误提示",MessageBoxButtons.OKCancel,MessageBoxIcon.Error);
            }
            finally
            {
                if (con.State == ConnectionState.Open)
                {
                    con.Close();
                    con.Dispose();
                }
            }
            showinf("all");

        }
        ///判断是否已有相同的记录
        private bool IsSameRecord()
        {
            OleDbConnection con = new OleDbConnection(strConn);
            if (con.State == ConnectionState.Closed)
            {
                con.Open();
            };

            string Str_condition = "";
            string Str_cmdtxt = "";
            Str_condition = this.txtNo.Text.Trim();
            Str_cmdtxt = "select * from BaseInform ";
            Str_cmdtxt + = " WHERE stuNo = '" + Str_condition + "'";

            OleDbCommand cmd = new OleDbCommand(Str_cmdtxt.ToString(),con);
            OleDbDataAdapter myDa = new OleDbDataAdapter();
            myDa.SelectCommand = cmd;
```

```csharp
            DataSet myDs = new DataSet();
            myDa.Fill(myDs,"Info");
            if (myDs.Tables["Info"].Rows.Count > 0)
            {
                MessageBox.Show("已存在相同的学生信息!");
                return true;
            }
            else
            {
                return false;
            }
            con.Close();
            con.Dispose();
        }

        ///< summary >
        ///修改记录
        ///</ summary >
        private void btnUpdate_Click(object sender,EventArgs e)
        {
            OleDbConnection con = new OleDbConnection(strConn);

            if (this.txtNo.Text.ToString() != "")
            {
                string Str_condition = "";
                string Str_cmdtxt = "";
                Str_condition = this.dataGridView1[0, this.dataGridView1.CurrentCell.RowIndex].Value.ToString();
                Str_cmdtxt = "UPDATE BaseInform SET stuName = '" + this.txtName.Text.Trim() + "',Sex = '" + this.cbSex.Text.Trim() + "'";
                Str_cmdtxt += ",Special = '" + this.cbSpecial.Text.Trim() + "',Class = '" + this.txtClass.Text.Trim() + "'";
                Str_cmdtxt += ",Grade = '" + this.txtGrade.Text.Trim() + "'";
                Str_cmdtxt += " WHERE stuNo = '" + Str_condition + "'";
                try
                {
                    if (con.State == ConnectionState.Closed)
                    {
                        con.Open();
                    }
                    OleDbCommand cmd = new OleDbCommand(Str_cmdtxt,con);
                    cmd.ExecuteNonQuery();
                    MessageBox.Show("数据修改成功!");
                }
                catch (Exception ex)
                {
                    MessageBox.Show("错误: " + ex.Message,"错误提示",MessageBoxButtons.OKCancel,MessageBoxIcon.Error);
                }
```

```csharp
                finally
                {
                    if (con.State == ConnectionState.Open)
                    {
                        con.Close();
                        con.Dispose();
                    }
                }
                showinf("all");
            }
            else
            {
                MessageBox.Show("请选择学生学号!","提示对话框",MessageBoxButtons.OK,MessageBoxIcon.Information);
            }
        }

        ///<summary>
        ///删除记录
        ///</summary>
        private void btnDelete_Click(object sender,EventArgs e)
        {
            if (str != "")
            {
                //if (MessageBox.Show("您确定要删除本条信息吗?","提示",MessageBoxButtons.YesNo,MessageBoxIcon.Warning) == DialogResult.Yes)
                if (MessageBox.Show("您确定要删除学号为 '" + str + "' 的学生信息吗?","提示",MessageBoxButtons.YesNo,MessageBoxIcon.Warning) == DialogResult.Yes)
                {
                    OleDbConnection con = new OleDbConnection(strConn);
                    con.Open();
                    OleDbCommand cmd = new OleDbCommand("delete from BaseInform where stuNo = '" + str + "'",con);
                    cmd.Connection = con;
                    cmd.ExecuteNonQuery();
                    con.Close();
                    showinf("all");
                    MessageBox.Show("删除成功!");
                }
            }
            else
            {
                MessageBox.Show("请选择要删除的记录!");
            }
        }

        private void btnClear_Click(object sender,EventArgs e)
        {
```

```csharp
            this.txtNo.Text = "";
            this.txtName.Text = "";
            this.cbSex.Text = "";
            this.cbSpecial.Text = "";
            this.txtClass.Text = "";
            this.txtGrade.Text = "";
        }

        private void btnExit_Click(object sender,EventArgs e)
        {
            //退出系统
            Application.Exit();
        }

        private void btnQuery_Click(object sender,EventArgs e)
        {
            string condstr = "";
            //以下根据用户输入求得条件表达式 condstr
            if (txtNo.Text != "")
                condstr = "stuNo Like '" + txtNo.Text + "% '";
            if (txtName.Text != "")
                if (condstr != "")
                    condstr = condstr + " AND stuName Like '" + txtName.Text + "% '";
                else
                    condstr = "stuName Like '" + txtName.Text + "% '";
            if (cbSex.Text != "")
                if (condstr != "")
                    condstr = condstr + " AND Sex = '" + cbSex.Text + "'";
                else
                    condstr = "Sex = '" + cbSex.Text + "'";
            if (cbSpecial.Text != "")
                if (condstr != "")
                    condstr = condstr + " AND Special = '" + cbSpecial.Text + "'";
                else
                    condstr = "Special = '" + cbSpecial.Text + "'";
            if (txtClass.Text != "")
                if (condstr != "")
                    condstr = condstr + " AND Class Like '" + txtClass.Text + "% '";
                else
                    condstr = "Class Like '" + txtClass.Text + "% '";
            if (txtGrade.Text != "")
                if (condstr != "")
                    condstr = condstr + " AND Grade Like '" + txtGrade.Text + "% '";
                else
                    condstr = "Grade Like '" + txtGrade.Text + "% '";
            if (condstr != "")
                showinf(condstr);
            else
                showinf("all");   //如果没有设定任何条件,则查询全部记录
        }
    }
}
```

本章小结

本章主要介绍了数据库、SQL 和 ADO.NET 的基础知识以及如何利用 ADO.NET 访问数据库,最后通过一个应用示例来练习利用 ADO.NET 访问数据库。重点掌握数据库和 SQL 基础知识,ADO.NET 对象模型及访问数据库的两种模式,ADO.NET 五大对象的使用,BindingSource 组件和 BindingNavigator 控件的使用,数据绑定。

习题

1. 选择题

(1) 利用 ADO.NET 访问数据库,在联机模式下,不需要使用(　　)对象。
　　A. Connection　　B. Command　　C. DataReader　　D. DataAdapter

(2) 在脱机模式下,支持离线访问的关键对象是(　　)。
　　A. Connection　　B. Command　　C. DataReader　　D. DataSet

(3) 在 ADO.NET 将用户在 DataSet 中进行的改动保存到数据源中,应使用(　　)。
　　A. DataAdapter 对象的 Fill 方法
　　B. DataAdapter 对象的 Update 方法
　　C. DataSet 对象的 AcceptChanges 方法
　　D. DatSet 对象的 RejectChanges 方法

(4) 在 ADO.NET 中,SqlConnection 类所在的命名空间是(　　)。
　　A. System　　　　　　　　　　B. System.Data
　　C. System.Data.OleDb　　　　D. System.Data.SqlClient

(5) 下列(　　)属性是 GridView 控件用来连接数据源控件的。
　　A. DataSource　　B. DataSourceID　　C. DataMember　　D. DataBind

(6) 在 ADO.NET 中,Connection 对象中(　　)属性用于获取数据源的服务器名或文件名。
　　A. DataCenter　　B. Database　　C. DataSource　　D. ServerVersion

(7) 在 ADO.NET 中,(　　)对象是在 DataSet 对象和数据源之间进行数据检索和存储,它负责从物理存储器中取出数据并装载到数据表和关系中。
　　A. DataView　　B. DataAdapter　　C. DataReader　　D. DataTable

2. 填空题

(1) 使用 Command 对象以数据流的形式返回读取的结果需要使用(　　)方法;使用 Command 对象执行 SQL 命令需要使用(　　)方法;使用 Command 对象返回单一结果需要使用(　　)方法。

(2) Command 对象(　　)方法的功能是返回 SQL 语句影响行数,值为 int 类型。

(3) 通过数据适配器对象 DataAdapter 的(　　)方法可以将查询的结果填充给

DataSet 对象。

3. 程序设计题

（1）编写一个程序，首先利用 Access 2003 建立一个用户数据库 users，并建立表 userinfo(username, password, address, email)，并输入记录（admin, 456, 计算机系, 456@126.com）。然后设计一用户登录界面，当用户输入相关信息单击"登录"按钮时，从 userinfo 表中查找是否有该用户记录，如果有就显示"登录成功"，否则显示"用户名或密码错误"。界面如图 10-33 所示。

图 10-33　用户登录界面

（2）使用 Access 2003 建立一个数据库表 Customers 记录客户信息，所包含的字段名称以及数据类型和大小等信息自己定义。利用 ADO.NET 建立一个客户信息管理系统，使用户可以方便地对 Customers 表中的数据进行增加、修改、删除和查询等操作。

第 11 章 文件和流

C#语言采用 C++ 和 Java 语言中流的概念,来处理输入/输出方面的问题,但是使用起来要简单得多。本章介绍 C#语言中,如何处理目录和文件夹,如何处理文件,如何使用流的概念读写文件。

11.1 文件和流的概念

文件是计算机管理数据的基本单位,同时也是应用程序保存和读取数据的一个重要场所。文件是指在各种存储介质上(如硬盘、可移动磁盘、CD 等)永久存储的数据的有序集合,它是进行数据读写操作的基本对象。每个文件都有文件名、文件所在路径、创建时间及访问仅限等属性。

流是字节序列的抽象概念,C#把每个文件都看成是顺序的字节流,例如文件、输入/输出设备、内部进程通信管道或者 TCP/IP 套接字。字节序列指的是字节对象都被存储为连续的字节序列,字节按照一定的顺序进行排序组成了字节序列。

关于流的解释有一个抽象的比喻:一条河中有一条鱼游过,这个鱼就是一个字节,这个字节包括鱼的眼睛、嘴巴等组成的 8 个二进制,显然这条河就是我们的核心对象——流。

流涉及三个基本操作。

1. 读取流

流可以进行读取的操作,读取是从流到数据结构(如字节数组)的数据传输。

2. 写入流

流可以进行写入的操作,写入是从数据结构到流的数据传输。

3. 查找

流也支持查找,查找引用的查询和修改、流中的当前位置。查找功能取决于流具有的后备存储区类型。例如,网络流没有当前位置的统一概念,因此一般不支持查找。

在 System.IO 命名空间中提供了多种类,用于进行文件和数据流的读写操作。要使用这些类,需要在程序的开头引用 System.IO 命名空间。

11.2 文件的存储管理

C#中文件管理分为目录管理和文件管理。.Net框架结构在名字空间System.IO中为我们提供了Directory类来进行目录管理。利用它,我们可以完成对目录及其子目录的创建、移动、浏览等操作,甚至还可以定义隐藏目录和只读目录。文件管理是通过File类和FileStream类协作来完成对文件的创建、删除、复制、移动、打开等操作。

11.2.1 DriveInfo类

DriveInfo类提供对有关驱动器的信息的访问。此类对驱动器进行建模,并提供方法和属性以查询驱动器信息。使用DriveInfo可以确定哪些驱动器可用,以及这些驱动器的类型。还可以通过查询来确定驱动器的容量和可用空闲空间。

DriveInfo类型公开的常用属性如表11-1所示,常用方法如表11-2所示。

表 11-1 DriveInfo 常用属性

属性	作用
AvailableFreeSpace	指示驱动器上的可用空闲空间量
DriveFormat	获取文件系统的名称,例如 NTFS 或 FAT32
DriveType	获取驱动器类型
IsReady	获取一个指示驱动器是否已准备好的值
Name	获取驱动器的名称
RootDirectory	获取驱动器的根目录
TotalFreeSpace	获取驱动器上的可用空闲空间总量
TotalSize	获取驱动器上存储空间的总大小
VolumeLabel	获取或设置驱动器的卷标

表 11-2 DriveInfo 常用方法

方法	作用
Equals(Object)	确定指定的对象是否等于当前对象(继承自 Object)
GetDrives()	检索计算机上的所有逻辑驱动器的驱动器名称
GetHashCode()	用作特定类型的哈希函数(继承自 Object)
GetType()	获取当前实例的 Type(继承自 Object)
ToString()	将驱动器名称作为字符串返回(重写 Object.ToString())

C#语言中DriveInfo类能建立对象,可以显示有关当前系统中所有驱动器的信息。使用时需要引用System.IO命名空间。下面,我们对常用方法举例说明。

(1) 定义一个驱动信息变量,利用foreach语句循环读取每个盘信息的语句如下:

```
DriveInfo[] allDrives = DriveInfo.GetDrives();
foreach (DriveInfo d in allDrives) {…}
```

(2) 括号内是需要读取的驱动信息,如盘符名称:

```
Console.WriteLine("Drive {0}", d.Name);
```

(3) 获取磁盘的类型语句如下：

`Console.WriteLine("File type: {0}",d.DriveType);`

(4) 判断磁盘是否存在语句如下：

`if (d.IsReady == true) { … }`

(5) 获取磁盘的已使用空间大小语句如下：

`Console.WriteLine("当前已使用空间大：{0,15} bytes",d.AvailableFreeSpace);`

(6) 获取磁盘的总共使用空间大小语句如下：

`Console.WriteLine("总共使用空间大小：{0,15} bytes ",d.TotalSize);`

(7) 获取磁盘的总共有效使用空间大小语句如下：

`Console.WriteLine("总共有效使用空间大小：{0,15} bytes",d.TotalFreeSpace);`

11.2.2 Directory 类和 DirectoryInfo 类

C#语言中通过 Directory 类来创建、复制、删除、移动文件夹。在 Directory 类中提供了一些静态方法，使用这些方法可以完成以上功能。但 Directory 类不能建立对象。在使用这个类时需要引用 System.IO 命名空间。

Directory 类常用的方法如表 11-3 所示。

表 11-3 Directory 类常用的方法

方法	作用
CreateDirectory()	按指定路径创建所有文件夹和子文件夹
Delete()	删除指定文件夹
Exists()	检查指定路径的文件夹是否存在，若存在返回 true
GetCreationTime()	返回指定文件或文件夹的创建日期和时间
GetCurrentDirectory()	获取应用程序的当前工作文件夹
GetDirectories()	获取指定文件夹中子文件夹的名称
GetDirectoryRoot()	返回指定路径的卷信息、根信息或两者同时返回
GetFiles()	返回文件夹中子文件的名称
GetFileSystemEntries()	返回指定文件夹中所有文件和子文件的名称
GetLastAccessTime()	返回上次访问指定文件或文件夹的创建日期和时间
GetLastWriteTime()	返回上次写入指定文件或文件夹的创建日期和时间
GetLogicalDrives()	检索计算机中的所有驱动器，例如 A 盘、C 盘等
GetParent()	获取指定路径的父文件夹，包括绝对路径和相对路径
Move()	将指定文件或文件夹及其内容移动到新位置
SetCreationTime()	设置指定文件或文件夹的创建日期和时间
SetCurrentDirectory()	将应用程序的当前工作文件夹设置指定文件夹
SetLastAccessTime()	设置上次访问指定文件或文件夹的日期和时间
SetLastWriteTime()	设置上次写入指定文件夹的日期和时间

下面,我们对常用方法举例说明。

(1) 目录创建方法 Directory.CreateDirectory

声明格式:public static DirectoryInfo CreateDirectory(string path);

例如,下面的语句实现了在 d:\Dir1 文件夹下创建名为 Dir2 子文件夹:

```
Directory.CreateDirectory(@"d:\Dir1\Dir2");
```

(2) 目录属性设置方法 DirectoryInfo.Atttributes

例如,下面的语句实现了设置 d:\Dir1\Dir2 目录为只读、隐藏。与文件属性相同,目录属性也是使用 FileAttributes 来进行设置的:

```
DirectoryInfo DirInfo = new DirectoryInfo(@"d:\Dir1\Dir2");
DirInfo.Atttributes = FileAtttributes.ReadOnly|FileAttributes.Hidden;
```

(3) 目录删除方法 Directory.Delete

声明格式:public static void Delete(string path,bool recursive);

Delete 方法的第二个参数为 bool 类型,它可以决定是否删除非空目录。如果该参数值为 true,将删除整个目录,即使该目录下有文件或子目录;若为 false,则仅当目录为空时才可删除。

例如实现将 d:\Dir1\Dir2 目录删除的语句:

```
Directory.Delete(@"d:\Dir1\Dir2",true);
```

(4) 目录移动方法 Directory.Move

声明格式:public static void Move(string sourceDirName,string destDirName);

例如,实现将目录 d:\Dir1\Dir2 移动到 d:\Dir3\Dir4 的语句如下:

```
File.Move(@"d:\Dir1\Dir2",@"d:\Dir3\Dir4");}
```

(5) 获取当前目录下所有子目录 Directory.GetDirectories

声明格式: public static string[] GetDirectories(string path;);

实现读出 d:\Dir1\目录下的所有子目录,并将其存储到字符串数组中的语句如下:

```
string [] Directorys;
Directorys = Directory.GetDirectories(@"d:\Dir1");
```

(6) 获取当前目录下的所有文件方法 Directory.GetFiles

声明格式: public static string[] GetFiles(string path;);

读出 d:\Dir1\目录下的所有文件,并将其存储到字符串数组中的语句如下:

```
string [] Files;
Files = Directory.GetFiles(@"d:\Dir1",);
```

(7) 判断目录是否存在方法 Directory.Exist

声明格式: public static bool Exists(string path;);

实现判断是否存在 d:\Dir1\Dir2 目录的语句如下：

if(File.Exists(@"c:\Dir1\Dir2")).

注意：路径有三种方式，即当前目录下的相对路径、当前工作盘的相对路径、绝对路径。以 d:\dir1\dir2 为例（假定当前工作目录为 d:\Tmp）。其中，"dir2"、"\dir1\dir2"、"d:\dir1\dir2"都表示"d:\dir1\dir2"；另外，在 C# 中"\"是特殊字符，要表示它的话需要使用"\\"，由于这种写法不方便，C# 语言提供了@对其简化——只要在字符串前加上@即可直接使用"\"，所以上面的路径在 C# 中应该表示为"dir2"、@"\dir1\dir2"、@"d:\dir1\dir2"。

11.2.3 Path 类

Path 类型的常用方法如表 11-4 所示。

表 11-4 Path 类型常用方法

方法	作用
ChangeExtension()	更改路径字符串的扩展名
Combine(String[])	将字符串数组组合成一个路径
Combine(String,String)	将两个字符串组合成一个路径
Combine(String,String,String)	将三个字符串组合成一个路径
Combine(String,String,String,String)	将四个字符串组合成一个路径
GetDirectoryName()	返回指定路径字符串的目录信息
GetExtension()	返回指定的路径字符串的扩展名
GetFileName()	返回指定路径字符串的文件名和扩展名
GetFileNameWithoutExtension()	返回不具有扩展名的指定路径字符串的文件名
GetFullPath()	返回指定路径字符串的绝对路径
GetInvalidFileNameChars()	获取包含不允许在文件名中使用的字符的数组
GetInvalidPathChars()	获取包含不允许在路径名中使用的字符的数组
GetPathRoot()	获取指定路径的根目录信息
GetRandomFileName()	返回随机文件夹名或文件名
GetTempFileName()	创建磁盘上唯一命名的零字节的临时文件并返回该文件的完整路径
GetTempPath()	返回当前用户的临时文件夹的路径
HasExtension()	确定路径是否包括文件扩展名
IsPathRooted()	获取指示指定的路径字符串是否包含根的值

C# 中的 Path 类仅仅是对路径字符串操作，并不真正地修改文件。下面，我们对常用方法举例说明。

（1）将路径赋值给一个字符串变量：

string strPath = @"D:\Downloads\test.jpg";

(2) 常见的合并两个字符路径字符串操作语句如下：

```
string path1 = @"c:\目录";
string path2 = @"install.txt";
string s1 = Path.Combine(path1,path2);
```

(3) 取得完整路径"D:\Downloads\test.jpg"语句如下：

`Path.GetFullPath(strPath);`

(4) 取得根目录"D:\" 语句如下：

`Path.GetPathRoot(strPath);`

(5) 取得目录名"D:\Downloads"语句如下：

`Path.GetDirectoryName(strPath);`

(6) 取得文件名"test.jpg"语句如下：

`Path.GetFileName(strPath);`

(7) 取得文件名（不含扩展名）"test"语句如下：

`Path.GetFileNameWithoutExtension(strPath);`

(8) 取得含扩展名".jpg"语句如下：

`Path.GetExtension(strPath);`

(9) 取得系统暂存资料夹"C:\Users\Sam\AppData\Local\Temp\"语句如下：

`Path.GetTempPath();`

(10) 建立并取得唯一的暂存文件完整路径语句如下：

`Path.GetTempFileName();`

(11) 随机取回一个资料夹或文件名称语句如下：

`Path.GetRandomFileName();`

(12) 取得系统不合法的文件名字符语句如下：

`char[] e = Path.GetInvalidFileNameChars();`

11.2.4 File 类和 FileInfo 类

C#语言中通过 File 和 FileInfo 类来创建、复制、删除、移动和打开文件。在 File 类中提供了一些静态方法，使用这些方法可以完成以上功能，但 File 类不能建立对象。FileInfo 类使用方法和 File 类基本相同，但 FileInfo 类能建立对象。在使用这两个类时需要引用 System.IO 命名空间。这里重点介绍 File 类的常用方法，如表 11-5 所示。

表 11-5 File 类常用的方法

方 法	说 明
AppendText()	返回 StreamWrite,向指定文件添加数据;若文件不存在,就创建该文件
Copy()	复制指定文件到新文件夹
Create()	按指定路径建立新文件
Delete()	删除指定文件
Exists()	检查指定路径的文件是否存在,若存在则返回 true
GetAttributes()	获取指定文件的属性
GetCreationTime()	返回指定文件或文件夹的创建日期和时间
GetLastAccessTime()	返回上次访问指定文件或文件夹的创建日期和时间
GetLastWriteTime()	返回上次写入指定文件或文件夹的创建日期和时间
Move()	移动指定文件到新文件夹
Open()	返回指定文件相关的 FileStream,并提供指定的读/写许可
OpenRead()	返回指定文件相关的只读 FileStream
OpenWrite()	返回指定文件相关的读/写 FileStream
SetAttributes()	设置指定文件的属性
SetCretionTime()	设置指定文件的创建日期和时间
SetLastAccessTime()	设置上次访问指定文件的日期和时间
SetLastWriteTime()	设置上次写入指定文件的日期和时间

下面通过语句来介绍其主要方法。

(1) 文件打开方法 File.Open

声明格式:public static FileStream Open(string path,FileMode mode)。

例如,实现打开存放在 D:\Downloads 目录下名称为 e1.txt 文件,并在该文件中写入 "hello" 的语句如下:

```
FileStream TextFile = File.Open(@"c:\Example\e1.txt",FileMode.Append);
byte [] Info = {(byte)'h',(byte)'e',(byte)'l',(byte)'l',(byte)'o'};
TextFile.Write(Info,0,Info.Length);
TextFile.Close();
```

(2) 文件创建方法 File.Create

声明格式:public static FileStream Create(string path)。

例如,下面的语句是演示如何在 D:\Example 下创建名为 e1.txt 的文件:

```
FileStream NewText = File.Create(@"D:\Example\e1.txt");
NewText.Close();
```

(3) 文件删除方法 File.Delete

声明格式:public static void Delete(string path)。

例如,下面的语句实现如何删除 D:\Example 目录下的 e1.txt 文件:

```
File.Delete(@"D:\Example\e1.txt");
```

(4) 文件复制方法 File.Copy

例如,下面的语句将 D:\Example\e1.txt 复制到 C:\Example\e2.txt。由于 Cope 方法

的 OverWrite 参数设为 true，所以如果 e2.txt 文件已存在的话，将会被复制过去的文件所覆盖：

```
public static void Copy(string sourceFileName,string destFileName,bool overwrite);
File.Copy(@"D:\Example\e1.txt",@"D:\Example\e2.txt",true);
```

(5) 文件移动方法 File.Move

声明格式：public static void Move(string sourceFileName,string destFileName)。

例如，下面的语句将 D:\Example 下的 e1.txt 文件移动到 D 盘根目录下。注意：只能在同一个逻辑盘下进行文件转移。如果试图将 C 盘下的文件转移到 D 盘，将发生错误：

```
File.Move(@"D:\Example\BackUp.txt",@"D:\BackUp.txt");
```

(6) 设置文件属性方法 File.SetAttributes

声明格式：public static void SetAttributes(string path,FileAttributes fileAttributes)。

例如，下面的语句设置文件 D:\Example\e1.txt 的属性为只读、隐藏：

```
File.SetAttributes(@"D:\Example\e1.txt",FileAttributes.ReadOnly|FileAttributes.Hidden);
```

文件除了常用的只读和隐藏属性外，还有 Archive（文件存档状态）、System（系统文件）、Temporary（临时文件）等。关于文件属性的详细情况请参见 MSDN 中 FileAttributes 的描述。

(7) 判断文件是否存在的方法 File.Exist

声明格式：public static bool Exists(string path)。

例如，下面的语句判断是否存在 D:\Example\e1.txt 文件：

```
if(File.Exists(@"D:\Example\e1.txt")).
{ … }
```

得到文件属性代码如下：

```
FileInfo fileInfo = new FileInfo("file1.txt");
string s = fileInfo.FullName + "文件长度 = " + fileInfo.Length + ",建立时间 = " + fileInfo.CreationTime";
```

文件的属性包括文件创建时间、最近访问时间、最近修改时间等，也可使用如下代码：

```
string s = "建立时间 = " + File.File.GetCreationTime("file1.txt") + "最后修改时间 = " + File.GetLastWriteTime("file1.txt") + "访问时间 = " + File.GetLastAccessTime ("file1.txt");
```

11.3 文件的操作

微软的.Net 框架为我们提供了基于流的 I/O 操作方式，这样就大大简化了开发者的工作。这样我们可以对一系列的通用对象进行操作，而不必关心该 I/O 操作是和本机的文件有关还是和网络中的数据有关。.Net 框架主要为我们提供了一个 System.IO 命名空间，该命名空间基本包含了所有和 I/O 操作相关的类。

本节将介绍一些基本的文件操作方法，文件的读写操作等。通过运用 System.IO.

DirectoryInfo 类和 System.IO.FileInfo 类我们可以轻易地完成与目录和文件相关的操作，而通过运用 System.IO.StreamReader 类和 System.IO.StreamWriter 类，我们可以方便地完成与文件的读写相关的操作。

11.3.1 Stream 类

Stream 是所有流的抽象基类，它代表一个流。Stream 选件类及其派生类提供输入和输出的流的不同类型的一般视图，将基础设备的具体细节从操作系统独立出来。Stream 类有一个 protected 类型的构造函数，但是它是个抽象类，无法直接使用，因此需要自定义一个流继承自 Stream，有些属性必须重写或自定义。

Stream 类的属性如表 11-6 所示。

表 11-6 Stream 类常用属性

属　性	说　明
CanRead	当在派生类中重写时，获取指示当前流是否支持读取的值
CanSeek	当在派生类中重写时，获取指示当前流是否支持查找功能的值
CanTimeout	获取一个值，该值确定当前流是否可以超时
CanWrite	当在派生类中重写时，获取指示当前流是否支持写入功能的值
Length	当在派生类中重写时，获取用字节表示的流长度
Position	当在派生类中重写时，获取或设置当前流中的位置
ReadTimeout	获取或设置一个值（以毫秒为单位），该值确定流在超时前尝试读取多长时间
WriteTimeout	获取或设置一个值（以毫秒为单位），该值确定流在超时前尝试写入多长时间

Stream 类的常用方法如表 11-7 所示。

表 11-7 Stream 类常用方法

方　法	说　明
BeginRead()	开始异步读操作
BeginWrite()	开始异步写操作
Close()	关闭当前流并释放与之关联的所有资源（如套接字和文件句柄）不直接调用此方法，而应确保流得以正确释放
CopyTo(Stream)	从当前流中读取字节并将其写入到另一流中
CopyTo(Stream, Int32)	从当前流中读取字节并将其写入到另一流中（使用指定的缓冲区大小）
CopyToAsync(Stream)	从当前流中异步读取所有字节并将其写入到另一个流中
CopyToAsync(Stream, Int32)	从当前流中异步读取字节并将其写入到另一流中（使用指定的缓冲区大小）
CopyToAsync(Stream, Int32, CancellationToken)	从当前流中异步读取字节并将其写入到另一个流中（使用指定的缓冲区大小和取消令牌）
CreateObjRef	创建一个对象，该对象包含生成用于与远程对象进行通信的代理所需的全部相关信息（继承自 MarshalByRefObject）
CreateWaitHandle	分配 WaitHandle 对象
Dispose()	释放由 Stream 使用的所有资源
Dispose(Boolean)	释放由 Stream 占用的非托管资源，还可以另外再释放托管资源
EndRead	等待挂起的异步读取完成

续表

方法	说　明
EndWrite	结束异步写操作
Equals(Object)	确定指定的对象是否等于当前对象（继承自 Object）
Finalize()	允许对象在"垃圾回收"回收之前尝试释放资源并执行其他清理操作（继承自 Object）
Flush()	当在派生类中重写时，将清除该流的所有缓冲区，并使得所有缓冲数据被写入到基础设备
FlushAsync()	异步清除此流的所有缓冲区并导致所有缓冲数据都写入基础设备中
FlushAsync(CancellationToken)	异步清理这个流的所有缓冲区，并使所有缓冲数据写入基础设备，并且监控取消请求
GetHashCode()	用作特定类型的哈希函数（继承自 Object）
GetLifetimeService()	检索控制此实例的生存期策略的当前生存期服务对象（继承自 MarshalByRefObject）
GetType()	获取当前实例的 Type（继承自 Object）
InitializeLifetimeServic()	获取控制此实例的生存期策略的生存期服务对象（继承自 MarshalByRefObject）
MemberwiseClone()	创建当前 Object 的浅表副本（继承自 Object）
MemberwiseClone(Boolean)	创建当前 MarshalByRefObject 对象的浅表副本（继承自 Marshal-ByRefObject）
Read()	当在派生类中重写时，从当前流读取字节序列，并将此流中的位置提升读取的字节数
ReadAsync（Byte []，Int32，Int32）	从当前流异步读取字节序列，并将流中的位置向前移动读取的字节数
ReadAsync（Byte []，Int32，Int32,CancellationToken）	从当前流异步读取字节序列，将流中的位置向前移动读取的字节数，并监控取消请求
ReadByte()	从流中读取一个字节，并将流内的位置向前推进一个字节，或者如果已到达流的末尾，则返回－1
Seek()	当在派生类中重写时，设置当前流中的位置
SetLength()	当在派生类中重写时，设置当前流的长度
Synchronized()	在指定的 Stream 对象周围创建线程安全（同步）包装
ToString()	返回表示当前对象的字符串（继承自 Object）
Write()	当在派生类中重写时，向当前流中写入字节序列，并将此流中的当前位置提升写入的字节数
WriteAsync（Byte []，Int32，Int32）	将字节序列异步写入当前流，并将流的当前位置向前移动写入的字节数
WriteAsync（Byte []，Int32，Int32,CancellationToken）	将字节序列异步写入当前流，通过写入的字节数提前该流的当前位置，并监视取消请求数
WriteByte()	将一个字节写入流内的当前位置，并将流内的位置向前推进一个字节

例 11-1 运用流进行字符串的操作。

```
using System.IO;

namespace exp11_1
```

```csharp
class Program
{
    static void Main(string[] args)
    {
        byte[] buffer = null;
        string testString = "Stream!Hello world";
        char[] readCharArray = null;
        byte[] readBuffer = null;
        string readString = string.Empty;
        using (MemoryStream stream = new MemoryStream())
        {
            Console.WriteLine("初始字符串为：{0}",testString);
            if (stream.CanWrite)            //如果该流可写
            {
                buffer = Encoding.Default.GetBytes(testString);
                stream.Write(buffer,0,3);
                Console.WriteLine("现在 Stream.Postion 在第{0}位置",stream.Position + 1);
                long newPositionInStream = stream.CanSeek ? stream.Seek(3,
                                            SeekOrigin.Current) : 0;
                Console.WriteLine("重新定位后 Stream.Postion 在第{0}位置",
                                    newPositionInStream + 1);
                if (newPositionInStream < buffer.Length)
                {
                    stream.Write(buffer,(int)newPositionInStream,buffer.Length -
                                    (int)newPositionInStream);
                }

                stream.Position = 0;
                readBuffer = new byte[stream.Length];
                int count = stream.CanRead ? stream.Read(readBuffer,0,
                                            readBuffer.Length) : 0;

                int charCount = Encoding.Default.GetCharCount(readBuffer,0,count);
                readCharArray = new char[charCount];

                Encoding.Default.GetDecoder().GetChars(readBuffer,0,count,
                                            readCharArray,0);
                for (int i = 0; i < readCharArray.Length; i++)
                {
                    readString += readCharArray[i];
                }
                Console.WriteLine("读取的字符串为：{0}",readString);
            }
            stream.Close();
        }
        Console.ReadLine();
    }
}
```

显示结果如图 11-1 所示。

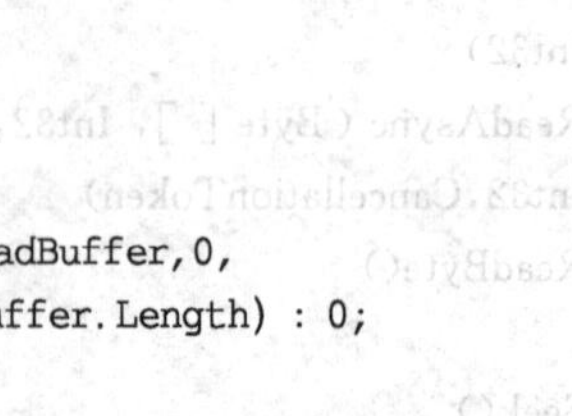

图 11-1　程序运行结果

例 11-1 给出运用流进行字符串的操作,并说明了流中的数据是何时出现的,通过例 11-1 增加了对流概念的理解。

例 11-1 首先尝试将 testString 写入流中,通过 Encoding 实现 string 类型到 byte[] 类型的转换。然后从 string 类型到 byte[] 数组类型的第一个位置开始写,长度为 3,执行之后 stream 中便有了数据,接着显示数据位置。再从当前位置往后移 3 位,到第 7 位,然后显示数据位置。接着,代码从新位置(第 7 位)一直写到 buffer 的末尾,注意此时 stream 已经写入了 3 个数据"Str"。写完后将 stream 的 Position 属性设置成 0,开始读流中的数据。此时语句设置一个空的数组来接收流中的数据,长度根据 stream 的长度来决定,再设置 stream 总的读取数量,这时候流已经把数据读到了 readBuffer 中。由于刚开始时使用加密 Encoding 的方式,所以必须解密将 readBuffer 转化成 Char 数组,这样才能重新拼接成 string。例题中通过流读出 readBuffer 的数据求出从相应 Char 的数量,通过该 Char 的数量设定一个新的 readCharArray 数组。Encoding 类将解密方法创建出来(GetDecoder()),通过 GetChars 方法,把 readBuffer 逐个从 byte 转化成 char,并且按一致顺序填充到 readCharArray 中。

从 Stream 类可以派生出许多派生类,例如 FileStream 类,负责字节的读写;BinaryRead 类和 BinaryWrite 类负责读写基本数据类型,如 bool、String、int16、int 等。下面介绍这些类的用法。

11.3.2 FileStream 类

现在我们对于 Stream 已经有一定的了解,但是又如何去理解 FileStream 呢?磁盘的中任何文件都是通过二进制组成,最为直观的便是记事本了。当新建一个记事本时,它的大小是 0KB,每次输入一个数字或字母时文件便会自动增大 4KB,可见随着输入的内容越来越多,文件也会相应增大。同理,当删除文件内容时,文件也会相应减小。这时问题产生了:谁将内容以怎么样的形式放到文件中去的?流的概念中提到,真实世界的一群鱼可以通过河流来往于各个地方,FileStream 也是一样,byte 可以通过 FileStream 进行传输,这样便能在计算机上对任何文件进行一系列的操作了。

FileStream 顾名思义,是表示文件流的类,计算机上的文件都可以通过文件流进行操作,例如对文件系统上的文件进行读取、写入、打开和关闭操作,并对其他与文件相关的操作系统句柄进行操作。而且,读写操作可以指定为同步或异步操作。

FileStream 常用属性介绍如表 11-8 所示。

表 11-8 FileStream 常用属性

属性	说明
CanRead	指示 FileStream 是否可以读操作
CanSeek	指示 FileStream 是否可以跟踪查找流操作
IsAsync	FileStream 是同步工作还是异步工作
Name	FileStream 的名字只读属性
ReadTimeout	设置读取超时时间
SafeFileHandle	文件安全句柄只读属性
position	当前 FileStream 所在的流位置

FileStream 常用方法介绍如表 11-9 所示，以下方法重写了 Stream 的一些虚方法。

表 11-9 FileStream 常用方法介绍

方　　法	说　　明
BeginRead()	异步读取
BeginWrite()	异步写
Close()	关闭当前 FileStream
EndRead()	异步读结束
EndWrite()	异步写结束
Flush()	立刻释放缓冲区，将数据全部导出到基础流（文件中）
Read()	一般读取
ReadByte()	读取单个字节
Seek()	跟踪查找流所在的位置
SetLength()	设置 FileStream 的长度
Write()	一般写
WriteByte()	写入单个字节

FileStream 类操作的是字节和字节数组。

例 11-2　用 FileStream 类对文件进行读取。

```
using System.IO;

namespace exp11_2
{
    class Program
    {
        private static void Main()
        {
            try
            {
                //字节数组用以接受 FileStream 对象中的数据
                byte[] bs = new byte[5];    //此处为了看效果
                FileStream fs = new FileStream(@"D:\TextWriter.txt",FileMode.Open);
                while (fs.Read(bs,0,bs.Length) > 0)
                {
                    Console.WriteLine(new UTF8Encoding().GetString(bs));
                }
            }
            catch (IOException e)
            {
                Console.WriteLine("发生异常");
                Console.WriteLine(e.ToString());
                Console.ReadLine();
                return;
            }
        }
    }
}
```

在例 11-2 中，创建 FileStream 对象的时候，类库提供了多种参数，下面对此解释。

（1）leStream fs = new FileStream(@"D:\TextWriter.txt", FileMode.Open);第 3 个参数不写，可以执行写、读操作。

（2）leStream fileStream = new FileStream(@"D:\TextWriter.txt", FileMode.Open, FileAccess.Read);第 3 个参数表示读操作。

（3）FileStream fileStream = new FileStream(@"D:\TextWriter.txt", FileMode.Open, FileAccess.Write);第 3 个参数表示写操作。

文件 D:\TextWriter.txt 中存储内容如图 11-2 所示。

图 11-2　D:\TextWriter.txt 中存储内容

运行结果如图 11-3 所示。

图 11-3　例 11-2 运行结果

11.3.3　StreamReader 类和 StreamWriter 类

在对于流的操作中，StreamReader 对于流的读取方面非常重要，常用的文件的复制、移动、上传、下载、压缩、保存、远程 FTP 文件的读取等只要是与流相关的任何操作派生类 StreamReader 都能够轻松处理，当然也可以自定义相关的派生类去实现复杂的序列化。

StreamReader 类的常用属性及方法如表 11-10 所示。

表 11-10　StreamReader 类的常用方法

方　　法	说　　明
StreamReader(Stream stream)	将 stream 作为一个参数放入 StreamReader，这样 StreamReader 可以对该 stream 进行读取操作。Stream 对象可以非常广泛，包括所有 Stream 的派生类对象
StreamReader (string string, Encoding encoding)	这里的 string 对象不是简单的字符串而是具体文件的地址，根据用户选择编码去读取流中的数据

续表

方 法	说 明
StreamReader（string string, bool detectEncodingFromByteOrderMarks）	希望程序自动判断用何种编码去读取，这时候 detectEncodingFromByteOrder Marks 这个参数就起作用了，当设置为 true 时通过查看流的前三个字节来检测编码。如果文件以适当的字节顺序标记开头，该参数自动识别 UTF-8、Little-Endian Unicode 和 Big-Endian Unicode 文本，当为 false 时，方法会去使用用户提供的编码
StreamReader（string string, Encoding encoding, bool detectEncodingFromByte rderMarks, int bufferSize）	这个方法提供了 4 个参数的重载，前 3 个都已经了解，最后一个是缓冲区大小的设置

例 11-3 使用 FileStream 的读方法，并分别使用 ASCII 编码和默认编码来读取 D:\TextReader.txt 文件中的前 10 个数据，第 1～3 行的数据。

```
static void Main(string[] args)
{
    string txtFilePath = "D:\\TextWriter.txt";
    char[] charBuffer2 = new char[3];

    using(FileStream stream = File.OpenRead(txtFilePath))
    {
        using (StreamReader reader = new StreamReader(stream))
        {
            DisplayResultStringByUsingRead(reader);
        }
    }
    using (FileStream stream = File.OpenRead(txtFilePath))
    {
        using (StreamReader reader = new StreamReader(stream,Encoding.ASCII,false))
        {
            DisplayResultStringByUsingReadBlock(reader);
        }
    }
    using(StreamReader reader = new StreamReader(txtFilePath,Encoding.Default,false,123))
    {
        DisplayResultStringByUsingReadLine(reader);
    }
    using (StreamReader reader = File.OpenText(txtFilePath))
    {
        DisplayResultStringByUsingReadLine(reader);
    }
    Console.ReadLine();
}
public static void DisplayResultStringByUsingRead(StreamReader reader)
{
    int readChar = 0;
    string result = string.Empty;
    while ((readChar = reader.Read()) != -1)
```

```
        {
            result + = (char)readChar;
        }
        Console.WriteLine("使用 StreamReader.Read()方法得到 Text 文件中的数据为：{0}",result);
    }
    public static void DisplayResultStringByUsingReadBlock(StreamReader reader)
    {
        char[] charBuffer = new char[10];
        string result = string.Empty;
        reader.ReadBlock(charBuffer,0,10);
        for (int i = 0; i < charBuffer.Length; i++)
        {
            result + = charBuffer[i];
        }
        Console.WriteLine("使用 StreamReader.ReadBlock()方法得到 Text 文件中前 10 个数据为：{0}",result);
    }
    public static void DisplayResultStringByUsingReadLine(StreamReader reader)
    {
        int i = 1;
        string resultString = string.Empty;
        while ((resultString = reader.ReadLine())!= null)
        {
            Console.WriteLine("使用 StreamReader.Read()方法得到 Text 文件中第{1}行的数据为：{0}",resultString,i);
            i++;
        }
    }
```

输出结果如图 11-4 所示。

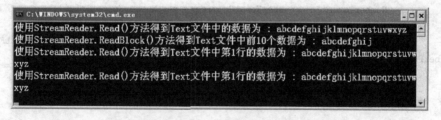

图 11-4 例 11-4 程序运行结果

例 11-3 首先设置了文件地址,之后利用 FileStream 类将文件文本数据变成流然后放入 StreamReader 构造函数中。然后,使用 Encoding.ASCII 将文件定位直接得到 StreamReader。最后,给出了通过 File.OpenText 直接获取到 StreamReader 对象的方法。

在对于流的操作中,另一个重要操作就是 StreamWriter。StreamWriter 是通过特定的编码和流的方式对数据进行处理的编写器。

StreamWriter 的构造函数如表 11-11 所示,StreamWriter 的属性如表 11-12 所示。

表 11-11 StreamWriter 的构造函数

构 造 函 数	说 明
Writer(string path)	参数 path 表示文件所在的位置
Writer (stream stream , Encoding encoding)	参数 stream 表示可以接受 Stream 的任何子类或派生类，Encoding 表示让 StreamWriter 在写操作时使用该 encoding 进行编码操作
Writer(string path,bool append)	第二个 append 参数为 true 时，StreamWriter 会通过 path 去找当前文件是否存在，如果存在则进行 append 或 overwrite 的操作，否则创建新的文件
Writer (Stream stream , Encoding encoding , int bufferSize)	bufferSize 参数设置当前 StreamWriter 的缓冲区的大小

表 11-12 StreamWriter 的常用属性

属 性	说 明
AutoFlush	这个值用来指示每次使用 streamWriter.Write() 方法后直接将缓冲区的数据写入文件基础流
BaseStream	和 StreamReader 相似，可以取出当前的 Stream 对象加以处理

例 11-4 使用 StreamWriter.Writer 方法的各种重载版本 StreamWriter.WriteLine() 方法完成 D:\TextWriter.txt 文件写操作。

```
using System.IO;
using System.Globalization;
namespace exp11_4
{
    class Program
    {
        const string txtFilePath = "D:\\TextWriter.txt";
        static void Main(string[] args)
        {
            NumberFormatInfo numberFomatProvider = new NumberFormatInfo();
            numberFomatProvider.PercentDecimalSeparator = "?";
            StreamWriterTest test = new StreamWriterTest ( Encoding. Default, txtFilePath, numberFomatProvider);
            test.WriteSomthingToFile();
            Console.ReadLine();
        }
    }
    public class StreamWriterTest
    {
        private Encoding _encoding;
        private IFormatProvider _provider;
        private string _textFilePath;
        public StreamWriterTest(Encoding encoding, string textFilePath, IFormatProvider provider)
        {
            this._encoding = encoding;
            this._textFilePath = textFilePath;
            this._provider = provider;
```

```csharp
    }
    public void WriteSomthingToFile()
    {
        using (FileStream stream = File.OpenWrite(_textFilePath))
        {
            using (StreamWriter writer = new StreamWriter(stream,this._encoding))
            {
                this.WriteSomthingToFile(writer);
            }
            using (StreamWriter writer = new StreamWriter(_textFilePath, true, this._encoding,20))
            {
                this.WriteSomthingToFile(writer);
            }
        }
    }
    public void WriteSomthingToFile(StreamWriter writer)
    {
        string[] writeMethodOverloadType =
        {
            "1.Write(bool);",
            "2.Write(char);",
            "3.Write(Char[])",
            "4.Write(Decimal)",
            "5.Write(Double)",
            "6.Write(Int32)",
            "7.Write(Int64)",
            "8.Write(Object)",
            "9.Write(Char[])",
            "10.Write(Single)",
            "11.Write(Char[])",
            "12.Write(String)",
            "13.Write(UInt32)",
            "14.Write(string format,obj)",
            "15.Write(Char[])"
        };
        writer.AutoFlush = true;
        writer.WriteLine("这个StreamWriter使用了{0}编码",writer.Encoding.HeaderName);
        writer.WriteLine("这里简单演示下StreamWriter.Writer方法的各种重载版本");
        writeMethodOverloadType.ToList().ForEach
        (
            (name) => { writer.WriteLine(name); }
        );
        writer.WriteLine("StreamWriter.WriteLine()方法就是再加上行结束符,其余和上述方法一致");

        writer.Close();
    }
}
```

程序运行后创建的文件内容如图 11-5 所示。

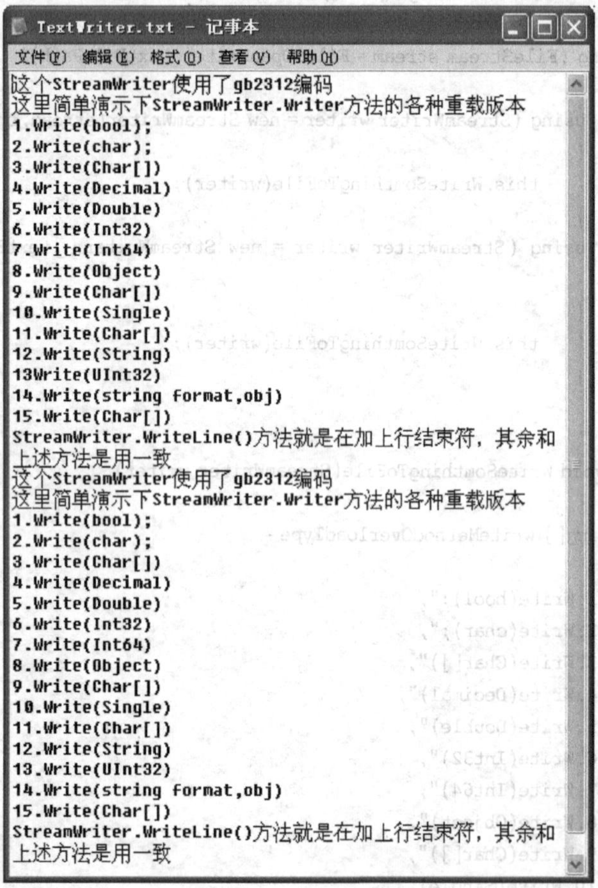

图 11-5 创建的文件内容

例 11-4 在函数 WriteSomthingToFile 中获取了 FileStream 和 StreamWriter 后通过文件路径和设置 bool append、编码和缓冲区构建了一个 StreamWriter 对象。在函数 WriteSomthingToFile 中先写入了需要写入的数据，之后定义 writer 的 AutoFlush 属性。注意：如果定义了该属性，就不必使用 writer.Flush 方法。

11.3.4 BinaryReader 类和 BinaryWriter 类

C#中除了字节类型以外，还有许多其他基本数据类型，例如 int、bool、float 等，读写这些基本数据类型需要使用 BinaryReader 和 BinaryWriter 类。

BinaryReader，即二进制文件内容读取器。BinaryReader 类别提供特定的编码方式，将基本数据类型当作二进制值来进行读取操作，通常用于读取图文件，也可读取文本文件。

关于 BinaryReader 构造函数声明语法范例如下：

```
using(BinaryReader br = new BinaryReader(File.Open(@"C:\temp.txt",FileMode.Open)))
{
    //声明二进制文件读取方法
}
```

关于 BinaryReader 类别常用的成员方法如表 11-13 所示。

表 11-13 BinaryReader 类别常用的成员方法及说明

方　　法	说　　明
Close()	关闭当前 BinaryReader 对象
Dispose()	释放 BinaryReader 对象所使用非受管理的资源
PeekChar()	用来返回下一个可用字符的位置,若返回值为 -1 则表示没有字符可供使用或数据流不支持搜寻操作
Read()	会根据所使用的 Encoding 从数据流读取的特定字符,自基础数据流读取字符,并且将数据流中目前所在位置往前移动
ReadBoolean()	从目前数据流读取 Boolean 值,并且移动目前数据流所在位置 1 字节。若字节为 0,则返回 false,否则返回 true
ReadByte()	从目前数据流读取 1 字节,并且移动目前数据流所在位置 N 字节,返回 Byte 数据类型
ReadBytes(N)	从目前数据流读取 N 字节,并且移动目前数据流所在位置 1 字节,返回 Byte 数据类型
ReadChar()	会根据所使用的 Encoding 从数据流读取的特定字符,从目前数据流读取字符,并且移动目前数据流所在位置 1 字节,返回 Char 数据类型
ReadChar(N)	从目前数据流读取 N 字节,并且移动目前数据流所在位置 1 字节,返回 Char 数据类型
ReadDecimal()	从目前数据流读取十进制值,并且移动目前数据流所在位置 16 字节,返回 decimal 数据类型
ReadDouble()	从目前数据流读取 8 字节倍精浮点数值,并且移动目前数据流所在位置 8 字节,返回 double 数据类型
ReadInt16()	从目前数据流读取 2 字节带正负号整数值,并且移动目前数据流所在位置 2 字节,返回 short 数据类型
ReadInt32()	从目前数据流读取 4 字节带正负号整数值,并且移动目前数据流所在位置 4 字节,返回 int 数据类型
ReadInt64()	从目前数据流读取 8 字节带正负号整数值,并且移动目前数据流所在位置 8 字节,返回 long 数据类型
ReadIntSingle()	从目前数据流读取 4 字节单精浮点数值,并且移动目前数据流所在位置 4 字节
ReadIntString()	从目前数据流读取字符串

例 11-5 使用 PeekChar() 类来检测流中是否仍有可提供的数据,如果有的话,使用 ReadByte() 来取值。注意,这里用十六进制来格式化这些字节,并且在它们中间插入 7 个空格。

```
using System.IO;

namespace exp11_5
{
    class Program
    {
        static void Main(string[] args)
        {
            FileInfo f = new FileInfo("BinFile.dat");
            BinaryReader br = new BinaryReader(f.OpenRead());
            int temp = 0;
            while (br.PeekChar() != -1)
```

```
            {
                Console.Write("{0,7:x} ",br.ReadByte());
                if (++temp == 4)
                {
                    Console.WriteLine(); temp = 0;
                }
            }
            Console.WriteLine();
        }
    }
}
```

程序输出如图 11-6 所示。

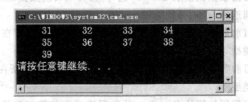

图 11-6 程序运行结果

例 11-5 中首先为文件打开一个二进制编写器，以原始字节形式读取数据。然后进行二进制文件读取字节，每 4 个字节一行。

本章小结

本章介绍了文件和流的概念、二者的区别和联系、对文件的存储管理及文件的操作。在 C# 中利用流对文件进行管理和操作，本章给出了使用时涉及的类，并给出了应用示例，大家可以通过示例来加深理解。

习题

1. 填空题

(1) 流涉及的三个基本操作是（   ）、（   ）、（   ）。
(2) 用于进行文件和数据流的读写操作的类时，需要在程序的开头引用命令空间（   ）。
(3) C# 中文件管理分为（   ）管理和（   ）管理。
(4) DriveInfo 类提供对有关（   ）的信息的访问。

2. 程序设计题

编写一个控制台应用程序，程序的功能是从硬盘上的某一个文本文件读取内容，然后在控制台输出，每次读取数据的单位由文件中的"，"分隔，输出时，同一行的数据以空格分隔，每输出 5 个数据换一次行。

参考文献

[1] 邵顺增,李琳.C♯程序设计——Windows 项目开发[M].北京:清华大学出版社,2008.
[2] 黄兴荣,李昌领,李继良.C♯程序设计实用教程[M].北京:清华大学出版社,2009.
[3] 刘秋香,王云,姜桂洪.Visual C♯.NET 程序设计[M].北京:清华大学出版社,2011.
[4] 陈向东.C♯面向对象程序设计案例教程[M].北京:北京大学出版社,2009.
[5] 谢云.Visual C♯ 2005 程序设计基础与实例教程[M].北京:研究出版社,2008.
[6] 齐立波.C♯入门经典(第 4 版)[M].北京:清华大学出版社,2009.
[7] 米凯利斯.C♯本质论(第 3 版)[M].北京:人民邮电出版社,2010.
[8] 黄聪明.C♯面向对象程序设计[M].北京:科学出版社,2004.
[9] 邵鹏鸣.C♯面向对象程序设计[M].北京:清华大学出版社,2008.
[10] 许志庆,熊盛新,李钦.VISUAL C♯.NET 语言参考手册[M].北京:清华大学出版社,2002.
[11] 曹祖圣,吴明哲.Visual C♯.NET 程序设计经典[M].北京:科学出版社,2004.
[12] 周长发.C♯面向对象编程[M].北京:电子工业出版社,2007.
[13] 王东明,葛武滇.Visual C♯.NET 程序设计与应用开发[M].北京:清华大学出版社,2008.
[14] 杨树林,胡洁萍.C♯程序设计与案例教程[M].北京:清华大学出版社,2007.
[15] 刘军,刘瑞新.C♯程序设计教程[M].北京:机械工业出版社,2012.
[16] 代方震,陈冠军.Visual C♯ 2005 程序设计从入门到精通[M].北京:人民邮电出版社,2007.
[17] 网站:http://msdn.microsoft.com.

图书资源支持

感谢您一直以来对清华版图书的支持和爱护。为了配合本书的使用,本书提供配套的资源,有需求的读者请扫描下方的"书圈"微信公众号二维码,在图书专区下载,也可以拨打电话或发送电子邮件咨询。

如果您在使用本书的过程中遇到了什么问题,或者有相关图书出版计划,也请您发邮件告诉我们,以便我们更好地为您服务。

我们的联系方式:

清华大学出版社计算机与信息分社网站:https://www.shuimushuhui.com/

地　　址:北京市海淀区双清路学研大厦 A 座 714

邮　　编:100084

电　　话:010-83470236　　010-83470237

客服邮箱:2301891038@qq.com

QQ:2301891038(请写明您的单位和姓名)

资源下载:关注公众号"书圈"下载配套资源。

书圈

清华计算机学堂

观看课程直播